자동차 문화에 시동 걸기

자동차 이야기꾼 황순하의

자동차 문화에 시동걸기

이가서
Leegaseo publishing

프롤로그

자동차는 그 나라의 가장 대표적인 전통 민속공예품이다

과거 기아자동차에 근무하던 시절부터 지금까지 줄곧 주위로부터 가장 많이 받는 질문은, 신차가 시장에 등장할 때마다 '그 차 어떠냐?', '좋으니?' 하고 밑도 끝도 없이 물어보는 아주 단순한 질문이었다. 물어보는 사람들은 내가 자동차 관련 업무를 오래 해왔고 평소 자동차에 대해 한마디씩 하고 돌아다니니까 제대로 알고 있겠지 하는 생각에 그런 질문을 했을 것이다. 그러나 사실 그런 질문처럼 당혹스럽고 대답하기 어려운 질문도 없다. 무엇보다도 좋다는 것에 대한 기준이 명확하지 않은 것이다.

스타일이 좋다는 것인지, 연비가 좋다는 것인지, 안전성이 좋다는 것인지, 아니면 상대적으로 가격이 저렴하다는 것인지, 이도 저도 아니면 몇 가지 항목에서는 좀 떨어져도 총점이 높은지 물어보는 것일까? 다른 제조물과 마찬가지로 자동차도 여러 상반되는 요구사항들의 타협점을 맞추어 만들어지는지라 모든 면에서 완벽하고 좋은 자동차는 사실상 존재할 수가 없다. 자동차라는 것이 사용목적이나 장소, 소득수준, 연령, 성별, 생활양식 등 지극히 다양한 기준에 의해 좋고 나쁨이 가려지기 때문이다. 이렇게 사람들이 자신만의 기준이 없이 막연하게 좋으냐고 물어보는 것은 한마디로 자동차에 대한 올바른 정보와 교육의 부재 때문이다.

세계적으로 유례가 없는 고속성장에 의해 우리나라도 이제 생산규모 기준으로 세계 5~6위의 자동차 생산 대국이 되었다. 전국의 자동차 보유대수도 1,500만 대를 넘어서 국민 3명당 1대 꼴로 보급이 되어 있으니, 자동차는 이제 완전히 우리 생활의 필수품으로 자리 잡아 자동차가 없는 생활은 상상하기 어려울 정도다. 우리나라에서 제대로 된 자동차가 만들어지고 자동차의 대중화가 시작된 지 불과 20여 년 만에 생긴 놀라운 변화가 아니라 할 수 없다. 이렇게 주위에 흔한 게 자동차다 보니 관련 잡지와 정보가 넘쳐나고 있어, 우리는 자동차에 대해 나름대로 많은 지식을 가지고 있고 우리나라의 자동차 문화도 꽤 성숙해졌으리라 믿고 있는 듯하다.

그러나 현장에서 부딪치며 느끼는 것은 오히려 그 규모에 걸맞지 않게 우리 사회에 축적된 자동차 관련 지식이 상당히 빈약할 뿐만 아니라, 제조업체들의 적극적인 홍보와 담당 언론매체들의 지식과 성의 부족으로 상당 부분 왜곡되어 있다는 사실이다. 그나마 일부 전문적인 기사도 소수 마니아를 위한 어려운 내용이거나 기계적인 수치의 나열이 많아 일반 소비자들을 위한 적절한 가이드가 되고 있지 못하다. 그래서인지 소비자가 자동차를 구매할 때 객관적이고 정확한 정보를 손쉽게 구해 합리적인 기준으로 판단하는 선진국과는 달리 우리나라의 소비자는 막연한 감(感)에 의지하거나 상당히 '인간적'으로 결정하는 경향이 매우 강하다.

현재 소비사들이 구매하는 소비재 가운데 가장 비싼 품목인 자동차는 소수 귀족계층을 위해 마차의 대용품으로 유럽에서 개발된 이후 백여 년 동안 소비자의 요구와 그것을 실현시키기 위한 엔지니어의 노력과 정성으로 끊임없이 빠른 속도로 진화해왔다. 오랜 진화의 결과 오늘날 지역에 따라 다른 문화가 발달한 것처럼 자동차도 만들어지는 지역별로 진화될 조건이 다를 수밖에 없어 그 지역에 맞춘 각기 다른 모습과 특성을 갖게 되었다. 따라서 자동차는 태어난 나라의 종합적인 기술수준의 바로미터인 동시에 그 나라 문화의 내용과 수준을 총괄적으로 보여주는 전통 민속공예품의 역할을 하고 있는 것이다. 요사이 길거리에서 흔히 마주칠 수 있는 수입차를 보면 각 제조업체별 특색도 있지만 그 이전에 출생국별 이미지가 강하게 느껴지지 않는가? 독일차를 보면 독일이라는 나라의 느낌이 나고 프랑스차를 보면 프랑스의 문화가 느껴진다.

문화는 보는 시각과 용도에 따라 여러 가지로 정의될 수 있으나 일반적으로 우리의 인식을 결정하는 정신적인 틀이라고 할 수 있다. 그 틀은 주위 환경에 의해 형성되고 영향을 받게 되므로 환경이 다르면 문화의 내용이 달라지고 그 안에 속해 있는 사람들의 인식도 달라진다. 따라서 같은 차라도 놓인 환경에 따라 전혀 다른 느낌으로 다가오는 것이 자동차가 지역에 따른 문화의 산물임을 말해준다. 아우토반에서 당당하게 달리며 멋져 보이는 BMW도 남부 프랑스의 밝고 부드러운 거리에서는 왠지 사납고 거칠어 보인다. 파리의 고풍스러운 골목길을 경쾌하게 누비는 예쁜 시트로엥(Citroen)이 아우토반을 달릴 때는 어쩐지 왜소하고 힘겨워 보인다. 어디 자동차의 스타일만 그런가. 자동차의 형태도 문화의 영향을 받는다. 우리나라에서는 어색해 보이는 누비라 5도어 해치백과 왜건을 유럽에서 보면 주위 환경과 잘 어우러져 너무나 자연스럽게 느껴진다. 우리나라의 도로에서 큰 차들에게 밀리며 작아 보이던 프라이드가 작은 차의 천국인 이탈리아에서는 상당히 커 보여 깜짝 놀란 적도 있었다.

문화라는 것도 지역, 국가, 세대, 성별, 사회계층 등 여러 가지 기준에 의해 분류할 수 있으나 여기서는 주로 지역과 국가별로 자동차의 차이를 논의해 보았다. 이제는 국경 없는 글로벌 경쟁시대라 세계 어디에서도 통용되는 보편적인 시스템과 상품들이 각광을 받고 있지만 자동차는 다르다. 맥도날드는 대량생산에 의한 저가격, 인스턴트라는 편의성, 어딜 가더라도 같은 디자인의 실내와 같은 제조 공정, 같은 서비스 그리고 같은 맛이라는 기능 우위의 객관적

시스템을 갖추어 글로벌 시대의 문화적 보편성의 아이콘으로 회자되고 있다. 자동차업계에서도 80~90년대에 하나의 모델로 전 세계에 판매하기 위해 '월드 카'라는 콘셉트로 여러 모델들이 등장했으나 모두 실패하고 말았다. 지역별, 국가별로 자동차를 사용하는 사람들의 요구 조건과 기호 등이 너무나 다른 까닭이다. 물론 지구상의 수많은 지역과 국가별로 그 차이를 다 논할 수는 없다. 자동차 공장이 있는 나라는 셀 수 없이 많지만, 자국 문화의 특색을 집어넣어 독자적으로 자동차를 개발하는 나라는 불과 6~7개 국에 지나지 않기 때문이다.

이 책은 자동차를 전공하는 사람들을 위한 책은 아니며 자동차 마니아를 위한 책은 더더욱 아니다. 각종 미디어에서 자동차산업 관련 뉴스를 거의 매일 다루면서 자동차가 우리나라 경제에서 차지하는 막대한 비중을 계속 강조하고 있다. 그래서인지 사람들은 늘 자동차와 생활을 같이 하면서도 어쩐지 자동차라는 물건을 어렵고 이질적인 존재로 느끼고 있는 듯하다. 자동차산업의 특성상 초기에는 어쩔 수 없이 정부와 업계의 주도로 하향식으로 자동차 문화가 발전할 수밖에 없다. 그러나 어느 정도 양적 성장이 이루어졌다면 그 사회에 축적된 지식과 시장의 요구에 의해 정부와 업계를 움직여가는 상향식 발전 없이는 그 나라 자동차산업의 질적 성장을 이루어내기 어렵다.

그동안 물량 확대에는 성공했으나 아직 한국의 이미지나 문화적 특성을 반영한 독자적인 디자인을 내놓고 있지 못한 것이 우리나라 자동차산업의 현실이다. 따라서 우리나라 자동차산업의 한 단계 도약을 위해서는 우선 보다 많은 사람들이 자동차에 관심을 가지고 제대로 볼 줄 알며 친밀감을 느끼는 것이 무엇보다도 중요하다. 지금보다 조금 더 알고 한 번 더 생각한다면 자기의 기준에 의해 합리적인 구매결정을 하게 되고 자신의 라이프스타일에 맞추어 카 라이프(Car Life)를 즐기게 되리라 믿는다.

짧지 않은 기간 동안 계속 자동차와 지내며 그 매력에 푹 빠지게 된 것은 큰 행운이었으며, 살아 있는 생물을 대하듯 애정을 가지고 꾸준히 관찰해온 결과를 많은 사람들과 나누고 싶다는 욕심에 글을 쓰게 되었다. 그런 의미에서 사람들이 보다 쉽게 접근할 수 있는 문화라는 코드로 자동차를 들여다보았으며 기계적 수치나 복잡한 엔지니어링 관련 설명은 가급적 배제하였다. 이 책을 쓰면서 다시 한 번 느낀 것은 복잡하고 전문적인 내용을 어렵게 쓰는 것보다 쉽게 풀어 쓰는 게 훨씬 더 어렵다는 사실이다. 독자들이 읽으면서 이해가 잘 안 되거나 내용이 맞지 않다는 생각이 들면 그것은 전적으로 서투른 저자의 책임이다.

그동안 써왔던 칼럼을 모아 책을 낼 수 있도록 용기를 주신 오토타임즈의 권용주 기자와 인내심을 가지고 꼼꼼하게 초기 원고를 정리해주신 진희정 기자에게 깊은 감사를 드린다. 이 책을 만들고 출판에 아마추어인 저자를 잘 이끌어주신 이가서의 이숙경 사장과 함명춘 실장에게도 많은 신세를 졌다. 원고의 정리와 편집을 열성적으로 해주신 분들에게도 다시 한 번 감사를 드린다. 또한 자료 수집과 원고 수정에 있어 조선일보의 임동범 기자와 중앙일보의 김태진 기자, 그리고 자동차문화연구소의 전영선 사장에게 많은 도움을 받았음을 명기하고 싶다. 아울러 오랫동안 주말과 휴일에 가장을 빼앗기고 심심한 시간을 보낸 가족에게 진정으로 미안하다는 마음을 보낸다.

자동차는 다른 제조물과 달리 무미건조한 기계덩어리가 아니라 오랜 시간에 걸친 수많은 사람들의 생각과 숨결이 느껴지고, 사용하는 사람들도 마치 살아 있는 애완동물들을 대하듯이 애정을 갖고 다루는 특이한 물건이다. 아무쪼록 이 책의 내용을 일람한 뒤 독자들이 주위에 지나가는 자동차를 더 잘 이해하게 되고 가까워졌다고 느낄 수 있게 된다면 더할 나위 없는 기쁨이 되겠다.

송파의 서재에서
황순하

차 례

프롤로그   5

1장 자동차의 극과 극, 명차에서 경차까지

1. 명품 차와 비싼 차 이야기   17
   - 에르메스, 루이뷔통, 샤넬처럼 자동차에도 명품이 있다   17
   - 자동차를 '명품'으로 만드는 조건 5가지   24
   - 고급차의 까다로운 조건 — 탑승자의 오감 만족   32
   - 우리나라 대형차, 명품이 아닌 가격만 비싼 차?   43

2. 경차 이야기   53
   - 경차, 어떻게 탄생했을까   53
   - 경차는 왜 고급 편의사양을 잔뜩 달게 되었을까   60
   - 경차, 작고 가볍고 단순할수록 좋다   63

2장 자동차, 이제 문화를 말한다!

1. 유럽차와 문화   71
   - 아우토반이 벤츠와 BMW를 만들었다   71
   - 독일차 인테리어, 각도기와 자만 있으면 만든다?   74
   - 경쾌하고 실용적인 프랑스차   80
   - 이탈리아가 디자인의 트렌드를 만든다   84

2. 미국차와 문화   89
   - 개척자 정신으로 탄생한 미국차   89
   - 구매자의 트렌드를 읽어라   91
   - 자동차 감시단체, '더 좋은 차'를 만드는 원동력   94
   - 미국도 이제는 '고급차 전략'에 나섰다   96

3. 일본차와 문화 — 102
- 일본 최초의 자동차는 전기자동차 — 102
- 일본 자연환경을 알면 일본차가 보인다 — 105
- 모방에서 개선으로— 일본 자동차의 힘 — 109

4. 한국차와 문화 — 117
- 더 이상 '싸고 무난한 차'는 NO! — 117
- 이라크에서 가장 인기 있는 한국차, 그 이유 — 121
- 국내에서의 대형차 전쟁 — 127
- 한국적 특성의 모델을 만들기 위한 조건 — 131
- 한국 도로사정이 한국차의 특징을 만들었다 — 137
- 문화는 자동차를 만든다—한국차의 독창성을 가지려면? — 143

3장 글로벌 빅3의 기업문화

1. 포드 — 155
- 팀플레이에 강한 포드, 원인은 원가 때문 — 155
- GM에 빼앗긴 넘버원의 자존심과 포드 패밀리의 리더십 — 159
- 포드가 기아자동차를 인수하지 못한 이유는 — 161

2. GM — 165
- GM은 자동차 브랜드가 아니다 — 165
- 정신 차려 보니 뱀은 나가고 없었다 — 168
- 기업문화를 이끄는 전문경영인 체제 — 172

3. 도요타   177
  도요타 본사는 도쿠가와 이에야쓰의 근거지였다   177
  도요타 JIT 시스템의 비밀   181
  은둔의 기업 도요타, 때를 기다리다   187
  큰 조직은 마를 틈이 없다! 짜면 언제나 물이 나온다   192

4장 우리나라의 수입차 문화

1. 수입차=고급차=명품?   199
  수입차 소비자, 연간 2만 명 시대   199
  수입차, 브랜드 차이를 느끼지 못하는 이유는   201

2. 경쟁 속에 생겨나는 부작용   207
  국산 대형차, 수입차에 신경쓰다   207
  수익 악화로 고민하는 수입차업계   209

5장 화제의 한국차 개발 뒷이야기

1. 잊혀져 가는 한국의 명차, 스포티지   227
  스포티지는 왜 한국의 명차인가   227
  포드와의 협력관계로 얻은 선물   231
  절반의 성공―국내에서는 실패, 해외에서는 성공   236

2. 불운의 정통 스포츠카, 엘란   239

스포츠카는 영국 상류층의 '스포티 라이프'	239
기아자동차는 왜 엘란을 만들었나	244
엘란은 너무 버거운 명품?	249
3. 국내시장 최고의 히트 차, 카렌스	254
봉고신화를 이은 화제의 자동차	254
승용차 부문, 기아는 현대를 이길 수 없다?	257
파리 모터쇼에서 얻은 짜릿한 아이디어	261
길고도 험했던 카렌스의 개발 과정	266
카렌스, 황금알을 낳는 거위가 되다	272

꼭 알아둬야 할 자동차 기술과 트렌드

1. 오른쪽 핸들(RHD), 왼쪽 핸들(LHD)의 비밀	279
도둑고양이가 보닛 위에 앉는 위치가 달라지는 이유	279
내 차의 연료주입구 위치는 어느 쪽	284
갤로퍼와 코란도, 뒷문 열리는 방향은	287
2. 원가절감의 빛과 그늘, 플랫폼 공용화	291
세계 자동차업체들이 뭉치는 이유	291
자동차업체들의 M&A, 그 성적표는?	295
3. 전륜구동(FF) or 후륜구동(FR)	305
세계 자동차업계는 지금 후륜구동 붐	305
2000년대 부활한 후륜구동	313
에필로그	318

PART 1

자동차의 극과 극,
명차에서 경차까지

1 명품 차와 비싼 차 이야기

에르메스, 루이뷔통, 샤넬처럼 자동차에도 명품이 있다

영국 롤스로이스(Rolls Royce)의 팬텀이나 애스턴 마틴(Aston Martin)의 DB9 같은 차들이 고급차라는 것은 누구나 다 인정할 것이다. 또한 메르세데스 벤츠(Mercedes-Benz), BMW, 재규어(Jaguar), 캐딜락(Cadillac) 등이 고급 브랜드라는 데 크게 이의를 제기할 사람은 아마 없을 것이다.

롤스로이스

자동차가 '명품'인 이유

그렇다면 르노(Renault)에서 내놓은 벨사티스(Vel Satis)는 어떨까? 우리나라의 에쿠스(Equus)나 체어맨(Chairman)은? 당연히 고급차라고 대답하는 사람이 있다면, 큰 차체와 높은 배기량의 엔진, 비싼 가격, 다양한 옵션 아이템을 고급차의 기준으로 떠올리지 않았을까?

벤츠의 소형차 A-클래스나 BMW 1시리즈는 어떨까? 그렇다면 구형 기술로 만들고 자국 내에서만 판매되는 구닥다리 디자인의 도요타 센츄리(Toyota Century)나 중국의 홍치(紅旗)는 고급차일까? 영어로는 럭셔리 카(Luxury Car) 혹은 프레스티지 카(Prestige Car)로 표현되는 고급차의 기준은 과연 무엇일까?

고급차는 에르메스(Hermes), 루이뷔통(Louis Vuitton), 샤넬(CHANEL) 같은 패션 브랜드처럼 명품에 속하는 소비재다. 명품 브랜드는 독특한 캐릭터와 이미지가 있고, 이런 특성을 사랑하고 애용하는 전문 수요계층이 존재한다. 이러한 특정 소비자들은 자신만의 취향과 라이프스타일을 가지고 있으며, 일상생활에 필요한 소비(옷, 화장품, 자동차, 가방, 하다못해 자주 가는 호텔이나 레스토랑까지)에 있어 자신들의 정체성(Identity)을 드러내주고 강화해주는 아이템을 선택하게 된다.

선택한 명품 아이템과 자기 자신을 동일화시키며 이 과정에서 명품은 단순한 물건이 아니라 자신의 일부가 되는 것이다. 이런 전문 수요계층의 기대를 충족시키고 계속 사랑받기 위해 각 명품 브랜드는 전통을 지키면서도 최신 트렌드를 가미한 디자인, 시대를 앞서 가는 상품 콘셉트, 기본 품질의 철저한 확보, 이미지 마케팅 등에 천문학적인 투자를 마다하지 않는다. 그러면서도 소수만을 위한 희귀성을 확보하기 위해 소량생산을 해야 하니 소위 명품의 가격이 비싸질 수밖에 없다. 명품의 높은 가격은 결과이지 높은 가격이 명품이 되기 위한 초기 충분조건은 아니란 얘기다.

대중적인 패션 브랜드 게스(Guess)가 어느 날 갑자기 최고의 재료로 고가의 제품을 만들었다 해서 명품이 될까? 대만의 한 자동차업체에서 큰 차체, 고배기량 엔진, 각종 옵션을 만재한 소량의 자동차를 만들었다면 고급차에 속할까? 명품의 기준은 물질에 있지 않고 이미지에 있다. 이렇게 이미지를 소비하기 위해 아낌없이 높은 가격을 지불하는 전문 수요계층의 존재가 명품의 키팩터(Key Factor)이다.

최근에는 '매스티지(Masstige; Mass + Prestige)'라고 하여 대중품의 명품화 혹은 명품의 대중화가 전 세계 시장의 큰 흐름을 형성하고 있지만, 진정한 명품과 전문 수요계층의 관계는 지금부터 천 년을 거슬러 올라간 시점에서부터 형성되어 오고 있다.

고급차, 어떻게 탄생했을까

11세기와 12세기에 걸쳐 유럽에서는 농업사회를 기반으로 한 귀족사회가 등장하기 시작했다. 당시 귀족사회는 경작지를 영지로 보유한 봉건귀족과 승려계급이 중심을 이뤘다. 봉건귀족은 형식상으로는 각기 왕국에 속해 왕의 통치를 받는 것처럼 되어 있으나, 실질적으로는 자기의 영토에 대해 자치권을 부여 받고 대신 왕에게 세금과 유사시 군사력을 제공하는 것을 토대로 한 수평적 계약관계를 맺고 있었다.

이런 봉건귀족의 영지는 오랫동안 혈통 내에서 세습되면서 각기 독특한 그들만의 지역문화를 형성하게 되었고, 오늘날 다채로운 문화배경을 가진 유럽은 이 같은 다양한 지역문화를 기반으로 탄생하게 되었다. 당시는 교통과 시장이 발달하지 않았던 자급자족 시대라 봉건귀족은 영지 내에 장인들을 두고 각종 생활도구를 만들게 했고, 이런 생활도구는 자연스레 각 귀족의 취미와 기호를 반영하는 소량 공예품의 성격을 띠게 됨은 물론, 해당 지방의 기후풍토와 문화까지도 반영하게 되었다. 그렇기 때문에 같은 기능을 하는 생활도구의 디자인이 지역마다 차이를 갖게 된 것이다.

유럽이 중상주의 시대를 거쳐 초기 산업화시대로 진입하면서 새로운 부유층으로 부상한 상인들이나 산업자본가들이 소위 부르주아(Bourgeois)로서 과거 봉건귀족을 대신하여 각 사회의 다수 지배층으로 성장해갈 때도 이런 현상은 이어져, 그들 또한 연대 그룹별 취향과 라이프스타일에 맞는 제품을 선호하였다.

이런 배경으로 귀족들의 일상생활과 사교활동을 위해 오늘날 자동차의 원조라고 할 수 있는 승용마차가 등장하게 된다. 다른 생활노구와 마찬가지로 승용마차도 오랫동안 각 지역과 귀족의 아이덴티티(Identity)와 오리지널리티(Originality)를 나타내는 전통의 디자인 테마를 가진 공예품이었다. 당시 승용마차는 고가의 귀중품이면서 지금의 고급차 이상으로 지위와 신분의 상징이었기에 화려하면서도 독특한 장식과 개성을 강조했다. 오늘날 에르메스나 구찌 같은 명품 브랜드의 상징물에 마차나 말편자 같은 마구(馬具)들이 많이 등장하는 것도 이와 무관하지 않다.

이처럼 유산귀족계급(Patron)들의 취향에 맞추어 마차를 만들어주던 장인들을 이탈리아에서는 카로체리아(Carrozzeria; 마차를 뜻하는 Carriage에서 유래했으며 현재 이탈리아의 디자인 하우스를 일컫는 말)라고 불렀으며, 이런 전통에 이탈리아 특유의 디자인 감각이 더해져 이탈리아가 세계 자동차의 디자인을 리드하게 된 것이다. 19세기 들어 증기기관이 발명되면서 아래 유럽의 승용마차는 말 대신 엔진을 탑재한 원시적 형태의 자동차로 발전하였고, 인류는 본격적인 내연기관의 '모바일 시대(Mobile Age)'에 접어들게 되었다.

20세기 들어 미국에서는 포드의 모델 T를 중심으로 일반 대중을 위한 자동차의 대량생산이 개시되었으나 유럽에서는 자동차가 여전히 소수 상류층을 위한 소량 공예품의 성격을 벗어나지 못하고 있었다.

제1차 세계대전 이후 항공기 생산기술을 활용하여 유럽에서 자동차의 대량생산이 시작되었을 때도 각 자동차업체들은 대중적인 디자인이 아니라 독자적 개성과 철학을 지닌 자동차를 고집하였고, 이러한 전통은 지금까지도 이어져 오고 있다. 그래서 일반 사람들이 보기에는 이상한 디자인의 차들도 계속 만들고 있는 것이다. 혹 유럽시장이 크지도 않았는데, 워낙 자동차업체들의 수가 많아서 각 업체들이 자신만의 니치마켓(Niche Market)을 위해 일부러 비대중적인 차를 만들게 된 것이 아니냐고 말하는 경우도 있다. 하지만 미국에서도 지금의 빅3로 정리되기까지 수백 개의 자동차업체들이 명멸했었다는 사실을 생각하면, 유럽의 자동차업체들이 유럽시장의 특성에 맞추어 스스로의 생존방식을 택했다고 보는 게 타당할 것이다.

물론 현재 유럽의 자동차 브랜드 중에 폭스바겐(Volkswagen)이나 푸조(Peugeot), 피아트(Fiat) 등과 같이 대량판매를 위한 대중차를 만드는 업체들도 있다. 하지만 이 업체들도 자기의 디자인을 선호해주는 보다 많은 수의 일반대중, 특히 자국민의 취향과 수요를 주요 타깃으로 자동차를 개발하고 있다는 측면에서는 명품 브랜드들의 운영방식과 그 궤를 같이 한다. 물론 대중차 업체들도 유럽업체라 나름대로의 독특한 디자인 테마는 계속 지켜가고 있다

명품, 바다를 건너 동양에서 짝퉁과 새로운 문화로 탄생

유럽은 이런 계급사회의 전통이 아직 일상생활에 뿌리 깊게 남아 있어 소비자

● 포드의 모델 T

들은 각자의 계급에 맞게 소비재 구매를 한다. 이탈리아 밀라노나 프랑스 파리에 있는 많은 명품 패션 브랜드 가게의 손님들은 주로 소수의 현지 상류층과 관광객들이고 현지의 일반인들은 얼씬도 하지 않는다. 비싸기도 하거니와 평소에 그런 좋은 옷이나 가방에 어울리는 생활을 하고 있지 않기 때문이다.

샤넬 옷을 입고 삼겹살집에 간다든지, BMW를 타고 복잡한 재래시장에 장 보러가는 것 같은 우를 범하지 않는다. 그러니 짝퉁 브랜드들이 유럽에서는 잘 안 보일 수밖에 없다. 요새 아시아에서 짝퉁 브랜드가 대유행인데다 이태원에서 만든 짝퉁 브랜드는 진짜보다 더 좋다고 한다. 이런 현상을 자본주의의 브랜드 마케팅 시대에 일어나는 통상적인 문화현상으로 보아야 할지, 아니면 열등의식에 기인한 문화 사대주의로 보아야 할지에 대해서는 잘 판단이 서질 않는다. 그러나 돈 없는 젊은 사람들만 짝퉁 브랜드를 좋아하는 게 아니라 국내에서 고급차라고 광고하는 자동차도 해외 유명 브랜드의 기술을 썼다는 걸 대문짝만하게 홍보하고 또 그게 돈 많거나 사회적 지위가 높은 소비자한테 먹혀 들어가는 걸 보면, 명품에 대한 무분별한 열망은 이미 우리 사회의 전반에 걸쳐 그 뿌리가 깊음을 알 수 있다.

이런 명품에 대한 열망은 바다 건너 일본에서도 만만치 않다. 생활수준과 환경에 맞지 않게 유달리 명품 브랜드를 좋아하는 일본사람들, 특히 사무직 여성(OL; Office Lady)들은 갖고 싶은 명품을 사기 위해 2~3년 동안 몇몇 친구들끼리 명품 계를 만들어 목돈이 모아지면 해외로 나가 쇼핑을 한다. 이 숫자가 너무 많아 해외의 유명 브랜드 판매점들은 메뚜기 떼처럼 몰려오는 일본사람들 때문에 좋은지 싫은지 비명을 질러대고 매장 밖에 줄을 세워 차례로 입장시키기도 한다. 일본사람들은 각 브랜드의 최신 디자인이나 다양한 모양을 즐기기보나 그 브랜드의 가장 대표적인 디자인 제품에만 집중하는 경향이 있는데(이유는 간단하다. 다른 사람들이 그 브랜드라고 금방 알아보아 줄 것이니까) 멋진 판매점에 단체로 몰려들어 대표적인 디자인의 구두 한 짝씩 손에 들고 "여기요(Excuse me)!" 하고 점원을 찾는 모습들은 정말 가관이었다. 현지 점원들이 발하면서 국내 경쟁차종과 슬라럼 테스트를 할 때, 부드러운 승차감을 자랑하던 경쟁차종이 시속 200km로 급회전하자마자 옆으로 뒤집어져 수십 미터 미끄러져 테스트 드라이버가 큰 부상을 당한 적이 있었다).

평생 몇 번이나 시속 200km 이상 달리겠냐고 말할 수 있으나 한 번을 달리더라도 탑승자를 철저하게 보호하려고 엄청난 투자를 해서 만든 차가 진정한 고급차인 것이다. 따라서 서스펜션 타입과는 관계없이 해외 고급차들의 승차감은 일반적으로 좀 딱딱한 편이다. 물론 고속주행 시 안정성과 부드러운 승차감을 다 잡아야 한다는 과제를 놓고 끊임없이 기술개발이 되고 있고, 상반된 요구들이 만나는 균형점의 레벨이 점차 높아지고 있는 추세이긴 하다. 하지만 고급차 중에도 전문 수요계층의 요구에 따라 '드라이빙 머신(Driving Machine)'을 지향하는 벤츠나 BMW 같은 독일차들은 안정성에, 렉서스나 캐딜락은 부드러운 승차감에 더 치중하는 특색을 보여주고 있다.

안정성에 있어 또한 빼놓을 수 없는 것이 차체의 강성(剛性)이다. 이것은 단순히 두꺼운 철판을 쓰거나 차체 조립 시 용접 포인트의 수를 늘려서 얻을 수 있는 게 아니다. 차체형상은 물론 주행 시 차체 주위의 공기 흐름과 노면의 저항, 차체 비틀림까지 고려한 전체 차체구조분석(Body Structure Analysis)에서 출발해야 하는 매우 어려운 과제이다.

기술이 부족하거나 원가와의 타협으로 인해 차체강성이 제대로 육성되지 않았을 경우, 흔히 메이커들은 서스펜션으로 대충 해결하려는 경향이 강하다. 고가의 국산차나 수입차에서 고급 옵션이라고 자랑하는 가변식 서스펜션 장치(고속주행용, 시내용, 스포츠 모드 등)라는 게 사실은 서스펜션 내 실린더와 스프링 압력의 가감을 통해 차체 안정성을 어느 정도 확보하고자 하는 눈가림인 것이다. 어쩌겠는가? 소비자가 지불할 수 있는 차 값 한도 내에서 즐길 수밖에. 그래서 이런 저런 이유로 인해 국산 신차를 사지 않고 고급 수입 중고차를 타는 마니아들이 많은 것이다.

Stop — 포텐샤가 '뒷자리 회장님' 차로 실패한 이유

다음에 'Stop'은 말 그대로 '정지'를 의미한다. 자동차가 설 때 가장 중요한 것은 제동거리다. 물론 제동거리는 짧을수록 좋으며 급정차 시에도 차 안에 탄 사람의 자세가 흐트러지지 않을수록 좋다. 물론 여기에도 짧은 제동거리와 탑승자가 불쾌감을 느끼지 않는 '양질의 제동(Quality Stop)'이라는 상반된 요구를 조화시켜야 하는 어려운 과제가 있다. 브레이크 시스템의 용량을 엄청 키워 고속주행하던 차를 무조건 꽉 세운다면 제동거리는 짧아지겠지만 안에 있는 사람은 어떻게 되겠는가?

1992년 기아자동차에서 대형 승용차로 처음 출시했던 포텐샤가 당초 목표했던 '뒷자리 회장님' 차에서 실패하고 '앞자리 오너용' 차로 머무를 수밖에 없었던 주된 이유 중의 하나가 바로 'Stop' 때문이었다. 포텐샤의 원조인 마쓰다(Mazda) 929는 원래 고속주행을 즐기는 스포츠 타입의 오너용 차였는데, 당시 뒷자리 회장님용 차에 대한 노하우가 부족했던 기아자동차는 국내시장에 맞게 개조하기보다 아무 생각 없이 제동거리가 짧다는 걸 오히려 자랑하기

기아 포텐샤

까지 했다. 기아자동차의 테스트 드라이버들이 시험장에서 고속으로 시운전할 때 운전기사 두고 자기는 뒤에 앉아볼 생각은 하지 못한 것이다.

그러니 회장님들이 출퇴근 시에 뒤에 앉아 신문을 보다가 운전기사가 브레이크를 조금이라도 세게 밟기만 하면 계속 앞으로 고개 숙여 인사를 하거나 그냥 앞으로 고꾸라지는 사태가 수없이 발생했다. 당연히 판매 초기에 후륜구동의 특성을 인정받아 잘 나가던 포텐샤의 중고 급매물이 급증했고 차량의 성격은 바꾸기 어려운지라 기아자동차는 긴급히 2,000cc 엔진의 오너용 보급형을 만들어 위기를 넘겼다. 이런 아픔이 있었기에 그 다음에 개발한 엔터프라이즈는 역으로 양질의 제동에 치중했고, 덕분에 길어진 제동거리로 인해 아찔한 경험을 해본 사람들이 꽤 있을 것이다.

우리나라 길거리에서 차량 추돌사고 시 뒤에 있는 승용차의 앞부분이 앞차의 범퍼 밑으로 들어가 콧등이 까지는 경우가 종종 있다. 차량 급정거 시 앞쪽이 주저앉고 뒤쪽이 들리는 이른바 '노즈 다이브(Nose Dive)' 현상 때문이다. 유난히 서스펜션이 부드러운 우리나라 자동차들이 특히 이런 현상이 심하다. 그러니 무조건 부드러운 승차감만 좋아할 게 아니다. 이렇듯 짧은 제동거리와 양질의 제동이라는 상반된 요구를 눈가림식 부분 옵션이 아니라 오랫동안 기초 연구를 통해 일정 수준 이상으로 조화시켜 내야만 고급차가 될 수 있는 것이다.

Safety — 강철로 만든 차체에 각종 안전장치만 있으면 OK?

안전성(Safety)은 너무나 당연하고 기본적인 것이라 새삼스레 얘기하기도 뭐하고 또 너무 광범위하다. 세세한 이야기는 생략하고 안전성에 대해 몇 가지 잘못된 상식만 지적하고 넘어가기로 하자.

우선 차량의 안전과 탑승자의 안전을 혼동하는 경우다. 차량 사고 시 차체가 많이 찌그러지면 차가 약하다고 불평하는 사람들이 많다. 참으로 황당한 이야기가 아닐 수 없는데, 충돌 시 차가 어느 정도 찌그러져야 충격이 흡수되

● 폭스바겐 골프 엔진

어 탑승자가 그만큼 안전해지는 것이다(물론 어느 수준 이상의 자동차에 국한된 이야기이고, 승객이 타는 공간인 세이프티 존(Safety Zone)은 철저히 지킨다는 전제가 붙는다). 강철로 튼튼하게 차를 만들어놓으면 사고 시 차야 안전하겠지만 그 안의 사람들은 충격을 흡수해야 하니 인간 에어백이 될 수밖에 없다. 사람의 안전과 효율의 개념 없이 그저 튼튼하게 기계적 성능 위주로 만든 구(舊) 소련군 탱크의 기동훈련 도중 훈련병들이 많이 죽거나 다쳤다는 이야기가 참고가 될 것이다.

또 하나의 잘못된 상식은 에어백이나 ABS 같은 각종 안전장치에 대한 맹신이다. 법규상 차급별로 요구되는 안전조건이 틀린 만큼 운전자들이 자기가 운전하는 차급에 맞는 안전운전을 해야 할 텐데, 현실은 그렇지 않은 것 같다. 경차가 에어백이 달려 있다고 해서 같은 조건의 충돌 시 중형차만큼 안전할까? 중형차에 ABS 달려 있다고 해서 자기한테 시비를 걸었다고 해서 빗길에 포르쉐를 따라다니면 되겠는가 말이다.

또한 에어백 수가 많다고 해서, 각종 첨단 안전장치가 많이 달려 있다고 해서 모든 사고에서 안전한 것도 아니다. 그런 것들은 사고의 확률을 조금 줄여주거나 사고 시 상해의 정도를 약간씩 경감해주는 정도의 효과일 뿐이다. 역시 진정으로 안전한 차는 오랜 세월에 걸쳐 확률에 관계없이 가능한 많은 경우에 대비해 철저히 기본을 갈고 닦은 후에야 완성되는 것이다. 고급차의 명성은 이렇게 오랜 시간 서서히 쌓여가는 것이다. 대중 브랜드 자동차업체가 어느 날 갑자기 큰 차체에 배기량 큰 엔진 없고 각종 첨단 장치로 만재된 대형차를 만들었다고 해도 그건 '고가차(高價車)'일 뿐 '고급차(高級車)'는 될 수 없는 것이다.

Durability — 독일에 벤츠 택시가 많은 까닭은

마지막으로 '내구성(Durability)'에 대해 얘기해 보자. 독일이나 홍콩에 가면 벤츠 같은 고급차 택시가 압도적으로 많다. 차 값이나 유지비도 만만치 않을 텐데도 택시기사들이 고급차를 선호하는 이유는 기본적으로 10년 이상 정상적으로 운행할 수 있는 내구성 때문이다.

어느 부품 하나라도 수명을 다하면 이상해지는 게 차인데, 일정 기간 쓰고 바꾸는 성격의 대중 브랜드 자동차들은 보통 4~5년 정도의 정상 작동을 기준으로 부품을 개발한다. 우리나라의 차들도 예외가 아니라 국내 중고차 시세를 보면 판매 후 4~5년 정도부터 가격이 급격히 떨어진다. 부품 수명을 좀 더 늘리는 게 뭐 그리 어렵냐고 생각할 수도 있겠으나, 기술상의 문제 외에 더 좋은 재료를 써야 하고 실험도 더 많이 해야 하니 결국 원가가 올라가게 된다.

내구성을 향상시키고 그만큼 차 값을 올려 받는 콘셉트의 고급차 같은 경우를 제외하고는 대중 브랜드 자동차가 시장에서 받을 수 있는 차 값에는 한계가 있어 내구성을 일정 수준 이상 키우고자 하면 당장 수익성에 빨간불이 켜지게 된다. 그래도 엔지니어의 혼을 강조하며 대중 브랜드 자동차업체들 가운데 편의성이나 주행 정숙성보다 기계적 성능과 내구성에 치중했던 닛산(Nissan), 마쓰다(Mazda), 기아자동차 같은 업체들이 결국 어떤 운명을 맞이했는가?

고급차들이 비싼 이유는 이렇듯 부품 하나하나가 장기간 내구성을 지닐 수 있도록 제대로 개발하기 때문이다. 국내의 수입차 부품이 겉모양과 기능이 비슷한 국산차 부품보다 값이 더 비싸 소비자들이 심하게 불평하기도 하나, 부품 자체가 비싼데다가 운송, 포장상태까지 남달리 신경을 많이 쓰니 비싸질 수밖에 없다. 부품 판매마진이 있어도 투자 대비 소량판매에 따른 단위별 고정비 증가와 인건비를 빼고 나면 초기에 소요되는 막대한 투자를 고려해 볼 때 사실 국내 수입차 정비는 신차를 팔기 위한 보조수단이지 남는 장사가 아니다.

결론적으로 기계적 특질에 관한 한 고급차는 부문별로 요구되는 상반된 요구조건들을 상당 수준 동시에 만족시키면서도 자기 나름대로의 '맛'을 오랫동안 느끼게 해주는 매력만점의 훌륭한 기계덩어리다.

고급차의 까다로운 조건 — 탑승자의 오감 만족

어느 날, 수입차 업체 사무실에 험상궂게 생긴 한 남자가 찾아왔다. 비싼 돈을 내고 고급 독일차를 샀는데, 잔고장이 심해 참다못해 차를 몰고 온 것이었다. 그는 사무실 앞에 차를 세워놓고, 차 위에 올라가 쿵쿵 뛰다가 옆차기로 차의 사이드 미러를 날려버렸다. 이것을 지켜본 주변 사람들은 모두 무서움에 떨어야 했다.

이렇게 기계적 완성도가 높은 고급차라 해도 기본적인 성능이나 기능이 충실한 것이지 차라는 게 수많은 부품의 조립체이고 고도의 전자장비들도 많이 들어가 있어 실제로 잡음이나 잔고장이 수시로 발생한다. 또한 브랜드에 따라 실내가 좁다든지 트렁크가 작다든지 아니면 옵션 장비들이나 스타일이 좀 구식이라든지 하는 물리적 결함을 갖고 있기도 하다. '비싼 차가 뭐 이래?' 하고 당연히 불만을 제기할 수도 있으나 그래도 한 번 고급차를 타본 사람들은 그 세계에서 쉽게 빠져나오지 못한다.

이런 기계적 결함을 덮어주는 고급 브랜드의 감성적 매력이 워낙 강하기 때문이다. 대중 브랜드나 새로 고급차 대열에 진입하려는 브랜드가 기계적 특질에서는 기존 고급차들을 어느 정도 따라간다 해도 단기간에 도저히 흉내 낼 수 없는 분야가 바로 감성적 측면이기도 하다. 고급차의 감성적 측면은 넓게 보면 브랜드 이미지라는 말로 단순하게 표현될 수도 있으나 그렇게 간단한 이슈가 아니며, 수치화되기 어려운 상당히 주관적인 세계라 좀 더 구체적으로 세분해 살펴볼 필요가 있다. 그 기준으로 불교에서 사람이 세상을 접하는 여섯 개의 창으로 일컫는 안(眼), 이(耳), 비(鼻), 설(舌), 신(身), 의(意) 중에서 차는 음식물이 아닌 관계로 미각을 담당하는 설(舌)을 제외한 나머지 다섯 가지의 감각을 활용해 보자.

眼—익스테리어 & 인테리어 디자인

안(眼)은 '보는 감각(See)'으로 눈에 보이는 외관(Exterior & Interior Design을 총칭)을 뜻하며 형태(스타일과 색상)로 느낄 수 있다. 고급차는 오랫동안 유지되어 온 자기만의 독특한 스타일을 가지고 있다. 이런 각 브랜드의 디자인 테마의 좋고 나쁨에 대해서는 주관적으로 차이가 있다. 하지만 어차피 전체 소비자가 아니라 전문 수요계층의 취향에 맞출 수밖에 없으므로 동일 테마를 유지하면서도 그 시대 트렌드에 맞는 새로운 감각을 얼마나 잘 반영했는지가 중요하다.

따라서 각 테마별로 전체적인 디자인의 완성도가 중요하며, 이런 만족을 기본으로 각 부품의 생김새와 조립상태를 나타내는 '장인솜씨(Craftsmanship; Fit & Finish와 함께 차량 성격에 맞추어 디자인된 각 개별부품의 외관에 대한 만족)'가 상승 작용을 일으켜 소비자의 시각적 기대를 충족시킨다. 중요한 것은 각 개별부품의 디자인은 해당 부품의 물리적 기능과는 별 관계가 없으며 단지 시각적 효과에 그치는 경우가 대부분이라는 것이다.

예를 들어 실내 계기반을 모두 플라스틱으로 만드는 것보다 세단이라면 우드 그레인, 스포츠카라면 크롬 장식을 하면 동일한 기능이라도 시각적 만족감은 올라가지 않겠는가? 그토록 다양한 모양의 알루미늄 휠들이 과연 기능상의 차이를 얼마나 갖고 있을까? 계기반의 모양이 특이하다고 해도, 차문 안쪽

재규어 S—타입

캐딜락 드빌

스타일이 특별히 예쁘다고 해도 실질적인 기능상의 차이는 별로 없다.

시각적 만족감에 있어 색상도 중요한 요소이지만, 고급차일수록 형태가 색을 우선한다. 각 브랜드별 혹은 각 나라별 특징 있는 스타일을 만들고, 스타일을 한껏 드러내기 위해 색상이 동원되는 것이다. 드물기는 하지만 자동차업체의 독특한 개발철학에 의한 기능상의 이유 때문에 특정한 색(눈부심을 방지한다는 벤츠의 검은 색조의 계기반 플라스틱, 야간에 눈의 피로를 최소화한다는 BMW의 호박색 계기반 야간조명 등)을 고집하는 경우도 있다.

따라서 고급차들은 의외로 차의 내외장재의 색깔이 다양하지 않고 오히려 특정 색깔을 강조하여 자기 브랜드만의 특징을 나타내기도 한다. 페라리가 잘 쓰는 이탈리안 레드(Italian Red)가 좋은 예가 되겠다. 롤스로이스, 재규어 같은 우아한 느낌의 영국차의 경우 겉은 브리티시 그린(British Green), 실내는 우드 그레인과 어우러진 베이지색이 가장 잘 어울리고, 기계적 느낌이 강한 BMW, 벤츠 같은 독일차는 메탈릭 실버(Metallic Silver)의 겉 색깔에 크롬이나 회색 플라스틱이 섞인 검정색 계통의 실내가 가장 느낌이 산다.

耳 — 자동차만의 독특한 사운드

이(耳)는 소음(Noise)이 아닌 '소리(Sound)'를 의미한다. 차를 만드는 엔지니어들은 차를 개발한다고 하지 않고 육성한다는 말을 즐겨 쓴다. 살아 있는 생명체를 대하듯이 본인들이 원하는 방향으로 차의 성격을 키워 나가는 데 기쁨을 느끼며, 어려운 과정을 겪으면서 육성한 차일수록 친자식처럼 아끼는 경우가 많다.

차와 운전자는 주행 시 끊임없이 서로 정보를 주고받으면서 의사소통하게 되며, 여기서 사운드는 중요한 역할을 한다. 차가 어떤 노면 상태의 도로를 달리고 있는지, 가속페달을 밟으면 엔진소리와 바람소리에 의해 어느 정도로 가속되고 있는지 귀로 느낄 수 있도록 해주어야 운전자는 상황을 장악하고 있다는 느낌이 들면서 운전이 즐거워지는 것이다.

보통 유럽의 고급차들은 브랜드에 따라 미세한 차이는 있으나 좀 시끄럽고 진동도 상당히 느껴진다. 물론 무거운 기계덩어리가 고속으로 굴러가는 데 소리와 진동이 없을 수 없다. 유럽차의 경우 성능 위주로 개발되어 소리와 진동이 더 발생하는 경우도 있으나, 이는 스포츠카가 아닌 세단이라 할지라도, 소형차가 아닌 대형차라 할지라도 근본적으로 소리와 진동이 어느 정도 있어야 한다는 개발철학이 확고하기 때문이다.

차를 만들어보면 소리와 진동을 없애는 것보다 상황에 따라 적절히 육성하는 것이 훨씬 더 어렵다. 모터사이클이긴 하지만 미국의 할리 데이비슨이 자기만의 독특한 배기음을 보호하기 위해 특허를 낸 사실은 사운드가 브랜드 이미지에 얼마나 중요한지를 분명하게 보여준다.

또한 정지나 주행 시 잘 육성된 각종 기기들의 작동음도 고급차를 운전하는 사람들의 만족감을 배가시켜 준다. 기아자동차에서 포텐샤를 개발하면서 시속 30km 정도가 되면 자동으로 차문이 잠기는 장치를 적용했다. 그런데 개발 기간도 촉박하고 기능적 완성도에만 집착하다 보니 차문이 잠길 때 '철커덕' 하는 소리가 꽤 크게 났던 모양이다. 그래서 당시 기아자동차의 김선홍 사장이 뒷자리에서 잠을 청하다가 몇 번을 깜짝 놀라 깨서는 "이 촌놈들이 확실하게 만들었구먼!" 하고 혀를 찼다는 일화가 있다. 물론 그 후 그 소리는 많이 조용해졌다.

기술이 없는 게 아니라 사운드의 중요성을 깨닫고 그 육성에 매진하는 자세의 결여가 문제였던 것이다. 차문 닫을 때 나는 묵직하고 확실한 느낌의 소리는 또 얼마나 중요한가? 일일이 이런 예를 열거하자면 끝이 없을 것이다.

鼻―자동차에도 냄새가 있다

비(鼻)를 뜻하는 '냄새(Smell)'는 의외로 사람들이 가장 무심하게 지나치는 부분이다. 하지만 냄새는 자동차의 성격과 수준을 결정짓는 상당히 중요한 요소다. 특히 신차의 냄새는 차량에 대한 소비자의 초기 인상과 구매 결정에 있어 무시하지 못할 영향을 미친다.

모든 것을 매뉴얼로 만들기를 좋아하는 도요타의 신입 영업사원 교육자료를 보면, 손님이 매장에 들어서면 무조건 운전석에 먼저 앉히고 나서 이야기를 시작하라는 내용이 있다. 이유는 단 하나, 손님이 신차의 신선한 플라스틱 냄새를 맡게 해서 잡다한 설명 이전에 우선 '뽕 가게' 만들어놓으란 얘기다. 거기다가 가죽시트의 우아한 향기라도 곁들여지면 손님의 긴장과 경계심은 상당 부분 허물어지기 마련이다.

잘 관리된 자동차 매장에 가보면 전시된 차의 문과 창이 모두 닫혀있음을 보게 될 것이다. 그건 먼지가 들어갈까 봐 그런 것도 있지만 사실은 신차의 냄새를 오래 보존하기 위해서이다. 이러한 후각 효과를 극대화하기 위해 고급차 매장에서 브랜드 성격에 맞는 고급 방향제를 설치해놓는 것은 이미 상식에 속한다.

또한 차 실내는 복잡한 화학처리 공정을 거친 각종 플라스틱과 섬유, 가죽 등으로 되어 있어 청결하게 관리되지 않으면 각종 불쾌한 악취가 난다. 한여름 뙤약볕에 장시간 노출될 경우 유해가스가 발생하기도 한다. 그래서인지 시중에는 탈취제와 방향제가 많이 나와 있는데, 화학제조물인 방향제들은 휘발성이 강해 밀폐된 차 실내에서 오래 맡을 경우 건강에 해로울 수 있다. 따라서 대중 브랜드 자동차업체와는 달리 고급차업체들은 각 브랜드의 성격에 맞추어 신차의 초기 냄새를 어떻게 잘 만들어 얼마나 오래 지속시킬 수 있는가를 전문적으로 연구하고 있다. 아우디의 경우 별도의 후각전문연구소까지 차렸을 정도다.

오랜 기간에 걸친 이러한 전문 연구의 결과로 당연히 고급차에 앉아보면 좋은 냄새가 나며 각 브랜드별로 미묘한 향기의 차이를 느낄 수 있다. 캐딜락을 타면 상큼 달콤하면서도 우아한 향기가 나는데, 가죽시트를 만들면서 가죽 속에 '뉘앙스(Nuance)'라는 향기물질을 집어넣었기 때문이다. 이 향은 꽤 오랜 기간 동안 지속이 되는데, 캐딜락 연구진이 이 물질을 개발하고 적용하는 데 엄청나게 노력했음은 물론이다.

身 — 온몸으로 느끼는 자동차

신(身)은 운전자의 몸으로 느끼는 감각이니 '촉각(Touch)'에 해당한다. 동일한 물리적 기능을 가진 부품이라도 촉각의 느낌을 달리 하기 위해 고급차업체들은 엄청난 실험을 거듭한다.

예를 들어 같은 가죽핸들이라도 대중 브랜드 자동차들은 해당 브랜드 원가의 제약으로 인해 그야말로 가죽으로 둘러싼 핸들을 만들어 기능상의 필요만 만족시킨다. 그에 반해 고급차업체들은 가죽부터 고급을 쓰면서 그립 부분의 굵기, 손으로 잡았을 때 가죽 표면의 질감이나 미끄러짐의 정도 등에서 남다른 느낌을 주고자 한다.

나는 개인적으로 사브의 가죽핸들을 좋아하는데, 잡으면 단단하고 꽉 찬 느낌이고 손에 딱 쥐어지는 것이 고속으로 달려도 내 의사대로 컨트롤할 수 있을 것 같은 자신감을 강하게 느끼게 해주기 때문이다. 그 밖에 도어핸들을 잡았을 때의 느낌, 실내 각종 기기들을 누를 때 손끝에 느껴지는 감각, 가죽시트 표면의 질감, 수동기어 변속 시 손에 느껴지는 기어 손잡이의 촉감과 변속 느낌 등이 고급차를 대중 브랜드와 차별화시킨다. 더 나아가 롤스로이스, 벤틀리 같은 울트라 럭셔리 브랜드를 일반 고급차와 구별해주는 중요한 요소 중의 하나가 바로 촉각인 것이다.

意 — 탑승자의 감성까지 생각한다

감성적 측면의 마지막 요소인 의(意)는 좀 어려운 개념이다. 쉽게 표현하면 '인식(Perception)'이라고 할 수 있고, 여러 감성적 요소들이 다 녹아들어 만들어내는 가장 궁극적인 '감성적 요소'라 할 수 있다.

사람들은 브랜드마다 막연하나마 어떤 느낌을 가지고 있다. 대중 브랜드들은 대개 그 이미지라는 게 실용적인 영역에 머무르는 경우가 많다. 예를 들어

렉서스 계기반

렉서스 시트

도요타는 무난하고 편리하며 잔고장이 적고, 폭스바겐은 단단하고 내구성이 강하며, 한국차는 값이 싸고 옵션이 많으면서 품질은 그럭저럭 탈 만하다 하는 느낌들 말이다.

반면에 고급차들은 좀 더 형이상학적인 느낌을 가지고 있다. BMW는 남성적이고 스포티하며 기술적으로 뛰어나면서 고속으로 달리기에 적합해 보인다든지, 캐딜락은 푹신하고 승차감이 부드러우면서 아메리칸 럭셔리(American Luxury)의 여유와 풍요로움이 느껴진다든지, 재규어는 귀족적이고 우아하면서 절제된 느낌에 드라이빙이 파워풀하다든지, 렉서스는 조용하고 매끄럽게 나가면서 세련되어 보인다는 느낌이다. 이런 각 브랜드의 이미지는 의도했든 의도하지 않았든, 정확하든 잘못되었든 오랜 기간 동안 사람들의 머릿속에 고착되어 있다.

이런 고착된 이미지를 바꾸고자 하는 자동차업체의 노력은 지금도 계속되고 있다. 볼보는 포드가 인수한 후 실용적이고 안전한 패밀리카의 이미지를 고급차로 변신하고자 노력하고 있으며, 폭스바겐은 투아렉(Touareg), 페이톤(Phaeton)을 앞세워 이미지를 획기적으로 향상시키려 하고 있다. 그러나 한 번 박힌 이미지를 바꾸는 것은 보통 어려운 일이 아니고 시간도 많이 걸리는지라 아직 제대로 성공한 경우는 보지 못했다.

사실 너무나 많은 브랜드와 차종으로 넘쳐나는 시장에서 확실한 브랜드 아이덴티티로 승부하고자 하는 것이 최근 자동차업계의 동향이다. 하나의 브랜드로 소형차에서 대형차까지 제품 라인업을 다 커버한다는 것은 오히려 시장에서 그 브랜드의 아이덴티티를 흔드는 결과가 되어 판매에 악영향을 가져오기 쉽다.

세계적인 기준으로 보아 크다고 할 수 없는 약 200만 대 정도의 생산규모에 경차부터 고급 대형차, RV까지 풀라인업을 가져갔던 일본의 미쓰비시(Mitsubishi)가 나름대로의 확고한 이미지를 구축하지 못한 채 현재 경영 위기에 처한 게 좋은 예가 되겠다. 도요타가 북미시장에서 고급차 세그먼트에 도전하면서 렉서스라는 별도의 브랜드를 가져가고, 최근에 주머니가 얇은 젊은 계층을 공략하고 한국차를 견제하기 위해 싸이언(Scion)이라는 새로운 브랜드를 도입한 것도 이런 맥락에서 이해될 수 있다.

자동차의 브랜드 이미지라는 경쟁 요소의 중요성은 날로 증가하고 있으며 더욱이 고급차의 경우 브랜드 이미지의 역할은 결정적이다. 고급차를 타면서 만족을 느끼는 것은 탑승자가 그 브랜드에 대해 갖고 있는 이미지에 맞게 기대가 충족되었을 때 생겨난다. 만족 수준을 강화해주는 새로운 스타일이나 독특한 아이디어의 옵션 장치 등이 추가되었을 때, 그 브랜드에 대한 기대감은 더욱 높아져 브랜드 가치(Brand Value)로 발전하게 된다. 바로 엠블럼으로 상징되는 고급차들의 그 브랜드 가치에 사람들은 높은 가격을 즐거이 지불하는 것이다.

또한 고급차는 탑승자, 특히 운전자에게 각 브랜드 특유의 운전하는 '맛'을 느끼게 하기 위해 오랫동안 차를 갈고 닦는다. 기계적인 수치가 모자라거나 기술적으로 뭐가 잘못되어서 고치려고 하는 게 아니라 목적하는 그 감성 품질을 내기 위해 노력하는 것이다. 렉서스가 목표로 하는 서스펜션의 느낌을 육성하기 위해 양산 일정을 몇 년 뒤로 미루었다는 사실이 좋은 예가 되겠다.

"2인승의 소형 스포츠 쿠페로서 1,600cc 엔진이 좀 작지 않은가 하는 생각에 더 큰 배기량의 엔진을 얹어 볼까도 했습니다. 하지만 어차피 고속으로 즐기는 정통 스포츠카도 아니고 해서, 저는 이 차를 통해 과거에 이동 수단으로 말을 탔던 그 느낌을 느끼게 하고 싶었습니다. 평지에서는 빠르지 않더라도 한 몸이 된 느낌으로 기민하게 움직이고, 언덕을 올라갈 때는 말이 힘들어 헐떡거리는 것처럼 가쁜 숨소리와 떨림을 느끼게 하고 싶었지요. 그리고 어차피 가까운 두 사람이 즐기면서 타는 차라 양 시트의 간격을 최대한 좁혀 서로의 팔꿈치가 자연스럽게 닿을 정도로 가깝게 해서 운전 중에 더욱 친밀감을 느끼게 하고 싶었습니다. 그 의도가 어느 정도는 구현된 것 같아 기쁩니다."

마쓰다의 MX-5 미아타(Miata) 개발 담당 엔지니어의 위와 같은 후일담은 이런 측면에서 정확하며 감동스럽기까지 하다. 마쓰다의 MX-5 미아타는 고급차는 아니나 대표적인 대중 스페셜리티 카(Specialty Car)로서 1980년대 말에 출시되어 세계적으로 공전의 히트를 기록했다. 실제로 미아타를 타보면 평지에서는 가볍게 움직이는 즐거움이 느껴지고, 언덕길에서는 약간 힘이 달리는 듯하면서 가속하면 '가르릉' 하는 경쾌한 소리와 기분 좋은 진동이 전해져 온다. 이런 게 의(意)의 세계인 것이다.

마쓰다 MX-5

우리나라 대형차, 명품이 아닌 가격만 비싼 차?

고급차의 의미와 분류 기준에 따른 국산 대형차의 수준은 과연 어느 정도일까? 결론부터 말하면 우리나라 국산 대형차는 고급차로 분류되기에는 기계적, 감성적 측면에서 많은 점이 미흡하다. 다소 엄격한 기준이기는 하지만, 여러모로 생각해 본 외국의 고급차들 범주에 넣기가 어렵다는 것이 솔직한 심정이다. 고급차로서의 진정한 실력과 품격은 갖추지 못한 채 가격만 비싸므로 국산 대형차들은 명품차가 아닌 단순히 비싼 차로 분류하는 것이 더 적절할 듯하다.

2,000만 원이 넘는 한국차들, 플랫폼 수준별 분류

가격을 기준으로 본다면 기본 모델의 판매가격이 2,000만 원 이상인 차들을 '비싼 차'로 볼 수 있다. 현재 판매되고 있는 차종 중에는 구체적으로 현대 에쿠스, 다이너스티, 그랜저XG, 기아 오피러스, GM대우 매그너스 L6, 르노삼성 SM7, 쌍용 체어맨을 꼽을 수 있다.

가격이 아니라 차의 기계적 성능과 특질을 결정하는 데 가장 중요한 플랫폼(플랫폼(Platform)이나 언더바디(Underbody)에 대해서는 여러 가지 정의가 있으나 여기서는 차의 아랫도리인 언더바디에서 엔진이나 미션 같은 동력전달장치를 제외한 것을 플랫폼이라고 정의해보자)을 중심으로 좀 더 세분화해보자.

우선 1,800~2,000cc급 중형차(D Segment) 플랫폼을 활용해 만들어진 그랜저XG와 오피러스(쏘나타와 플랫폼 공용), 매그너스(레간자와 플랫폼 공용)가 하부 세그먼트(Lower Segment)가 되고, 2,000~2,500cc급 준대형차(D+ Segment)의 플랫폼인 닛산의 티아나(Tiana)를 도입한 SM7이 중간 세그먼트(Middle Segment), 3,000cc 이상(E Segment)의 플랫폼을 가진 에쿠스, 다이너스티, 체어맨이 상부 세그먼트(Higher Segment)를 형성하고 있다.

그랜저XG와 오피러스가 하부 세그먼트로 분류된 것에 대해 많은 사람들이 강하게 반론을 제기하리라 생각된다. 하지만 이것은 어디까지나 차의 기본이 되는 플랫폼 수준별 기계적 특성에 따른 분류임을 다시 한 번 강조하고 싶다.

물론 그랜저XG와 오피러스에 3,500cc 엔진도 탑재되어 있고 각종 고급 사양이 즐비하게 들어차 있음은 사실이다. 하지만 바로 그런 점에서 우리나라 소비자들의 고급차에 대한 기준이 문제가 되는 것이다. 엔진 배기량이 크고 각종 고급 사양들이 많으면 편안하고 고급스러워 보이는 건 사실이나 그렇다고 차의 기본 수준이 올라가는 것은 아니다.

대중차인 도요타 캠리의 플랫폼으로 만든 렉서스 ES330이 큰 차체나 각종 고급 사양에도 불구하고 전문가 사이에서는 별로 고급차로 인정받고 있지 못하고 있는 이유와 같다. 렉서스의 최상급 차종인 LS430이나 GS300은 후륜구동인데 반해 ES330은 전륜구동이다. 어느 고급차 브랜드도 제품 특성이 확연히 달라지기에 제품 구성에서 전륜구동과 후륜구동을 섞는 경우는 없었는데, 최근 몇 년 사이에 이런 변화가 생기기 시작했다.

렉서스나 재규어처럼 대중 브랜드와 플랫폼을 공동 사용(재규어의 상급 차종들은 모두 후륜구동임에 반해 엔트리 모델인 X-타입은 포드의 몬데오와 플랫폼을 공용화하여 전륜구동이다)하거나, 캐딜락처럼 전륜구동에서 후륜구동으로의 전면적인 구동방식의 변환에 따른 과도기적 현상이다.

우리나라 고가차는 회장님 전용차?

자동차산업의 역사도 일천하고 디자인에 있어 한국적 정체성의 확립도 미흡한 현 상태에서 고급차를 논한다는 게 시기상조이기는 하지만, 언젠가는 만들어야 하기에 현재 국내 '비싼 차'의 개발 배경과 수준에 대해 살펴보도록 하자.

우선 선진국의 특정 고급 브랜드들이 가진 개성과 특질을 오랫동안 사랑하고 지지해 주는 전문 수요계층의 부재가 가장 큰 문제점으로 지적될 수 있다. 외국의 고급차들은 오랫동안 동질성을 가진 전문 수요계층의 취향과 라이프스타일에 맞추어 모델을 개발해왔음에 반해, 우리나라 고가차(특히 상부 세그먼트)에 속하는 모델들은 주로 우리나라의 '높은' 사람들을 위해 개발되어 왔다.

당연히 개인 수요보다는 법인 수요가 중심이 되고, 가격이나 성능보다는 사회적 신분의 품위 유지가 앞서게 된다. 이 '높은' 사람들은 사회적 신분이 높다는 것 그리고 그런 걸 별로 감추고 싶어하지 않는다는 성향 이외에는 취향이나 라이프스타일 등에서 공통점이 없다. 결국 국내 자동차업체들은 자연스레 자동차 자체의 감각이나 특질보다는 이들의 지위를 겉으로 강조해주는 방향으로 '가격만 비싼 차'를 만들게 된 것이다. 또 사회적 신분이라는 제약 때문에 국산차를 탈 수밖에 없는 이들의 약점을 활용하여 '비싼 가격, 높은 마진 그러나 질이 낮은 서비스(High Price, High Margin but Low Service)'의 즐거움을 누리고 있기도 하다.

그러니 차를 어떤 식으로 만들겠는가? 폼을 내야 하니 우선 차체와 실내를 가능한 크게 키우고(사실 차체 키우기에 있어 차 폭도 적절히 키워야 하는데, 리무진을 포함해서 차 길이를 우선적으로 키우는 것도 문제다) 엔진도 배기량을 최대한 키워 '회장님용' 최고급 이미지를 만든다. 차체에 비해 작은 배기량의 엔진도 사회적 서열에 맞춘 배기량 크기별 수요를 위해 집어넣는다. 그리고 고급과 첨단의 이미지를 주면서 수익도 높이기 위해 각종 비싼 옵션 장치들을 잔뜩 집어넣고 각 부분을 최대한 틀어막아 조용하게 만든다. 중저속에서의 안락한 승차감을 위해 시트의 높이도 최대한 낮춘다.

게다가 지금까지는 모델 가짓수도 적어 경쟁도 별로 없고 하여 일반 중소형차와 별다르지 않은 개발기간과 비용을 투자하여 만들어내다 보니 선진국의 고급차들에 비해 품질 육성도 충분치 않다. 사실 충분히 육성해낼 수 있는 전문 개발 인력과 데이터가 턱없이 부족하다는 게 더 큰 문제이긴 하다. 자동차라는 게 돈만 잔뜩 들인다고 좋아지는 게 아니다. 장기간 육성을 통해 각 부분이 더하지도 덜하지도 않게 잘 조절되어 전체적인 균형이 잘 잡혀야 한다.

공포의 흰 장갑 아주머니들의 차

최근에는 중간 세그먼트 이상 고가차에 대해서도 개인 수요가 많이 늘어나고 있다. 사회 지도층이 이용하는 차를 타면서 느낄 수 있는 사회적 신분 상승 욕구에 대한 충족이나 부의 과시, 아니면 비싼 차니까 무조건 좋은 차일 것이라는 단순한 믿음에 의한 부분이 크다고 본다.

◀ 에쿠스 리무진

물론 자본주의에서 경제적 여유가 있으면 높은 수준의 물질적 풍요를 누리는 건 당연하고, 실제 각종 옵션 장치들이 많이 달려 있는 비싼 차들은 알아서 자동으로 해주는 게 많아 운전이 편해지기는 한다. 하지만 붐비는 주말에 백화점 주차장에서 국산 대형차에 목을 길게 빼고 앉아 서툰 운전솜씨로 주위 사람들을 짜증나게 하고, 본인도 괴로워하는 공포의 흰 장갑 아주머니들을 보면 무언가 잘못되어 있다는 느낌을 지울 수가 없다. 맞춤복처럼 자기의 기호와 생활을 철저히 연구한 뒤 자기의 생활방식에 맞추어 고급차 제조업체들이 만들어준 차를 타고 자유롭고 편안한 자동차 생활을 누리고 있는 선진국의 부유층에 비하면 아직 우리는 사람이 차에 억지로 맞춰가는 느낌이다.

'높은' 사람들의 사회적 활동이나 부유 계층의 과시용 수요를 충족시키는데 주목적이 있고, 길도 많이 막혀 중저속에서의 고급감에 주력하다 보니, 앞서 논의된 고급차의 기계적 특질, 특히 고속주행 시 요구되는 품질 면에서는 사실 국산 고가차의 실력은 많이 떨어진다. 커다란 크기와 무게에 비해 허약한 하체와 무른 서스펜션, 고속주행 시 불안정한 차체 움직임과 과다한 외부 소음, 밋밋하고 느린 가속 성능, 긴 제동거리, 반응이 느린 핸들링 등이 문제다. 고가차들이 국내에서만 주로 맴돌고 해외수출이 부진한 것에는 가격이나 브랜드 이미지도 중요한 요인이지만 이렇듯 고급차로서의 기계적 특질이 미흡한 것도 큰 이유라고 생각된다.

국산 고가차의 실내외 디자인은 어떨까

우리나라의 대형 고가차들은 사회적 신분을 드러내기 위한 목적이 강하다. 따라서 나름대로의 디자인 철학이나 감각적 아름다움보다는 기능적인 면에 치중하게 된다. 당연히 외부 모습은 과시적이고 권위적인 형태로 당당하게 주위를 제압하는 것 같은 느낌을 주어야 하니 전체적인 형태가 칼로 쳐낸 두부처럼 주로 직육면체들을 붙여놓은 모습을 띠게 된다.

직선에 의한 평면 분할, 날카로운 테두리, 강한 앞모습 등이 강조되면서 도어핸들, 방향지시등, 안개등 같은 외장부품들은 크기가 커지고 시각적으로 두

● 현대 에쿠스의 계기반

● 기아 오피러스의 계기반

드러진다. 에쿠스의 어른 팔뚝 길이만한 앞쪽 방향지시등이 깜박이는 걸 보고 있으면 꼭 저렇게까지 해야 하는가 하는 생각에 숨이 막히는 듯하다.

게다가 크롬 도금은 각 부분에 널찍하니 넘치도록 사용된다. 그러다 보니 그렇게 일부러 의도했는지는 모르겠으나 첨단의 이미지보다는 보수적이고 전통적인 느낌이 강하다. 색상도 권위를 강조하다 보니 검은색뿐이니 무미건조하고 몰개성적인 수송 기계의 느낌이다.

내부를 보면 이전에는 힘이 들어간 것처럼 보이는 스타일에 색상도 주로 검정이나 어두운 회색 위주로 되어 있어서 감각이 좀 떨어지기는 했어도 전반적으로 권위적인 외부 디자인과 균형을 맞추어갔다. 최근에는 외부 디자인이 좀 더 권위적이 되면서 내부는 오히려 우아하고 부드러운 감각을 강조하고 있어 안팎 디자인의 언밸런스가 드러나 보인다.

스타일링에 있어 곡선을 많이 가미하고 감각적인 형태를 강조하면서 베이지나 밝은 회색이 많이 쓰이고, 너무 많은 게 흠이긴 하지만 우드 그레인의 색조도 점차 밝아지는 듯하다.

플라스틱의 외관 품질이나 촉감도 상당한 수준에 올라 있으며 스위치나 각종 기기의 움직임도 고급스럽다. 이는 결국 고급차의 기계적 특질은 당장 따라가기 어려우니 우선 감각적 특질을 따라가려는 국내 자동차업체들의 진지한 노력의 결과라고 보이며, 앞에서 열거한 다섯 가지 감각적 특질의 기준 중 특히 안(眼)과 신(身)의 영역에서 그 성과가 나타나고 있는 것 같다.

물론 더 높은 수준을 향한 배전의 노력과 이(耳), 비(鼻), 의(意) 영역에 대한 끊임없는 도전도 요구된다 하겠다. 그러나 이 같은 내부 디자인의 고급화도 특정 취향을 가진 목표 수요계층을 위한 게 아니라 모두에게 고급스러운 느낌을 갖도록 하려다 보니 각 브랜드별 특유의 디자인 느낌이 없이, 고급차는 이래야 한다는 서로 비슷한 트렌드에 따른 일반적인 모습들을 하고 있다는 점을 지적할 수 있다. 첨단을 강조하기 위한 각종 편의장치와 디자인 요소들도 너무 눈에 띄다 보니 아날로그적인 외부와 이상하게 대비된다.

국내 고가차의 문제는 전문 수요층의 부족

앞에서 설명했듯이 국내 대형차의 디자인에서 가장 큰 문제점은 기술도 기술이지만 목표로 할 만한 두터운 전문 수요계층이 없다 보니 지향해야 할 기계적, 감각적 특질을 찾지 못하고 있다는 것이다. 그렇다고 계속 국내 수요의 충족에만 머무를 수는 없는 것은 고급 수입차들이 가격이나 서비스 측면에서 급속하게 경쟁력을 높여가고 있어 몇 년 안에 국내 고가차들은 고급 수입차와 동일시장에서 경쟁하게 될 것이 분명하기 때문이다.

따라서 경쟁력 있는 진정한 고급차를 개발하고자 한다면 결국 해결방법은 해외 선진국, 특히 신분사회의 전통이 약하고 새로운 것에 대한 호기심도 많으면서 나름대로 실질가치에 따른 합리적인 구매결정을 선호하는 미국을 목표로 하여 특정 전문 수요계층을 파악, 분리하여 집중 연구하는 수밖에 없다.

혹자는 국내도 부유층의 수가 증가하고 있고, 고급 수입차들이 많이 팔리고 있는 걸 보면 머지않아 어느 정도 동질적인 전문 수요계층이 형성되지 않겠는가라고 하기도 한다. 맞는 말이기도 하나, 국내 수입차 고객들을 보면 어느 특정 브랜드가 좋아서 쭉 타는 사람들은 오히려 소수이고, 이것도 타보고 저것도 타보자는 마음으로 2~3년 주기로 브랜드를 계속 바꾸는 경우가 많다. 특정한 자신만의 라이프 테마 없이 다양한 명품의 소비에 의한 물질적 풍요만을 누리고 있는 것이다.

또한 국내 부유층이 걸맞는 학식과 교양을 갖추고 노블리스 오블리제에 따른 사회적 의무감을 충실히 수행하고 있는가 하는 물음에, 물론 전부는 아니겠으나 서울 강남에서 그 많은 수입차들과 고가차들의 운행 행태를 보면 그리 긍정적인 대답을 하기가 어렵다. 상당 기간 우리나라에서 특화된 고급차의 전문 수요계층을 찾기는 어렵지 않을까? 우리나라보다 훨씬 먼저 발전하고 부유층의 수도 더 많은 일본에서도 적절한 목표계층을 찾지 못해 미국의 신흥 부유층을 상대로 개발된 렉서스의 경우가 좋은 참조가 될 것이다.

렉서스의 성공 원인을 벤치마킹하자!

일본문화의 큰 특징 중의 하나가 자신의 장점을 드러내는 것보다 단점을 먼저 철저히 개선하고 감춘다는 점이다. 야구의 경우 일본 야구는 주로 이기는 경기보다 지지 않는 경기를 한다. 렉서스의 개발전략도 이와 매우 비슷하다. 즉 자신만의 독특한 개성을 내세우는 것보다 경쟁 상대의 단점을 철저히 파악해 그런 단점이 없는 차를 만드는 데 치중한 것이다. 기존 고급차들의 단점으로 지적되어 온 잔고장, 조립 및 마무리(Fit & Finish), 잡소리를 잡고 사운드라 할지라도 소리와 진동을 싫어하는 수요계층에 맞추어 조용한 차를 만들어냈다. 특별한 차(Something Special)가 아닌 단점이 없는 차(Nothing Wrong)이긴 하지만 말이다.

또한 철저한 훈련을 통해 딜러와 서비스 센터에 대한 소비자의 만족도를 높였고, 하이클래스 마케팅(High Class Marketing)을 통해 브랜드 이미지를 높이면서도 상대적으로 차량 가격은 저렴하게 하여 고급차 시장에 '실질가치(Value for Money)'의 개념을 도입하였다.

렉서스가 미국 내에서 목표로 한 계층이 당대에 자기 손으로 큰 부를 축적해 낸 신흥 부유층이었고, 이들은 전통이나 기존 습관에 얽매이지 않으면서

● 렉서스 LS 430

실질가치를 중시하는 특성을 가지고 있어 거기에 맞춘 전략은 대성공을 거두었다.

전체적인 디자인 테마는 벤츠를 모방했으나 상세 스타일링과 다양한 옵션 장치의 개발을 위해 신흥 부유층이 모여 사는 비버리힐즈에 연구진을 수십 명씩 번갈아 파견하여 상주시키면서 그들의 모든 생활양식을 철저히 연구한 것도 큰 도움이 되었음은 물론이다. 같은 일본 자동차업체라도 이같이 수요계층에 대한 철저한 연구 없이 스스로의 기준에 따라 차량 자체의 기계적, 감각적 특질을 우선적으로 추구하여 고급차 대열에 들어가려 했던 인피니티(Infiniti)나 어큐라(Acura)가 결국 실패하고 만 것도 좋은 타산지석이 될 수 있겠다. 또한 이미지로 승부해야 하는 고급차들의 세계에서 기존 브랜드들은 각기 태어난 나라의 국가 이미지에 크게 의존하고 있으므로, 고급차의 특질을 개발할 때 보편적이면서 고급스런 국가 이미지의 정립이 먼저 해결되어야 한다.

적지 않은 기간을 동안 국내 자동차업계에 근무하고 있는 입장에서 국내 고가차에 대해 너무 가혹한 평가를 내린 것이 아닌가 하는 생각도 든다. 그러나 사랑하는 자식에게 매를 들 듯이, 우리나라의 자동차산업이 지금보다 몇 단계 레벨-업(Level-up)되지 않으면 머지않아 엄청난 경쟁에 직면하게 될 것이 분명하다. 이런 추세에 선도역할을 맡아야 하는 것이 고급차이기에 좀 더 엄정한 잣대로 평가했다.

단순한 양적 팽창이 질적 전환을 가져올 수 없음은 자명한 사실이다. 그동안 우리의 선배 세대가 세계 5~6위의 생산 대국까지의 양적 확대에 매진해 왔듯이, 이제 새로운 세대가 새로운 생각과 방식으로 우리나라 자동차산업의 질적인 발전을 이루어내길 바라는 마음이 간절하다. 그리고 이러한 질적 발전을 뒷받침하기 위해 우리나라 운전자들이 하루 속히 크기나 힘, 권위의 환상에서 벗어나 절제와 성능, 느낌의 자동차 생활을 즐기게 되길 바란다. 그리고 이 전환기의 시점에서 한국적 정체성을 가진 자동차와 진정한 고급차가 우리 자동차업체들의 손에 의해 가까운 미래에 만들어지기를 진정으로 바란다.

2 경차 이야기

경차, 어떻게 탄생했을까

자동차를 차체 크기와 가격을 기준으로 해서 수직으로 배열하면, 가장 아래쪽에 있는 것이 경차다. 당연히 차의 특성도 확연하게 다를 수밖에 없는데도 최근 경차의 개발 추세를 보면, 고급차의 특성을 따라 시장 내 경차의 기반을 스스로 허물고 있는 듯하다. 어차피 경차라는 것이 시장의 자연스러운 요구보다는 환경이나 교통, 주차 등 공공성을 위한 정부의 정책의지에 의해 인위적으로 만들어진 세그먼트이고, 21세기 들어 그런 공공성에 대한 사회적 요구는 더욱 강해지고 있으므로 경차는 우리나라 자동차 문화의 중요한 기반으로 남아 있어야 한다.

● 대우 티코

1960년대 일본의 사회 조건과 문화에 맞게 탄생

잘 알다시피 경차라는 콘셉트는 일본에서 보다 검소하고 실용적인 방향으로 자동차 대중화 시대를 유도하기 위해 1960년대에 일본정부가 자국의 사회 조건과 문화에 맞게 만들어낸 일본 특유의 제도였다. 차체 크기와 엔진 배기량을 규제하여 당초에는 차의 길이 3m, 폭 1.3m, 엔진 배기량 360cc를 최대치로 시작하였다. 그 후 수십 년간 일본사회의 변화와 기술의 발전 정도를 감안하되 경제성을 크게 훼손하지 않는 범위에서 점차 크기를 늘려 현재 차 길이는 3.3m, 폭은 1.4m, 엔진 배기량은 660cc가 기준이다.

우리나라는 일본보다는 자동차시장이 미성숙된 상태라 차체와 엔진 배기량을 좀 더 크게 할 필요가 있어 길이 3.5m, 폭 1.5m, 엔진 배기량 800cc로 규정했다. 물론 초기 유일한 경차였던 티코는 일본 스즈키(Suzuki)의 모델을 그대로 들여와 크기가 좀 작았다. 그 후 완전 모델 변경(Full Model Change)을 통해 좀 커진 지금의 마티즈가 제대로 우리나라 경차 사이즈에 맞춘 모델이다. 하지만 아무리 크기를 키웠다 해도 여전히 경차는 바로 위 세그먼트인 소형차에 비해 차체가 작고 엔진 파워도 떨어지는지라 자동차로서의 기능을 수행하기에는 상대적으로 미흡한 점들이 발생한다.

그래도 차량 가격을 대폭 낮추면 자연스레 시장에서 일정 수요는 발생할 것이나, 사실 경차라고 해서 기본 개발비가 소형차보다 크게 덜 들어가지는 않기에 공급 가격을 제조업체에서 시장 수요를 대량 발생시킬 수 있을 정도로 낮추기에는 원가 면에서 한계가 있다. 따라서 소비와 공급 면에서 정부의 정책적인 지원이라는 시장 외적인 요인 없이는 자체적으로 생존하기가 어려운 것이 경차의 태생적 한계다.

일본에서 경차가 전체 자동차 시장의 1/3 정도에 해당하는 연간 180만 대 정도를 차지할 정도로 성장하고, 꾸준히 그 수요가 유지되면서 나름대로 안정적인 독자 세그먼트를 형성하게 된 이유는 무엇일까? 좁은 도로와 저렴한 차값도 한몫을 했으나, 차량 구입 시 의무적으로 제출하게 되어 있는 차고지증명(주차 공간이 확보되어 있음을 관할 경찰서에서 확인받는 제도)을 면제해준 것이 결정적 요인이었다.

내가 1990년대 중반 동경에서 주재원으로 근무할 때, 살고 있는 아파트의 지하 주차장을 월 4만 엔 주고 빌렸다. 당시 대기업의 대졸 신입사원 초봉이 월 18만 엔 정도였으니까 차고지증명을 면제해주는 것이 얼마나 큰 혜택이었는지 짐작할 수 있다.

경차가 소형차와 경쟁한다?

우리나라에서도 1991년 티코가 최초의 경차로 등장한 이래 연간 4~5만 대에 불과했던 경차 수요가 1996년에 10만 대를 돌파한 뒤, 1998년에 16만 대에 달할 정도로 폭발적으로 늘어났다. 이것은 1997년 외환위기에 의한 가처분 소득의 감소, 현대 아토즈(1997년)와 대우 마티즈(1998년) 등 신규 차종의 진입 등에 힘입은 바가 컸으나, 보다 결정적인 원인은 정부가 과소비를 억제하기 위해 1996년부터 시행한 1가구 2차량 중과세 대상에서 경차를 제외해주고 각종 공공요금을 감면해준 덕분이었다.

이러한 정부 시책과 건전 소비의 사회 분위기에 힘입어 판매가 대폭 늘어난 경차는 시장 점유율 측면에서도 1998년에 전체 승용차 시장의 35%를 차지하면서 전성기를 누렸다. 그러나 1999년에 1가구 2차량 중과세가 폐지되면서 13만 대로 한풀 꺾인 경차 판매는 2000년에 9만 대로 줄어든 뒤, 내수 진작을 통해 경제 위기를 극복하려는 정부의 정책 변화에 따른 과소비 풍조 속에 급속히 수요가 감소되어 2004년에는 약 4만 대 정도로 다시 축소되고 말았다. 전체 승용차 시장 내 시장 점유율도 8% 정도로 축소되어 급기야는 현대 아토즈(2002년), 기아 비스토(2003년)가 시장에서 사라지는 사태까지 발생했다.

정부 정책으로 수요가 급변하는 경차의 태생적 한계 이외에 최근 경차의 부진을 가져온 또 하나의 중요한 요인은 바로 경차 자체의 잘못된 진화 방향에 있음을 부인하기 어렵다.

GM대우 마티즈

경차의 최대 장점은 '싼 가격과 낮은 유지비'의 경제성이다. 그럼에도 '맥시멈 이코노미 카(Maximum Economy Car)'로 출발했던 경차가 점차 차체가 커지면서 각종 고급 편의 사양들이 추가되어 '패셔너블 콤팩트 카(Fashionable Compact Car)'를 지향하게 되고 기계적 성능의 향상까지 추구하게 됐다.

일부에서는 이러한 변화에 의해 비로소 경차도 차다운 차가 되었고, 수요도 점차 늘어날 것이라고 얘기한다. 하지만 천만의 말씀이다. 경차의 가격이 올라가면서 국내 시장에서 소형차와 가격 차별이 없어져 동일 소비자를 놓고 서로 경쟁하는 상황이 전개된 것이다.

경차와 소형차의 상대적인 가격 수준의 변화를 살펴보자. 1998년 티코의 가장 많이 팔린 SX 기본형의 가격은 412만 원으로, 바로 위급의 라노스의 가장 많이 팔린 줄리엣(Juliet) 고급형의 가격인 625만 원의 66%에 불과했다.

그런데 2003년 마티즈의 가장 많이 팔린 MX 기본형의 가격은 637만 원으로 라노스의 대체 모델인 칼로스의 가장 많이 팔린 1,500cc LK 기본형 789만 원의 81%까지 상승했고, 칼로스 1,200cc 중에서 가장 많이 팔린 MK 기본형 705만 원의 90%까지 육박했다. 현재 마티즈 모델 중에서 가장 잘 나가는 SE 고급형의 기본 가격이 624만 원인데, 칼로스 1,200cc의 기본 모델인 EK 기본형의 가격이 665만 원에 불과하니 이래서는 경차가 시장에서 견뎌낼 수가 없다.

게다가 내수 불황이 지속되면서 각 자동차업체에서 장기간 저이자 또는 무이자 할부판매를 시행함에 따라 소비자가 실제로 매월 부담해야 하는 할부금을 비교하면 그 차이는 미미한 수준에 그치고 만다. 판매가격 측면에서 소비자들이 엔트리 카(Entry Car)나 세컨드 카(Second Car)로 경차를 선택할 이유가 없어진 것이다.

연비, 과연 경제적일까

그렇다면 경제성의 다른 한 축인 연비는 어떨까? 티코에서 마티즈로 바뀌면서 우선 차 길이가 3.5m로 16cm 가량 길어지고 높이와 폭도 각각 10cm 정도 커졌다. 당연히 차 무게도 640kg에서 790kg으로 150kg이나 무거워졌다. 그러나 동일한 엔진 배기량에서 출력을 41마력에서 52마력으로 높여 마력 당 무게지수는 15.6에서 15.2로 그다지 줄지 않아 동력 성능의 손실은 그다지 없고, 연비는 수동 기준 1L당 24.1km에서 22.2km로 약간 낮아졌을 뿐 마티즈 CVT의 경우에는 23.8km로 거의 차이가 없었다.

차체를 대폭 키워 자동차로서의 기본적인 편의성을 상당히 늘리면서도 동력 성능이나 연비 측면에서 후퇴가 없었다는 것은 우리나라의 경차 역사에 남을만한 기술적 개가라고 할 수 있다. 동일 측정 기준에 의한 소형차의 1L 당 연비가 수동 기준 16~17km, 자동 기준 14~15km 정도임을 감안할 때 연비 측면에서 우리나라 경차의 경쟁력은 상당한 수준임을 알 수 있다.

이런 점에서 2008년부터 경차의 폭을 10cm 더 늘리고, 엔진 배기량을 1,000cc로 키우기로 한 최근 정부의 방침은 결국 경차를 소형차화하는 것으로, 이는 저가격과 고효율 연비라는 경차의 경제성을 약화시켜 경차를 평범한 소형차로 만들어 버리는 결과를 초래할 것으로 보인다. 경차가 소형차가 되면 경차에 대한 정부의 각종 지원을 수출 경쟁력을 강화하기 위한 정부 보조라 하여 선진 수출시장에서 무역 마찰을 초래할 가능성도 높아진다. 하긴 경차가 소형차가 되어 공공성이 약해지면 구태여 정부가 특별히 지원할 이유도 없어지겠지만 말이다.

2008년쯤 되면 국내 소득수준도 상당히 높아져 지금의 일본 경차처럼 세컨드 카 위주의 실용적 소비 비중이 높아질 것이다. 결국 지금보다 더 경제성이 강화되는 쪽으로 경차가 개발되어야 할 터인데, 이번 정부의 조치는 당초 공공성 확보라는 경차의 도입 취지를 스스로 무너뜨렸을 뿐만 아니라 사회의 변화에 따른 경차의 자연스러운 진화의 방향을 거스르는 정책이 됐다.

경차는 왜 고급 편의사양을 잔뜩 달게 되었을까

1970년대 들어와 전 세계 경제를 뒤흔들었던 오일쇼크를 역이용해 일본 경제가 급성장함에 따라 일본 소비자들의 소득수준이 급상승하게 되었다. 그로 인해 1960년대 선풍적인 인기를 끌었던 일본의 경차는 우리나라에서 준중형으로 분류되는 대중 소형차(도요타 코롤라, 닛산 써니, 마쓰다 패밀리아 등)에 밀려 점차 수요가 줄어드는 위기를 맞게 되었다.

일본 경차업계의 구세주, 스즈키 알토

이런 때에 초심으로 돌아가 경제성을 강조한 스즈키의 알토(Alto)가 나오면서 경차는 중흥기를 맞이하게 된다. 이 차는 승용차의 형태를 갖되 뒷좌석을 좁게 설계하여 상용차로 분류되어 각종 세금도 싸지면서 배기가스 규제 부담도 가벼워져, 당시로서는 파격적인 47만 엔의 저가격을 실현하였다. 알토가 불티나게 팔려 나가자 각 경쟁업체들도 비슷한 제품을 출시하여 경차는 일본시

● 스즈키 알토

장에서 다시 확고한 자리매김을 하게 되었다. 경제성이 경차의 강력한 경쟁 요소임을 다시 한 번 확인시켜준 일대 사건이었다.

스즈키 왜건 R

이렇게 저가격으로 순항하던 일본의 경차는 1990년대 들어 다시 강력한 도전에 직면하게 되는데, 이는 바로 기존 승용차를 무서운 속도로 대체해가는 RV(Recreational Vehicle, 넓은 의미의 레저용 차량을 말한다)의 등장이었다. 그전까지는 RV라고 하면 트럭을 베이스로 만든 각진 스타일의 대형 SUV(Sports Utility Vehicle, 험로 주행 능력이 뛰어나 각종 스포츠 활동에 적합한 스포츠형 다목적 차량을 말한다)나 대형 캠핑카밖에 없어 일반 승용차와는 확연히 시장이 구분되었다. 그런데 1990년대 들어 미쓰비시의 샤리오(Chariot, 우리나라에는 현대 싼타모로 출시됨)와 RVR을 필두로 승용차 언더바디를 활용하여 승용차의 안락함과 정숙성에 RV의 실용성과 개성을 더한 승용형 RV가 봇물 터지듯이 시장에 쏟아져 나오게 된 것이다.

여기서 스즈키는 경차 전문업체다운 저력을 발휘하여 RV 콘셉트를 재빨리 경차에 도입, 기존 경차 규격을 최대한 활용하되 공간 효율성을 극대화시킨 미니밴 스타일의 왜건 R(Wagon R)을 출시하여 국내외에서 공전의 대히트를 기록하게 된다. 다른 경차 업체들이 또다시 유사한 제품을 연이어 출시한 것은 물론이고, 스즈키는 다시 한 번 일본 경차의 구세주로 칭송받게 되었다.

RV를 잡으려면 경차를 다기능화, 고급화하라?

그런데 여기서 일본 경차업체들이 자만심에 빠져 결정적인 실수를 저지르게 되는데, 그것은 다름 아닌 경차의 다기능화와 고급화였다. RV라는 것이 원래보다 많은 효용을 주기에 동급의 승용차보다 판매가격이 보통 20% 이상 높은 게 일반적이다. RV 스타일의 경차를 만들어 값을 좀 비싸게 했는데도 그 당시 RV 붐에 의해 잘 팔려 나감에 따라, 경차 업체들은 경차를 고부가 가치화해서 비싸게 만들어도 잘 팔린다는 생각에 엄청난 개발비를 들여 다양한 종류의 경차 모델을 선보이기 시작했다.

게다가 경쟁이 치열하니 뭔가 독특한 모델을 선보여야 한다는 강박관념도 크게 작용했을 것으로 짐작된다. 경승용차를 베이스로 한 경차형 스포츠 쿠페, 경차형 SUV를 내놓은 것까지는 보다 풍부한 경차 문화를 만들어간다는 측면에서 이해할 수 있다. 그러나 4WD(4륜구동)나 4WS(4륜스티어링), 인터쿨러 터보(Inter-cooler Turbo) 같은 고기능을 장착하고, 각종 고급 편의사양을 추가한 것은 경차의 기본자세에 크게 어긋난 것이었다.

차체도 최대한 키우고 사양도 늘어 무게가 늘어나니 연비가 나빠진 것은 물론, 가격이 100만 엔을 훌쩍 넘어 위 세그먼트인 소형차와 가격 분포가 겹치게 된 것이다. 게다가 곧 일본 경제가 다시 장기불황에 빠지면서 내수 시장이 침체되고 판매도 부진해져 의욕적으로 개발해놓은 신제품들은 각 자동차업체들에게 커다란 짐만 되고 말았다.

게다가 아무래도 경차는 언더바디가 취약하고 파워가 떨어지니 싼 맛에 고기능성 경차를 타본 소비자들, 특히 젊은 계층이 성능과 편의성에 실망하게 되어 경차에 대해 부정적인 이미지를 갖게 되는 결과도 초래되었다.

따라서 최근 일본의 자동차업계에서는 기존의 진화 방향에 대한 반성과 함께 경차의 새로운 미래에 대한 모색이 활발하게 진행되고 있다. 과연 또다시 경제성을 강조하는 새로운 콘셉트의 경차가 조만간 나오게 될지 자못 흥미롭다.

경차 가격이 1,000만 원이 된 이유

우리나라의 경우 제한된 모델 수와 사실상 마티즈에 의한 시장 독점의 상황(2003년 마티즈의 경차 시장 점유율 80%였고 현재는 100%임)으로 인해 시장경쟁의 압력이 별로 높지 않았다. 또한 자사 소형차와의 시장 중복도 고려해야 하는 상태에서 경차 고급화에 대한 자동차업체 내부의 요구는 사실상 그리 크지 않았다고 여겨진다.

오히려 우리나라의 경우에는 소비자의 요구에 의해 경차의 고급화가 유도되었다고 해도 과언이 아니다. 이는 아직 제대로 성숙되지 못한 우리나라 자동차 문화의 후진성이 다시 드러나는 대목이기도 하다.

통계를 보면 선진국과는 달리 경차가 한 가족의 퍼스트 카(First Car)로 판매된 비율이 47%(2003년)로 거의 전체 수요의 절반에 달한다. 또한 '이왕 사는 거 이것저것 넣어서'라는 우리나라 특유의 통 큰 구매 성향에다가, 조금 무리를 해서라도 제대로 사양을 갖춘 근사한 모델을 사서 돈이 모자라 경차 샀다는 창피한 얘기를 듣지 않으려는 소비자들의 비합리적인 구매 성향에 의해 주로 고급 사양에 수요가 몰리고 있는 것이다.

참고로 2004년 상반기까지 마티즈의 기본 모델인 ME는 2인승 Van과 합쳐도 전체 마티즈 판매량의 5% 미만이고 중간 모델인 MX가 55%, 최상급 모델인 Best가 40%다. 물론 알루미늄휠이나 루프캐리어, CD Changer, 투톤 컬러, 선루프 같은 고급 사양들의 장착 비율도 상당히 높다. 그래서 욕심을 좀 부리면 경차의 실 구입가격은 1,000만 원에 육박한다. 장기불황에 의해 전체적인 자동차 내수 판매대수는 계속 줄고 있는데 말이다. 이래서는 우리나라에서 경차 문화가 제대로 형성될 수가 없다.

경차, 작고 가볍고 단순할수록 좋다!

물론 경차의 핵심이 경제성이라 해서 차량으로서 기본적인 안전도나 편의성까지 무시해야 한다는 얘기는 아니다. 일본 경차의 경우 도시의 젊은 계층을 위한 일부 퍼스트 카 수요를 제외하고는 대부분 세컨드 카나 써드 카(Third Car)로 사용된다. 반면 한국의 경우 초보운전으로 예상되는 신규 구입 고객비율이 반이나 되고, 여성 운전자 비율이 50%(2003년)에 달한다. 이런 특성을 반영해 자동변속기, 파워스티어링, 에어컨, 운전석 에어백, ABS, 핸즈프리 정도는 옵션으로 선택할 수 있도록 해야 하지만 그 외의 편의사양들은 사실 경차에게는 사치다.

경차의 의의는 'Maximum Economy Car'

물론 이 책을 통해 계속해서 밝혔듯이 후진국 자동차 문화의 특성이 아직 강하게 남아 있는 우리나라 자동차시장의 특성상 기본적인 스타일 요소들(내외관 형태, 색깔 등)의 중요성을 무시할 수는 없다 그러나 이 같은 스타일 요소들도 차량의 원가를 크게 높이지 않는다는 전제에서만 정당성이 부여될 수 있다.

경차의 존재 의의는 어디까지나 맥시멈 이코노미 카(Maximum Economy Car)로서 일상 생활을 보다 편리하고 효율적으로 충족시킬 수 있도록 도와주는 타운 카(Town Car)에 있다. 즉 간단히 외출할 때 신는, 가죽신발이 아닌 쇠신발이 되는 데 있다. 따라서 경차에게 요구되어야 할 주요 특성은 승하차가 용이할 것, 간단한 짐을 싣고 내리기 편할 것, 어린 아이들 태우고 다니기 편리할 것, 노인들도 타고 다니기 쉬우면서 누구라도 운전하기 쉬울 것, 그리고 무엇보다도 가격이 싸고 연비가 뛰어날 것 정도다.

경차는 개성과 레저를 위한 RV가 아니며, 안락함을 위한 중형차도 아니고, 성능을 위한 스포츠카는 더더욱 아니다. 경차는 경차일 뿐이다. 경차는 그 자체로서 우리나라의 자동차 문화를 건전하게 형성해 나가는 데 있어 매우 중요한 역할을 맡고 있다.

경차의 큰 장점은 소형차 개발 기술

그리고 또 하나 경차의 장점으로서 빼놓을 수 없는 것이 소형차 개발 기술이다. 현재 세계 자동차 업계는 '환경'이라는 21세기 화두를 앞서 실현하기 위해 소형차 개발 경쟁을 치열하게 전개하고 있다.

단순히 차를 작게 만드는 게 아니라 외형은 작게 하면서 내부 공간은 최대화하고, 최적 설계와 신소재 사용 등으로 차 무게를 최소화하는 것이다. 물론 스타일과 안전성 확보는 기본이고 연비 경쟁도 치열하게 벌어져 3L 카(3L로 100km 주행이 가능한 차)의 출시도 멀지 않은 상황이다.

이러한 소형차 개발에 있어 핵심은 엔진룸과 차 내부의 최적설계(자동차업계 전문용어로는 패키징(Packaging)이라 함) 기술과 엔진(하이브리드, 디젤 등) 기술이다. 우리가 보통 우스갯소리로 벼룩의 배를 가르나 코끼리 배를 가르나 안을 보면 크기만 다를 뿐 기본적으로 있을 건 다 있다고 한다. 즉 차를 작게 만든다고 해도 기본적으로 넣을 건 다 넣어야 되고 적당한 공간도 확보해서 정비하기에도 좋아야 하니 사실 소형차의 설계가 대형차보다 더 어렵다.

따라서 우리나라 자동차업체들이 경차 개발에 매진한다면 패키징 기술을 향상시킬 수 있을 것이며, 잘 만든 우리나라 경차가 선진국에서는 세컨드 카로, 후진국에서는 퍼스트 카로 당당히 선진국의 소형차들과 겨룰 수 있을 것이다.

이미 마티즈가 이탈리아와 중국에서 비스토(인도 내 차명은 '쌍트로'임)가 인도에서 선풍적인 인기를 얻고 있지 않은가?

경차(輕車)가 경차(敬車)가 되는 그 날까지

일본정부의 주도로 만들어져 일본의 하향식 자동차 문화의 상징으로 되어 있는 경차는 일본 내에서는 일본사람들의 조심스러운 성격과 어우러져 차가 작더라도 그에 맞는 일상용도에 쓰이고 있다. 즉 주부들의 장보기나 학생들의 통학용, 마을모임 참가 등에 자연스레 국한되어 별 불편함이나 문제가 발생하지 않는다. 나름대로의 경차 문화가 확실하게 형성되어 있는 것이다. 일본의 고속도로에서도 경차는 자주 보이나 대부분 저속차로에서 조심스레 운행하는데, 우리나라에서는 고속으로 과격하게 운전하고 다니는 걸 보면 어느 한구석 아귀가 안 맞아 들어가는 것처럼 부자연스럽다.

많은 사람들이 고속도로 추월선에서 경차가 도대체 비켜주질 않아 할 수 없이 오른쪽 주행선으로 추월해 나간 경험이 있을 것이다. 서울에서 부산까지 경차로 5시간 만에 주파했다고 자랑하는 무용담을 듣고 있으면 뭔가 잘못되어도 한참 잘못되어 있다는 느낌이 든다. 귤이 회수(淮水) 강을 건너면 탱자가 된다더니 일본에서 경차를 도입하면서 제도는 흉내를 냈지만 일본의 경차 문화에 대한 전반적인 이해가 부족했다. 이런 이유로 우리나라 나름대로의 건전한 경차 문화 형성을 위한 정부의 적절한 지도가 수반되지 못한 것이다. 경차의 보급 확대를 위한 세제 혜택도 중요하지만 경차의 올바른 사용을 위한 대대적인 홍보와 교육이 정부 차원에서 실행되지 않으면, 앞서 10년의 시간이 그냥 흘러갔듯이 앞으로 10년이 지난 뒤에도 우리는 제대로 된 경차 문화를 가지기 어려울 것이다.

최근 들어 경기 불황 때문에 다시 경차 판매가 활기를 얻고 있다. 여기에 경차 육성을 통해 건전한 자동차 문화가 형성되도록 정부의 심도

있는 고찰을 기대해 본다. 또한 정부는 차체와 엔진 배기량으로 경차의 기준을 잡을 게 아니라 차라리 초저연비 소형차 개발이라는 세계 자동차산업의 흐름에 맞추어, 적어도 1L 당 20km 이상의 연비를 경차의 기준으로 삼아 전폭적인 지원을 하는 것이 어떨까?

이렇게 하면 기준 연비를 지키는 선에서 차체 크기나 디자인, 사양 여부 등은 각 자동차업체들이 각자의 기술 수준이나 정책 방향에 맞추어 알아서 할 테니 시장의 힘으로 각 자동차업체의 기술 개발을 유도하는 순기능도 기대해 볼 수 있을 것이다. 어쨌든 경차는 경차다워야 한다. 즉 작고 가벼우며 작은 엔진 배기량에 각종 기능과 사양이 단순해야 하는 것이다.

아무쪼록 우리나라에서 경차가 정부의 지원과 시장의 힘으로 제대로 육성되어 단순히 저소득층을 위한 차가 아니라 사회 공동체를 위하는 양식 있는 사람들, 내실을 기하는 건전한 생활인들이 타고 다니는 차가 되기를 바란다. 그래야 경차(輕車)가 주위에서 따뜻한 시선으로 보아 주는 '존경받는 차(敬車)'가 되는 시대가 하루 빨리 올 수 있지 않을까?

기아 비스토

PART 2

자동차,
이제 문화를 말한다

1 유럽차와 문화

아우토반이 벤츠와 BMW를 만들었다

자동차는 만드는 나라의 역사와 문화, 기후풍토, 소비자의 취향과 사용행태, 도로 및 운행 조건 등에 따라 그에 맞는 독특한 형태와 스타일을 지니게 된다. 같은 차라도 좁게는 지역별로, 크게는 나라별로 환경에 따라 전혀 다른 느낌으로 다가오게 된다.

독일 날씨에 맞는 벤츠와 BMW

자동차 선진국의 경우, 같은 세그먼트의 자동차라도 브랜드별로 다른 느낌으로 다가오는 것은 자동차업체들의 실력 차이보다는 자동차를 만드는 느낌, 다시 말해 자동차를 만드는 사람들의 생각과 문화적 배경이 다르기 때문이다. 예를 들어 독일차는 군더더기 없이 매끈하게 외관을 단순화하고 전체적인 비례 균형을 맞추어놓아 잘 만들어진 첨단기계의 느낌을 강하게 풍긴다. 독일의 날씨가 맑은 날에는 햇살이 강해 차체의 음영이 확실히 드러나고, 흐릴 때는 차체 면에 비치는 하늘의 미묘한 변화가 눈에 띈다. 그래서 전체적으로 면을 분할하지 않고 크게 쓰면서 각 면과 선의 성격을 분명히 하고 있다. 1년의 반 이상 잔뜩 구름이 낀 우중충한 날씨가 지속되는데다 거리에는 돌이나 벽돌, 금속으로 된 역사적 건축물들이 무거운 이미지로 줄지어 늘어서 있으므로, 이에 압도되지 않고 자신의 존재감을 드러내기 위해서 큰 스케일에 디자인을 깊고 두껍게 실현시켰다. 또한 속도 무제한의 아우토반에서 장시간의 고속운행에 알맞도록 성능과 안전에 개발 중점을 두었다. 벤츠나 BMW 같은 차가 바로 그렇다.

1980년대 중반 유럽 배낭여행을 할 때였다. 독일에서 그렇게 멋지게 보였던 BMW가 프랑스 남부 니스의 환하고 예쁜 거리에서 왠지 음울하고 둔탁하며 사납게 보여 상당히 의아해했던 적이 있다. 마찬가지로 파리의 시가지에서 경쾌하고 멋졌던 시트로엥이 독일 함부르크에서 너무 연약해 보이고 금방 찌그러질 것처럼 느껴지면서 아우토반을 힘들게 달려가는 모습이 안쓰러워 보였던 기억도 있다.

　그 후 자연스럽게 사람도 그렇지만 자동차도 자기가 태어난 나라에 있을 때 가장 그 모습이 잘 어울리는 것이 아닐까 하는 생각을 하게 되었고, 그때부터 자동차와 그 문화적 배경에 대해 관심을 갖고 지켜보기 시작했다.

　하긴 어디 자동차만 그렇겠는가? 양복도 말 그대로 서양에서 건너온 것이라 남성복이든 여성복이든 머리가 작고 키가 크며 팔다리가 긴 서양 사람들의 체격에는 맞지만, 키가 작고 신체 비례상 하체가 짧고 머리가 큰 대부분의 동양 사람들에게는 어쩐지 어울리지 않는다. 옷이라는 게 그것을 입고 있는 사람을 돋보이게 해주어야 하는데, 아무리 비싼 명품을 걸쳤다 해도 옷맵시가 살아나지 않으면 오히려 옷만 튀고 사람은 초라하게 보이기 쉽다.

◆ 아우디 TT 쿠페

유럽의 감성 디자인은 예술과 문화, 전통의 힘

유럽은 함께 세계 자동차산업의 3대 축을 형성하고 있는 미국, 일본과는 달리 여러 나라로 이루어져 있어 유럽의 자동차들은 유럽이라는 지역의 특성을 기본으로 하고, 그 위에 각국별 다양한 문화적 특성을 갖고 있다. 인구가 조밀하고 오래된 거리들이 많아 길도 좁고 주차할 곳도 마땅치 않다. 그래서 유럽차의 일반적인 특징은 크기를 작게하고 폭은 좁게 하되 실내 공간 확보를 위해 천장은 상대적으로 높게 하고, 작은 차라도 필요 시 충분한 화물 공간을 확보하기 위해 뒷좌석 시트의 변환 쓰임새를 중시한다. 또 근검절약하고 실용적인 생활태도로 인해 수동기어나 디젤엔진을 선호하며, 엔진은 연비를 고려하여 배기량은 작게 하되 중저속에서의 토크를 중시한다. 또 배기량 자체를 늘려 힘을 내는 미국차와는 달리 배기량을 상대적으로 작게 하면서 터보나 가변밸브 시스템같은 부가 장치를 부착하여 높은 마력을 내는 특징이 있다.

그러나 보통 '유럽차'라고 할 때 제일 먼저 떠오르는 것은 감성적 디자인이 아닐까? 유럽차의 멋지고 독특한 디자인은 물론 유럽의 오랜 예술 문화적 전통의 힘이 있었기에 가능했다. 이런 강렬한 디자인을 전면에 드러내게 된 데는 유럽의 지형적인 특색이 결정적인 역할을 했다. 유럽의 자동차산업 중심 국가인 독일, 영국, 프랑스 등은 위도가 높고 습도가 낮으며 공기가 맑은 기후조건인데다, 서유럽의 중부에서 북부에 걸친 대평원 지역에 있어 평지가 많아 멀리서부터 자동차의 전체 모습이 우선 눈에 띄게 된다.

이런 이유로 자동차를 디자인할 때, 멀리서 보아도 어느 브랜드의 차인지 확연히 알아볼 수 있도록 강렬하게 주제를 드러낸다. 그래서 프론트 그릴, 도어, 램프 같은 스타일 요소들의 모습에 개성과 다이내믹함이 강조되고 각 브랜드의 아이덴티티를 드러내기 위해 같은 브랜드 내의 차종들을 동일한 디자인 콘셉트로 만들어내는 패밀리 룩이 유럽차에 유달리 많다.

독일차의 인테리어, 각도기와 자만 있으면 만든다?

지난 100여 년간 유럽의 많은 국가들이 자국의 자동차산업을 육성해 왔으나, 오늘날 유럽의 자동차산업을 선도하고 있는 나라는 소형차의 대명사격인 폭스바겐, 고급차인 BMW와 벤츠, 고성능 스포츠카 포르쉐(Porsche)로 대표되는 독일이다.

독일사람들은 차를 정밀한 기계로 생각한다

독일사람들은 자동차로 여행을 많이 다니므로 트렁크를 크게 하여 짐을 많이 실을 수 있게 하면서 장시간 탑승 시 피로를 덜 느낄 수 있도록 철저히 배려한다. 충분한 실내 공간 확보를 위해 휠베이스(앞바퀴와 뒷바퀴 사이의 거리)를 최대한 늘리고 시트를 얇게 하며, 시각적 피로감을 줄이기 위해 인테리어 디자인을 최대한 단순화한다. 그리고 실내 높이를 높여 공간을 넓히되 차량무게와 도로사정을 감안하여 실내 폭은 상대적으로 그다지 늘리지 않는다. 또한 시트를 딱딱하게 만들고 서스펜션(카센터에서는 '쇼바'라고 함)을 단단하게 세팅해 달릴 때 차체의 흔들림을 최소화하여 신체의 피로를 최소화하고 고속주행 시 안전성을 높인다.

또한 독일차는 고속주행 시 안전성을 위해 핸들의 움직임을 무겁게 하고, 차체의 강성을 높이는 것은 물론, 무게중심을 낮추기 위해 차체를 낮추고 벨트라인(자동차 측면의 유리와 도어 철판의 경계) 윗부분의 면적을 작게 한다. 한마디로 아랫도리를 굵고 튼튼하게 만드는 것이다. 따라서 독일차는 달릴 때 도로 밀착성이 좋아져 고속으로 갈수록 밑으로 착 가라앉아 탑승자에게 심리적 안정감을 주게 된다. 그리고 고속으로 달리는 경우가 많으므로 비상 시 급제동을 위해 제동거리를 짧게 해 브레이크를 밟으면 아무리 비싼 BMW 7시리즈라도 덜컥거리고 멈추는 것 같은 거친 느낌이 난다.

독일사람들은 일반적으로 기계를 좋아하여 기계의 정밀한 조작과 그에 따른 적절한 피드백을 중시한다. 얼마 전까지 BMW의 광고 문구로 쓰였던 '얼티미트 드라이빙 머신(Ultimate Driving Machine)'이나 '쉬어 드라이빙 플레저(Sheer Driving Pleasure)'에서 느낄 수 있듯이 독일사람들은 자동차를 하나의 정밀한 기계로 생각하고 그 기계적인 작동의 느낌을 즐긴다.

예를 들면 가속페달을 밟아 차량의 속도를 높일 때 가속에 따른 적정한 엔진소리(소음이 아닌 사운드)와 진동이 느껴져야 만족하고, 달리고 있는 노면 상

아우디 A8

벤츠 CLS

태도 아스팔트인지 흙길인지, 미끄러운지 말라 있는지 즉각적으로 느끼고자 한다. 자동차를 매개로 하여 운전자와 차, 도로라는 3가지 주체의 의사소통을 중시하는 것이다. 따라서 아무리 대형 고급차라도 독일차는 상대적으로 소음과 진동이 많은 편이다. 재미있는 것은 수동기어의 경우 3단에서의 가속성능을 중시하는데, 이는 아우토반에 진입할 때 일단 속도를 늦춘 뒤 재빨리 끼어들어야 하기 때문이다.

자로 잰 듯 정확하고 분명한 인테리어

인테리어도 기계적인 느낌을 좋아하고 논리적으로 합당하지 않은 것을 못 참는 독일사람들의 성격을 그대로 반영하여 정확한 면 분할과 각종 스위치들의 기능적 배치를 중시한다. 그러다 보니 독일차의 인테리어는 직선적이고 분명하며 차가운 느낌이 난다. 자동차업계에 있는 사람들은 장난삼아 '각도기와 자만 있으면 만들 수 있는 디자인'이라고 말하곤 한다. 각종 플라스틱 부품의 표면도 주름무늬를 굵고 깊게 가져가면서 무광택으로 처리하는 경우가 많아 남성적인 느낌이 강하다. 기계의 정밀한 조작을 위해 각종 첨단의 정교한 장치들을 조립해놓아 눈길을 확 끌며 첫눈에 탄성을 자아내게 한다. 그렇지만 역시 독일사람들처럼 기계 조작에 능숙한 운전자들을 염두에 두고 설계되어 있어 나 같은 기계치에게는 거북살스러운 면이 있다.

국내에 신형 BMW 7시리즈가 시판된 지 얼마 안 되어 시승할 기회가 있었다. 하지만 첨단 스타일에 감탄한 것도 잠깐이고 각종 스위치와 기기들이 너무 복잡하고 정교해 보여 만지기가 영 부담스러웠다. 사용법도 모른 채 거대한 첨단 기계 앞에 앉아 있는 기분이랄까. 어렸을 때부터 카메라든 오디오든 간에 손만 대면 무리한 힘을 가하는 통에 망가뜨리기 일쑤였고, 지금도 버튼 많은 TV 리모컨 스위치만 보면 머리에 쥐가 나는 나 같은 사람에겐 영 부담스럽다.

밤에 서울 강남에서 시운전을 시작하여 조수석에 앉아 있다가, 가이드가 버스 정류장에 잠깐 차를 세우고 볼일 보러 간 사이 둘러보느라 운전석에 앉아 있었다. 그때 갑자기 뒤에서 차 빼라고 번쩍거리는 버스에 놀라 말 그대로 혼이 나갈 정도로 당황했다. 차를 옮기려고 핸들 뒤에 붙어 있는 조그만 자동 미션 기어를 움직이려는데, 이게 움직이지를 않는 게 아닌가? 화가 나 씩씩거리며 달려온 버스 기사가 앞창을 두드리며 "차 빼!"라고 소리를 지르다가, 쩔쩔매면서 "저, 이 차 못 움직여요" 하고 애처롭게 답하는 나를 보던 표정을 잊을 수가 없다. 그때 마침 가이드가 돌아왔기에 망정이지 그 상황에서 거의 자동 미션 기어를 부러뜨릴 뻔했다. 가이드의 설명에 의하면 고속주행 시 있을지도 모를 실수를 예방하기 위해 몇 번 꺾어야 기어가 바뀌도록 했다는데, 그 후 나는 기계에 대한 두려움이 더 깊어졌다.

아우토반에서 국산차를 타고 아찔했던 순간

고급차라고 하여 벤츠나 BMW를 타보고는 전체적으로 시끄럽고 딱딱하며 거친 느낌에 트럭 같다고 실망한 후 지나가는 그랜저를 새삼스러운 눈으로 바라본 사람들이 의외로 많을 것이다. 우리나라 사람들이 생각하는 고급차의 개념이 독일과 다르고 그에 맞추어 만들었기 때문이지 우리나라 자동차업체들의 기술이 독일보다 뛰어나서 그런 것은 절대 아니다.

나는 1998년 가을, 독일 북부 아우토반에서 국산 엔터프라이즈 3,000cc를 몇 주일간 타고 다닌 적이 있었다. 길도 탁 트인 데다 속도제한도 없으니 평균 시속 200km 이상으로 몰고 다니기는 하였지만 심리적으로는 상당히 불안했다. 우선 핸들이 너무 가벼워 손에 조금만 힘을 주어도 고속에서 차체가 좌우로 확확 움직였고, 서스펜션이 너무 부드러워서 고속으로 달리는 차체가 노면 상태에 따라 계속 출렁거려 배멀미(차멀미가 아닌)가 날 뿐만 아니라 차선 변경을 위해 핸들을 꺾으면 급격히 휘청거려 황급히 급브레이크를 밟으면서 심리적 공황 상태에 빠지고는 했다.

제일 기겁을 한 것은 브레이크였다. 우리나라에서는 그렇게 고속으로 달릴 경우도 별로 없을 뿐만 아니라 뒷좌석에 앉는 사람들이 부드럽게 서는 것을 선호한다. 그러니 우리나라의 대형차들은 상대적으로 제동거리가 긴 편이다.

아우토반에서 밤에 시속 200km 이상의 속도로 달리다 몇 번이나 앞차가 급정거했을 때, 처절하리 만치 브레이크를 밟았는데도 불구하고 영화 속의 슬로우 모션처럼 점점 가까워지며 밝아지는 앞차의 뒷램프를 볼 수밖에 없었다. 그때마다 '아! 이것이 꿈이기를' 하고 얼마나 간절히 기도하며 그 짧은 순간에 얼마나 많은 사람들의 얼굴을 떠올렸던지.

독일 기준으로도 작지 않은 차가 뒤에서 굉음을 일으키며 돌진해 오다 주먹 한두 개의 공간을 남기고 겨우 섰을 때, 얼이 빠진 필자는 그렇다고 치더라도 그걸 백미러로 지켜보았을 앞차 운전자의 심정은 어떠했을까?

속도제한이 없는 곳이니 자동차 충돌사고가 일어나지 않는 한 내가 법규를 위반한 것은 없지만, 이런 것도 양국의 문화 차이에 의한 것일까? 실로 짜릿하고 독특하지만 돈 주면서 일부러 해보라고 하면 일주일 이상 굶은 상황이 아니라면 절대로 해보고 싶지 않은 이질적인 문화 체험이었다.

경쾌하고 실용적인 프랑스차

독일과는 달리 프랑스는 고속도로에 속도제한도 있고, 도심의 길도 아스팔트보다는 울퉁불퉁한 돌길이 많다. 이런 돌길을 전문용어로는 '벨기에 로드(Belgium Road)'라고 한다. 옛날 마차가 도심 내 주요 교통수단이었을 때 말들이 엄청나게 싸놓은 대변이 악취는 물론 위생상 좋지 않아 치우는 게 그야말로 일이었다. 그래서 손쉽게 물청소할 수 있도록 돌로 주요 도로를 만들었다.

이제 프랑스의 도시에서 마차는 없어졌지만 대신 애완용 개나 고양이들의 '그' 생산량도 만만치 않다. 하지만 이런 이유로 아직도 돌길을 깔고 있다고 생각하면 오산이다. 그 이유는 다 따로 있다. 생활습관의 관성으로 인한 것이다.

도로 사정이 이렇다 보니 프랑스의 차들은 전통적으로 부드러운 승차감을 강조하여 서스펜션의 기술 개발에 치중하면서 서스펜션을 매우 소프트하게 세팅하는 경향이 강하다. 게다가 길도 좁은데다가 고속으로 장시간 주행할 일도 별로 없으니 대체적으로 차체를 작고 가볍게 만든다. 그래야 주차하기 편하고 반동이 적어 돌길이나 흙길 주행 시 승차감이 좋아지니까 말이다. 파리 뒷골목의 돌길 위를 대형 독일차가 지나갈 때 옆에 서 있으면 무거운 차체와 딱딱한 서스펜션으로 인해 거짓말을 조금 보태면 거의 탱크 지나가는 소리가 난다. 그러니 아무리 길과의 의사소통을 중시한다 해도 그 안에 있는 사람들의 승차 느낌이 그리 좋지는 않을 것이다.

프랑스사람들은 차를 멋스럽고 실용적인 생활도구로 생각

프랑스는 국민성이 자유분방함과 다양성을 중시하고, 날씨도 좋은데다가 거리와 시골 풍경도 무겁지 않아 프랑스차의 스타일도 에스프리(Esprit)가 느껴지도록 자유롭고 부드러운 분위기가 주를 이룬다. 소위 경쾌한 느낌의 멋을 좋아한다고나 할까?

독일사람들이 자동차를 '드라이빙 머신'으로 생각하고 기계적 완성도를 즐

르노 에스파스

긴다면, 프랑스사람들은 자동차를 멋스럽고 실용적인 생활도구로 여겨서 튀는 스타일에 실질적인 사용가치를 중시해왔다. 그래서 실내 디자인도 전체적인 완성도보다는 재미와 기능 위주로 예쁘게 하고 실내 공간과 쓰임새를 최대로 넓힌다. 그러면서도 실내 색감이나 세세한 소품의 디자인은 섬세하다.

프랑스차의 외관은 충분히 강렬하고 감성적인데도, 직선을 즐겨 사용하여 강한 긴장감을 느끼게 하는 독일차와는 달리 곡선과 곡면을 충분히 활용하여 세련된 감각을 느끼게 한다. 그래서인지 독일차는 운전석에 앉으면 '네가 할 수만 있다면 날 최대한 거칠게 다루어 봐!'라고 도전해오는 듯한데 반해, 프랑스차는 시동키를 돌리면 부드러운 엔진소리와 함께 '우리 함께 좋은 시간을 가져 볼까요?' 하고 관능적으로 속삭이는 듯한 느낌이 난다. 실제로 달려볼

때의 느낌도 이와 크게 다르지 않다. 강렬한 파워나 다이내믹함보다 부드러운 승차감과 가벼운 핸들링이 긴장을 풀어주며 가속의 느낌은 경쾌하다. 소음과 진동에 그다지 예민하지 않고 가속에 따르는 소리와 차체의 떨림을 즐긴다는 점은 다른 유럽차들과 유사하다.

시골 아낙이 계란을 잔뜩 싣고 가도 안전해요

독일에 비해 상대적으로 장시간 고속으로 달릴 기회도 많지 않고, 오래된 좁은 도심에서 생활하는 시간이 많은 관계로 프랑스에서는 대형차를 거의 만들지 않는다. 현재 생산되고 있는 차 중에 가장 큰 것이 푸조 607로, 크기는 BMW 5시리즈 정도다. 국내의 매그너스보다 약간 더 큰 정도에 불과하다.

몇 년 전에 르노가 큰 맘 먹고 차세대 대형 승용차라고 벨 사티스(Vel Satis)를 만들었으나 미니밴 스타일의 실용성을 너무 강조해 실패하고 말았다. 그래서 프랑스에서는 대통령도 푸조 607을 의전용으로 타고 다니는 모양이다. 머리 좋은 사람이 운 좋은 사람 못 이기고, 운 좋은 사람이 해본 사람 못 이긴다고 중소형차급에서는 나름대로 발군의 실력을 보여주는 프랑스 자동차업체들이 역시 대형 고급차 부문에서는 자국 내 수요가 별로 없다 보니 실력을 갈고 닦을 수 있는 기회를 충분히 갖지 못한 듯하다.

이런 프랑스 자동차의 전통을 가장 잘 나타내고 있는 것이 시트로엥의 2CV이다. 이 차는 제2차 세계대전 후 독특한 스타일에다가 값싸고 작으면서도 실용적이어서 1948년 생산되어 1990년 중단될 때까지 프랑스의 국민차로 사랑을 듬뿍 받았다. 오랫동안 동일 모델로 대량 생산되며 많은 사랑

시트로엥 2CV

을 받은 점에서 독일의 비틀 같은 존재인데, 겉모습만 비교해 보아도 양국의 문화 차이를 확연히 느낄 수 있을 것이다. 2CV는 특히 부드러운 승차감을 강조하여 개발 콘셉트가 '프랑스 시골 아낙이 남편이 운전하는 차를 타고 비포장 길을 달려 장터로 갈 때 수확한 계란을 광주리에 가득 넣고 가도 계란이 흔들려서 떨어지지 않을 정도의 승차감 확보'였다고 하니 재미있다. 그래서 값싼 차임에도 불구하고 당시로서는 드물게 네 바퀴에 독립 서스펜션 장치를 부착해 화제가 되었다.

이탈리아가 디자인의 트렌드를 만든다

영국의 경우 자국의 자동차업체들은 일찌감치 사멸하고 리카르도(Ricardo) 같은 엔지니어링업체들만 남아 외국 자동차업체의 요구에 맞추어 차량이나 엔진을 개발해 주거나, 아니면 자국 내 고용 유지를 위해 외국 자동차업체의 제품과 기술을 근간으로 자동차를 만들고 있다. 그러다 보니 로버(Rover)나 MG 브랜드의 일부 구형모델을 제외하고는 영국의 문화 아이덴티티가 많이 엷어진 상태라 문화를 중심으로 자동차를 논하기에는 적절치 않다.

독창적인 자동차 디자인의 메카, 카로체리아

이탈리아 자동차의 경우 패션과 디자인의 대국답게 이탈 디자인(Ital Design), IDEA 등 세계적으로 유명한 디자인 하우스(카로체리아)들이 집중되어 다양한 주제의 독창적인 자동차 스타일을 창조하여 세계 자동차업계를 리드하고 있다. 우리나라 최초의 독자모델로 잘 알려진 포니를 비롯하여 엑셀, 에스페로, 마티즈, 리오, 라비타 등 그동안 해외에서 디자인된 차량들은 무쏘나 코란도 같은 일부 영국식 디자인을 제외하고는 대부분 이탈리아가 그 스타일의 원산지이다.

이탈리아의 오래된 시가지 건물들이 장중하면서도 직선 위주로 되어 있어 이탈리아차들은 스타일에서는 직선 위주의 조형성을 강조하면서 오래 보아도 질리지 않게 매끈하고 단순한 형태를 지향한다. 물론 소규모 브랜드로 튀는 개성이 세일즈 포인트인 알파로메오(Alfa Romeo)나 란치아(Lancia) 같은 브랜드는 존재감과 운전자의 개성을 드러낼 수 있도록 독특하면서 때로는 기이한 모습을 지니기도 한다. 그래도 햇살이 좋아 거리의 분위기가 무겁지 않으므로 독일차에 비하면 스타일이 가볍고 귀엽다.

실내는 개성적인 디자인 감각을 중시하는 나라답게 비록 서민의 소형차라 할지라도 전체적인 주제가 독특하며 소품 디자인 하나하나에 조형미가 넘친다. 사실 자동차 디자인에 있어 실내 디자인만큼 제약 요소들이 많아 기능적인 면을 충족시키는 동시에 남다르게 잘하기 어려운 부문이 없다. 이탈리아 자동차의 실내 디자인을 보면 이탈리아 문화의 강한 전통과 이탈리아 국민의 개성적 특질을 제대로 느낄 수 있다고 생각한다.

엔지니어링 측면에서의 개발 콘셉트는 기분파이면서 경박스럽기까지 한 이탈리아 국민들 성격에 맞게 급가속, 급제동, 급회전, 급속한 끼어들기 등 급한 운전에 맞게 설계한다. 이탈리아를 여행해본 사람들은 절실히 느끼는 일이지만, 이탈리아 도시 중에서 특히 로마와 남쪽 지방의 무질서한 차량운행은 상상을 초월한다. 신호등은 그저 참고사항이고 끼어들기는 생활화되어 있어 운전자끼리 서로 빵빵거리고 소리를 지르다가 지나고 나면 또 그만이다.

차들도 하도 앞뒤를 부딪

치고 긁고 다니는지라 성한 차가 별로 없다. 나는 1980년대 후반에 로마의 한 붐비는 건널목에서 찌그러진 보닛을 노끈으로 묶고서 무섭게 끼어드는 구형 볼보를 보고 깊은 인상을 받은 적이 있다.

단단하고 작고 빠른 이탈리아 소형차

오래된 경험이지만 요새에도 별반 달라진 것 같지는 않다. 게다가 라틴족이라 신체도 작은데다 돌길도 많아 차를 작고 가볍게 만드니 한마디로 '방방 뜨는' 차가 바로 이탈리아차인 것이다. 물론 승차감이나 소음, 진동에 대해서는 기대하지 않는 편이 낫다.

나는 1995년에 알파로메오 137을 타고 밀라노에서 베니스를 갔다 온 적이 있다. 이전부터 젊은이의 우상 스포츠카로서 알파로메오를 동경해왔기에 잔뜩 기대를 걸고 고속도로에 올라섰다. 그런데 이게 웬걸? 도무지 마음 놓고 달릴 수가 없었다. 우선 고속주행 차량을 위해 1, 2차선을 비워주는 아우토반과는 달리 뭐 그리 거치적거리는 게 많은지, 경차들까지 1차선에서 비켜주질 않고 버티면서 끼어드는 차들도 많았다. 우리나라와 아주 비슷한 부분이다.

피아트 푼토(Punto)

도로상황이 이렇다 보니, 이탈리아에서는 람보르기니 같은 특수계층을 위한 고급 스포츠카를 제외하고는 장거리 고속주행용 차량을 만들 필요가 없는 것이다. 오히려 그런 차들은 막히는 길에서 몸놀림이 둔하니 이탈리아에서는 불편할지도 모른다. 나는 1990년대 초 서울의 차 많은 서부간선도로에서 프

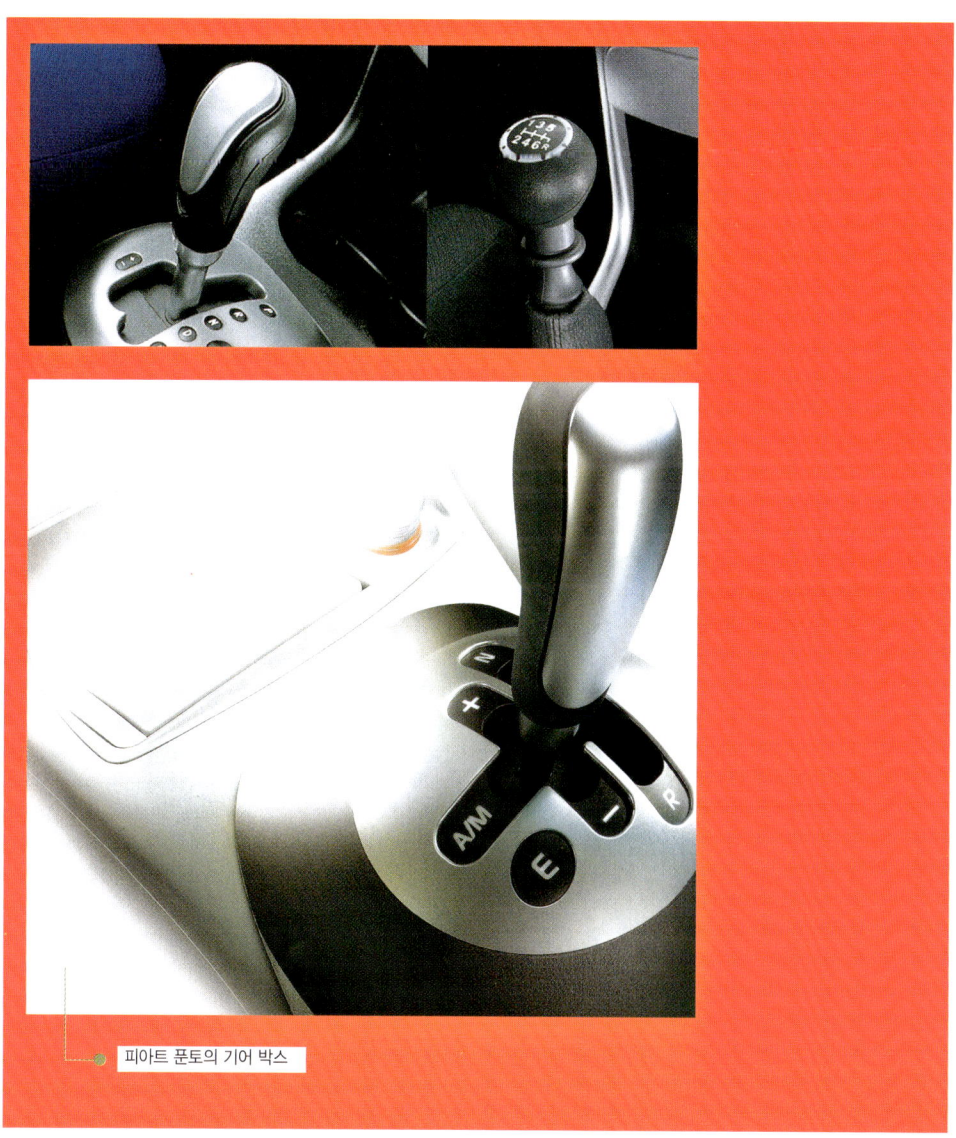

피아트 푼토의 기어 박스

라이드를 몰고 급한 김에 끼어들기를 하다 벤츠 S클래스 운전자의 심기를 건드린 적이 있다. 그는 나를 혼내준다고 마구 따라와 막히는 길에서 때 아닌 레이스를 벌였는데, 짧은 시간이지만 벤츠를 멀찌감치 떨어뜨리면서 성공적으로 도망간 적이 있었다. 이탈리아에서는 이런 유사한 경우가 종종 있는 것이다.

어쨌든 알파로메오를 타고 겨우 한적한 곳으로 나와 가속을 하니 순간적으로 머리가 뒤로 젖혀질 정도로 급가속됐다. 자동차가 고속으로 갈수록 독일차처럼 중량감 있게 밑으로 깔리는 게 아니라 오히려 떠서 하늘로 올라가는 듯했다. 가벼운 엔진 가속감과 함께 주행이 상당히 경쾌하기는 한데 무서워서 시속 200Km 근처에는 가보지도 못했다.

그 후에 몰아본 피아트의 우노(Uno) 등 소형차들의 느낌도 비슷했다. 한마디로 작고 단단하며 재빠르게 움직인다는 게 이탈리아 자동차들의 주요 특징이라고 할 수 있다. 1970년대 우리나라에서 라이선스로 조립 생산되었던 아시아 자동차의 피아트 124, 기아자동차의 피아트 132를 떠올릴 수 있다면 쉽게 이해가 될 것이다.

이처럼 세계 자동차산업의 디자인에 있어 핵심적인 역할을 해온 이탈리아가 최근 들어 피아트의 경영 부진에 의해 점차 독자적인 지위를 상실하고 영국처럼 외국 자동차업체들의 하청용역 국가로 전락하고 있는 것은 세계 자동차산업의 다양한 발전을 위해서 매우 안타까운 일이 아닐 수 없다.

2 미국차와 문화

개척자 정신으로 탄생한 미국차

1607년 105명의 영국인들이 체사피크 만에 도착하여 시작된 미국은 400년이 채 안 되는 짧은 기간을 거쳐 오늘날 정치, 경제, 사회, 군사 등 거의 모든 영역에 걸쳐 세계를 리드하는 유일한 초강대국의 지위를 이룩하였다. 상대적으로 덜하기는 하지만 미국은 문화예술 분야에서도 의미 있는 주도세력이 되어 있으며, 자동차의 콘셉트나 스타일에서도 세계 최대의 단일 자동차시장 및 생산규모를 바탕으로 나름대로 하나의 중요한 축을 형성하고 있다.

유럽 신분사회에서 벗어난 미국문화

유럽은 오랜 역사 속에 봉건사회를 거쳐 형성되어온 귀족사회로서 자동차의 개발도 각 지역의 장인들이 상전인 귀족들의 기호와 생활방식에 맞추어 제작하던 마차의 새로운 대체물로 출발하였다. 따라서 유럽의 자동차들은 고급 와인이나 가구처럼 장인들이 자기들만의 재능과 철학을 쏟아 부어 만드는 수공예품의 성격을 지녀왔다. 유럽에서는 자기가 만들고 싶은, 또는 지시에 의해 만들어야만 하는 자동차의 콘셉트와 설계를 먼저 구상한 뒤 그걸 만들어내기 위해 사후적으로 생산기술을 연구했다. 그러다 보니 대량생산이 어려워지고 가격이 비싸져 자동차가 시작된 지역임에도 불구하고 대중화는 상당히 늦어질 수밖에 없었다. 유럽에서 실질적인 자동차의 대중화는 제2차 세계대전 이후에나 이루어졌다.

이에 비해 미국사회 전통의 핵심은 무엇인가? 그것은 유럽 귀족사회의 속박에서 벗어나 물질적인 성공과 신분상승을 꿈꾸며 과감히 미 대륙으로 이주해 왔던 초기 이주민들로부터 비롯된 개척정신이다. 의지할 것이라고는 스스로의 힘과 의지밖에 없는 상황에서 자신과 가족의 목숨을 걸고 보다 풍요로운 미래의 꿈을 위해 서부로 몰려 나간 사람들이 대부분이다. 이들의 자유로우나 거친 생활에서 자연스럽게 배양된 기질과 습관 그리고 광대하며 풍요로운 자연환경 속에서 형성된 생활감각과 가치관이 미국정신의 근저를 이루고 있는 것이다. 이런 생활환경에서 사용되는 일상용품에 대해 미국사람들은 어떤 점을 원하게 되었을까? 당연히 확실한 기능, 편리한 사용, 튼튼한 내구성, 수리의 용이성, 저렴한 가격 등이 주요 판매요소가 되어 왔던 것이다.

귀족 취향의 우아한 장식이나 비실용적인 제품특성, 감성적인 디자인보다는 'Value for Money', 즉 실질적인 가치와 효용이 미국 소비자들의 독특한 상품구매의 기준이 되어온 것이다. 게다가 워낙 땅이 넓어 A/S를 불러도 한참 걸리고 인건비도 비싸니 미국사람들은 웬만한 고장은 본인이 다 고치고 부품교환도 스스로 하는 게 습관이 되어 있다. 셀프 서비스의 원조가 바로 미국이다. 그러다 보니 미국의 생활용품들은 거의 다 구조나 형태가 간단하고, 기능 위주이면서 부품수가 적고 부품교환이 쉽도록 표준화되어 있다.

미국차는 대중의, 대중에 의한, 대중을 위한 차

자동차도 이러한 범주에서 벗어나지 않아 미국은 처음부터 '대중의, 대중에 의한, 대중을 위한' 자동차 개발을 이상으로 하여 유럽의 귀족식 전통과는 다른 차원의 자동차 문화가 전개되었다. 이러한 문화의 바탕 위에 20세기 초 그 후 세계 자동차산업의 기준이 된 미국식 대량생산방식(Conveyor System)이 헨리 포드(Henry Ford)에 의해 도입되었다. 이는 호환성 있는 부품으로 조립되는 규격품을 최소의 자원 투입으로 최대한 생산하여 자동차 가격을 낮추어 누구나 쉽게 자동차를 구매할 수 있게 만든 획기적인 생산방식이다.

이러한 시스템에 의해 처음 생산된 차가 유명한 모델 T이다. 당시 미국에서도 기존 소수 자동차들의 판매가격은 최저 2,000달러 정도로 자동차는 부자들만이 탈 수 있는 사치품이었다. 그러나 헨리 포드는 처음부터 모델 T를 일반 대중이 별 부담 없이 구매할 수 있는 850달러에 맞추어 설계하고 생산함으로씨 자동차 대중화의 물꼬를 텄다. 이 차는  1908년부터 1927년까지 약 1,500만 대나 생산되었고, 한 모델을 검정색으로만 만들어내는 등 일절 모델 변경 없이 장기간 생산했다. 그로 인해 차량가격은 계속 내려가 서민들도 누구나 조금만 돈을 모으면 자동차를 소유할 수 있게 되었다.

결국 마차는 거리에서 사라지고 자동차의 대중화가 시작되었으며, 미국사람들의 생활에는 엄청난 변화가 초래되었다. 이후 미국 사회는 자동차로 인해 모든 부문에 걸쳐 혁명적인 변화를 겪게 된다.

구매자의 트렌드를 읽어라

미국차는 유럽차의 '명품' 성격보다 장기간 쓰다가 버리는 일상 생활용품의 성격이 강하다. 그리고 대량소비를 목적으로 하다 보니 스타일에 있어서는 다수의 보통 사람들이 좋아할 수 있도록 당시 사회 분위기와 취향이나 트렌드에 맞추어 대중적으로 한다. 그러다 보니 스타일을 결정함에 있어 시장조사를 중시하게 되었다. 미국 소비자들은 일반적으로 구매결정에 있어 보수적 경향을 띠면서 스타일보다는 가격이나 기능을 중시한다. 그러다 보니 미국차의 스타일은 전반적으로 세계 자동차산업의 미래를 주도할 수 있는 혁신적이고 과감한 스타일이 나오기 힘들게 되어 있다.

소비자들 트렌드에 맞게 짧아지는 제품주기

미국의 소비자들은 시장 제품들의 상업적 이미지에 끌리면서도 쉽게 식상해 하므로 자동차도 4~5년마다 주기적으로 완전 모델 변경(Full Model Change)을 해야 하고, 그 중간에도 연식(Model Year)이라는 콘셉트로 매년 조금씩 모양을 바꾸어 이미지의 신선도를 유지해야 한다. 따라서 같은 이름의 자동차도 스타일의 테마 자체가 매번 바뀌어 메이커별, 브랜드별로 통일된 디자인 이미지를 형성하기가 매우 어렵다.

또한 시장규모의 확대에 따라 목표 소비층(Target User)별 취향과 용도에 맞추어 차종을 계속 세분화하면서 모델명도 계속 새로운 이름으로 등장하니 기기묘묘한 스타일과 이름의 차들이 들끓는다. 미국차 시장은 수많은 수입차들과 뒤섞여 한마디로 말해 '잡탕찌개'다. 현재 미국시장에서 판매되고 있는 자동차 모델의 숫자는 거의 400개에 달한다. 따라서 미국의 고속도로 위에서는 어지간한 베스트셀러가 아니면 운전 중에 동일한 차종을 연달아 계속 보기가 쉽지 않다. 나는 미국에서 자동차로 장시간 여행할 때, 좀 한적한 고속도로에서 심심하면 옆에 앉은 사람과 건너편에서 마주 오는 차 이름 먼저 알아맞히기 게임을 하곤 했다. 자동차에 대한 공부도 되지만 실제 해보면 상당히 재미있다. 국내에서는 살 수 있는 차종도 몇 가지 안 되지만, 남의 기준에 따라 추종 구매하는 경향이 강한 우리나라에서 과연 이런 게임을 할 수 있을까?

큼직큼직, 시원스럽고 기능적인 디자인

미국은 유럽처럼 전반적으로 습도가 낮고 햇빛이 강하면서 평지가 많아 멀리서 보아도 차의 특징이 눈에 잘 띈다. 하지만 유럽보다 기후조건이 훨씬 더 좋은데다가 자연과 도시의 스케일도 거대하고 사람들 몸집도 크다. 그러다 보니 차들의 크기도 평균적으로 상당히 크면서 멀리서도 쉽게 식별될 수 있도록 나름대로 독특하면서 때로는 기이한 모양을 강조한다.

스타일에 있어서도 세련됨이나 섬세함보다 면과 선이 큼직큼직하고 시원스러우면서 기능적인 요소가 우위에 선다. 땅도 넓다 보니 차들도 옆으로 넓어지고 상대적으로 높이는 낮아진다. 고속도로를 포함해서 도로도 잘 포장되고 직선으로 뻗은 곳이 대부분이라 미국차들은 푹신한 승차감을 위해 차 높이를 낮게 하고 서스펜션을 부드럽게 세팅한다.

미국 운전자들은 차 안에서 운전에 집중하기보다는 잡스럽게 하는 행동들이 많다. 옆 사람과 떠들거나 음식을 먹고, 음료수를 마시거나 음악에 맞추어 흔들어야 되고, 손잡고 키스도 해야 한다. 특히 젊은 친구들은 못 말릴 정도다. 이 때문에 수동변속기보다는 자동변속기가 대부분이다.

하긴 기름 값 싸고 편하다는데 연비 나쁘다고 자동변속기 안 쓰겠는가? 게다가 대도시의 출퇴근 러시아워를 제외하고는 교통체증이 별로 없는지라 자동변속기라 해도 연비가 수동변속기보다 그리 나쁘지 않으니 말이다. 자동변

▶ 뷰익

속기라는 물건 자체가 1930년대에 미국에서 캐딜락에 의해 최초로 상용화된 것도 이러한 배경이 있기 때문이다.

우리나라 1980년대에는 자동변속기가 귀해 '오토매틱(Automatic)'이라는 엠블럼을 차 뒤에 자랑스럽게 붙이고 다녔다. 나는 현대 포니2 수동변속기 운전만 하다가 1980년대 중반 유학시절 미국에서 자동변속기 차량을 운전하니까 왼발이 영 심심해서 괜히 들썩거리곤 했다. 그러다가 재미 삼아 왼발로 브레이크페달을 조작하고 오른발로 가속페달을 누르고 다니다가 아차 하는 순간, 동시에 밟아 차가 요동을 치면서 정말로 죽을 뻔한 적이 있었다.

자동차 감시단체, '더 좋은 차'를 만드는 원동력

미국의 고속도로가 넓고 직선형이라 해도 독일의 아우토반이 아닌 이상 속도 제한을 무시하고 달리고 있으면 하늘에서도 감시하고 어느새 경찰차가 다가온다. 우스갯소리가 "한 번만 봐주세요(Please look at me once)" 해봐야 아무 소용없다. 한국사람들이 많이 사는 지역의 교통경찰들은 무슨 말인지 다 알아듣고 "Today, no soup at all(오늘은 국물도 없어)"이라고 화답한단다.

커다란 배기량, 넘치는 힘

준법정신이 투철하기도 하고, 이렇듯 경찰이 오기 전 짧은 시간 내에 옆 사람에게 자기 차 자랑도 끝내야 하니 미국의 자동차들은 장시간 고속주행 상태의 성능을 중시하는 독일차와는 달리 중저속에서 스트레스 없는 부드러운 승차감과 순간 가속성을 중시한다.

미국 자동차잡지들의 시승 평가를 보면 시속 60마일에 도달하기까지 몇 초 걸리고 어쩌고 하는 얘기는 꼭 나온다. 그리고 주행 중에 언덕길이 나오거나 에어컨을 켤 때, 엔진의 힘이 약해서 가속페달을 밟아 엔진의 회전수를 올리는 걸 상당히 싫어한다. 미국사람들 대부분이 신대륙에 땡전 한 푼 없이 이주해 와 혼자 맨손으로 개척해 나가면서 자기 자신과 가족을 지켜줄 수 있는 건 자신의 힘밖에 없다는 걸 오랜 시간 동안 인식하다 보니 자연히 물리적인 힘을 숭배하게 되었나 보다.

미국 만화나 영화에 터질 듯한 근육을 자랑하는 마초 맨(Macho Man)이나 초인적인 능력을 자랑하는 슈퍼맨 같은 다소 황당한 주인공들이 자주 등장하지 않는가? 그렇다 보니 엔진의 힘이 무지 커야 좋아하고, 기름 값도 싸니 엔진 배기량이 엄청나게 크다. 디뷰론만한 포드 머스탱(Mustang)이 5,000cc 엔진을 달고 있으니 국내에서 1,800cc 엔진 달고도 잘 나간다는 쏘나타가 미국에서는 3,000cc 그랜저 엔진을 달아야 팔리는 것이다.

자동차 비교분석에 품질평가까지

또 한 가지, 미국 자동차시장의 중요한 특성은 자동차에 대한 정보가 넘쳐난다는 것이다. 물론 유럽이나 일본에도 각종 자동차 관련 정보들이 많이 있으

크라이슬러 크로스파이어

나, 각종 언론매체에서 신차 소개는 물론 시판 차량들의 비교분석에 품질평가까지 가혹할 정도로 정확하게 분석을 하는 데는 미국이 한 수 위다.

국내 자동차업체들이 자주 광고에 써먹는 탓에 국내 소비자들도 익숙해져 있는 J.D.파워사 같은 품질조사 기관들도 자체평가 수치를 수시로 발표하고 있고, 이밖에 수많은 민간 조사기관들이 망하지 않고 계속 번성할 수 있는 것도 소비자들이 구매를 할 때 그런 정보들을 찾아보고 중요한 참고자료로 활용하기 때문이다.

소비자의 권리의식이 강하다 보니 누가 시키지 않아도 알아서 자동차업체들을 감시하고 견제하는 공동체가 만들어지는 것인데, 이런 합리적인 소비자와 시장의 힘에 의해 수준 이하의 자동차는 자연스럽게 시장에서 퇴출되고 만다.

우리나라에서는 한 모델이 시판되어 시장반응이 좋지 않더라도 투자한 원가를 회수해야 하고 다음 모델이 나올 때까지 시간도 벌어야 하니 안 팔려도 죽이지 않고 버티면서 각종 언론매체를 구워삶아 억지춘향을 만드는 경우가 종종 있다. 하지만 미국에서는 시판 초기에 시장반응이 좋지 않으면 인센티브 할인판매를 강하게 해보고 그래도 판매가 살아나지 않으면 그 모델을 조기 퇴장시키는 경우가 흔히 일어난다.

한두 업체가 독과점 지위를 이용하여 마음대로 좌지우지할 수 있는 규모의 시장이 아니기에 모두 거대시장의 규칙에 맞추어 나름대로 질서 있게 움직이고 있는 것이다. 따라서 미국시장에서 성공하면 진정한 실력을 갖춘 모델로 인정받기에 현재 새로운 다크호스로 등장하고 있는 중국의 자동차업체들을 비롯한 세계 자동차업체들이 기를 쓰고 미국시장에 진출하려고 하는 것이다.

미국도 이제는 '고급차 전략'에 나섰다

이렇듯 미국의 자동차 문화는 다른 주요 자동차 생산국의 문화와 매우 다르다. 그동안 세계 중저가 자동차시장에서 미국차는 나름대로의 확고한 위치를 차지해 왔으나, 고급차 시장에서는 유럽이나 일본보다 처진다는 인식이 있어 왔다.

미국 고급차는 과묵하고 점잖은 신사 이미지

차량운행조건이 미국과 많이 다른 우리나라의 수입차 시장에서 미국차가 상대적으로 고전하고 있는데, 거기에는 여러 가지 요인이 지적되고 있다. 우선 현재 수입해 판매되고 있는 모델들이 덩치가 크고 폭이 넓어 좁은 국내 도로 사정에 맞지 않다. 엔진 배기량이 크니 고유가시대에 기름 값 많이 들고, 서스펜션이 부드러우니 포장상태가 불량하고 허구한 날 공사한다고 파헤쳐 놓는 우리나라 도로 위에서 주행 시 출렁거림이 심하다. 게다가 스타일도 대중적이고 브랜드 인지도도 낮아 타고 나가도 누가 알아주지도 않으니 일부 마니아층을 제외하고는 돈 있는 사람들이 쉽게 구매하지 않는다. 우리나라와 차량운행조건이 비슷한 일본에서도 수입차 베스트셀러는 유럽차, 특히 독일차들이다. 단지 우리나라와는 달리 실용적인 소형 수입차들이 많이 팔리고 있지만 말이다.

이런 차이는 기술력의 차이가 아니다. 자동차에 대한 개념과 자동차를 만드는 사람들의 취향의 차이, 즉 문화적 차이에서 비롯된 것이다. 그동안 미국의 고급차들은 미국 내 판매만을 위해 만들어져 왔다. 그래서 미국과 유사한 지형과 차량운행조건을 갖춘 호주를 제외하고는 주요 시장지역들이 상대적으로 산지 지형에 좁고 인구가 조밀한지라 미국차가 인기를 얻지 못한 것이다.

그래도 기존의 캐딜락(Cadillac)이나 링컨(Lincoln) 같은 전통적인 미국의 고급차들은 유럽이나 일본의 고급차에서는 찾아볼 수 없는 나름대로의 장점을 가지고 있는데, 그건 바로 자극적이지 않은 부드러움과 여유, 편안함 같은 특질이다.

예를 들면, 독일은 철학과 사색의 나라답게 자동차 각 부문의 전문가들이 모여 연구를 거듭한 결과로서 그들이 최고라고 자부하는 고급차를 만들어낸

크라이슬러 PT 크루저

다. 그만큼 자동차에 관한 한 소비자들을 가르치려고 하는 경향이 강하다. 즉 '최고인 내가 모든 것을 다 생각해서 만들어놓았으니 어색해도 네가 맞추는 게 옳다'라는 장인정신에 넘친다. 그래서인지 운전석에 앉으면 이것저것 신기하기는 한데, 어쩐지 불편하고 위압감이 느껴진다.

고속주행 성능이나 첨단 디자인 등에 별 관심이 없는 소비자들이라면 독일차가 지닌 권위적인 사나이다움보다는 수많은 시장조사를 통해 소비자들의 필요에 맞추어 쓰기 편하고 섬세하게 만들어놓은 미국 고급차에게 끌리게 마련이다. 미국의 전통 가치관인 자유로움에 기초하여, 점잖으면서도 강인한 결의로 신념을 지켜나가는 과묵한 신사 같은 이미지(그 유명한 서부영화 〈하이 눈(High Noon)〉의 게리 쿠퍼를 생각해 보시라!)의 미국 고급차는 운전의 색다른 즐거움과 멋을 느끼기에 손색이 없다.

공룡차는 이제 그만! 작고 실용적이고 경제적으로

전통적인 미국차들도 글로벌 경쟁시대를 맞이하여 세계 소비자들을 상대하게 되고, 원가절감을 위해 특히 유럽차들과 플랫폼을 통합 사용하게 됨에 따라 점차 그 특성이 변화하고 있다.

21세기 들어 산업 전 분야에 걸쳐 화두가 되고 있는 환경문제도 고려하지 않을 수 없어 이전보다 차체를 작고 가볍게 만들어 연비를 좋게 한다. 또한 해외시장을 겨냥하여 유럽차 못지않은 세련된 스타일, 강한 동력성능, 단단한 차체 및 서스펜션을 갖춘 신차들을 도입하여 미국 시장은 물론 해외시장에 새로운 바람을 일으키고 있다.

특히 세계 최대의 자동차업체인 GM이 몇 년 전 캐딜락을 글로벌 럭셔리 브랜드(Global Luxury Brand)로 키우겠다고 선언하고 구동방식도 후륜구동으로 바꾸어가면서 '예술과 과학(Art & Science)'의 콘셉트에 입각한 특유의 날카로운 엣지 스타일을 시리즈로 내놓고 있어 성공여부에 세계 자동차업계의 관심이 집중되고 있다.

일단 미국 내에서는 판매 면에서 성공을 거두고 있어 미국 소비자들의 취향도 시대의 변화에 따라 변하고 있음을 알 수 있다. 또한 엄청난 몸집에 5,000cc나 6,000cc 엔진을 단 거대한 SUV와 픽업들이 매달 수십만 대씩 팔리면서 마치 공룡시대의 티라노사우루스처럼 미국의 도로를 점령하고 다니던 시기도 최근의 고유가 시대를 맞이하여 점차 퇴조하는 기미를 확연히 보여주고 있다.

대신에 승용차를 베이스로 개발된 작고 실용적인 SUV나 크로스오버 차량들이 인기를 얻고 있다. 이 차량들은 다루기 편하고 실내외 디자인도 감각적이어서 전체적인 인상이 부드럽고 여성스럽다. 이 같은 경향은 고유가 이외에 힘과 크기로 대표되는 남성위주 문화의 전세계적인 퇴조와도 밀접한 관련이 있어 보인다.

캐딜락 STS

3 일본차와 문화

일본 최초의 자동차는 전기자동차

말과 수레가 주요한 교통 및 운송수단이었던 일본에 자동차가 등장한 때는 우리나라와 비슷한 시기인 1900년이다. 그해 황태자(나중에 大正天皇이 됨)의 결혼식에 미국 샌프란시스코에 거주하던 일본인들이 돈을 모아 선물한 자동차가 일본 최초의 4륜 자동차로 기록되어 있는데, 재미있고도 신기한 것은 그 자동차가 전기자동차였다는 점이다.

그 후 1902년에 동경의 긴자에서 자전거 가게를 운영하던 요시다(吉田)라는 사람이 자전거 수입 차 미국에 가서 휘발유 엔진을 2기 수입하여 승용차와 12인승 버스를 각 1대씩 만든 것이 일본에서 최초로 만든 자동차였다. 독일의 다임러(Daimler)와 벤츠에 의해 세계 최초로 휘발유 엔진의 자동차가 만들어진 것이 1885년이니 그 당시 기술 진전의 느린 속도를 고려하면 일본에 있어 자동차산업의 출발은 세계적으로 볼 때 그다지 늦었다고 볼 수는 없다.

그러나 대량생산에 의한 자동차의 본격적 대중화는 1960년대 이후에나 이루어져 미국이나 유럽에 비해 상당히 뒤처졌다. 이렇듯 상대적으로 짧은 대중화의 역사는 일본 자동차문화의 발달을 더디게 하여 현재 물량적인 측면에서 세계를 제패하고 있는 일본 자동차가 질적인 측면에서는 아직 유럽과 미국 자동차와의 격차를 완전히 좁히지 못하고 있는 결정적인 이유가 되고 있다.

일본에 자동차 보급이 늦어진 이유

일본에서 자동차의 보급이 늦어진 이유로는 먼저, 미국이나 유럽과는 달리 일본에서는 옛날부터 승용마차를 사용하지 않아 자동차가 다닐 수 있을 정도의 도로망이 거의 없었던 점을 들 수 있다. 두 번째 이유로는 일본은 섬이라 예로부터 해운이 발달했고 메이지(明治)유신 이후에는 철도를 중시하는 정책을 지속하여 기차와 선박이 운송수요를 대부분 담당했다는 점을 들 수 있다. 세 번째 이유는 당시 소득수준에 비해 자동차의 가격이 상당한 고가였다는 점이다.

세계적으로 자동차산업의 태동기를 지나 대중화의 시기에 진입하게 되는 1930~40년대에 일본은 사실상 군사정권의 지배하에 있었으며, 군사정권은 만주사변과 제2차 세계대전을 치르기 위해 비상 전시경제체제를 운영하여 모든 자원을 전쟁물자의 생산에 투입했다. 자동차 부문에 있어서도 군인과 물자의 수송을 위해 제한된 인적, 물적 자원을 트럭이나 버스 같은 상용차 부문에 집중 투입하였다. 결국 모든 소비재의 국내수요가 억제되었고 승용 자동차의 대량생산이 불가능하게 되어 가격이 높아질 수밖에 없었던 것이다.

따라서 일본의 자동차산업은 중요한 대중화의 시기에 소량의 승용차 생산을 제외하고는 상용차 중심의 기형적 성장을 하게 되었다. 그나마 1920년대 초까지 내륙운송에 있어 철도의 위세에 눌려 있던 자동차가 그 효용을 인정받아 주요 운송수단으로 등장하게 되는 역사적인 사건이 발생하였다. 바로 1923년에 발생하여 동경지역을 폐허로 만들었던 관동대지진이었다. 땅 위에 놓인 궤도 위를 운행하는 기차나 전차의 수송망이 지진으로 일시에 파괴되어버려 운행이 불가능해졌던 것이다. 동경을 중심으로 한 관동지방의 교통이 완전히 마비되어 복구공사는 고사하고 긴급환자의 운송도 불가능한 최악의 교통 혼란이 일어났다.

정부 주도로 대중화를 꾀한다

길만 있으면 어디든지 갈 수 있는 자동차라는 존재가 새로이 부각되었고, 일본정부는 대중 운송수단의 신속한 확보를 위해 미국에서 포드의 모델 T를 대량으로 수입하여 속칭 엔타로(圓太郎) 버스를 만들어 동경(東京) 시내를 달리게 하였다. 이것이 일본에 있어 시내버스의 효시이다.

일본의 군부도 초기 만주침략 시에는 주로 철도를 먼저 건설하고 병력과 물자를 수송하였다. 잘 알려진 바 대로 우리나라 경의선도 군사목적으로 건설되었다. 점차 중국 내륙으로 전선이 확장되면서 보다 기동성 있는 운송수단이 필요하던 참에 관동대지진 이후에 자동차의 위력을 절감하게 된 군부는 일본 내 군용차의 생산을 강력히 요구하게 되었다.

1930년대 들어 일본정부는 일부 비교우위론자들의 반대에도 불구하고 자동차산업 육성정책을 정부주도로 강력히 추진하게 된다. 강력한 군부의 요구 때문이었다. 또한 자동차는 기계, 화학, 철강, 섬유 등 관련 산업의 발달이 없이는 만들어질 수 없으므로 산업정책적인 측면에서 관련 산업의 종합적인 발달을 가져올 수 있는 기간산업으로서 자동차산업이 필요했던 것이다.

이렇듯 일본의 자동차산업은 유럽이나 미국과는 달리 초기부터 철저한 정부의 통제 하에 개개인의 취향이나 요구와는 관계없이 군사적, 사회적 요구사항을 이행하기 위한 수단으로 발달해 왔다. 게다가 자동차의 대중화 역사도 상대적으로 짧아 전반적으로 일본의 자동차 문화는 소비자 중심의 상향식이 아니라 정부와 자동차 제조업체 중심의 하향식으로 발달해 왔다고 할 수 있다.

국내 수요 억제와 수출 중심의 산업구조에서 일본 자동차는 우선적으로 해외시장의 요구에 맞추어 만들지 않을 수 없었고, '저가이면서 기본품질에 충실한 차'가 불과 십여 년 전까지 일본차의 주된 판매 포인트였다. 일본차는 개발 초기부터 대량생산에 적합한 콘셉트와 스타일로 만들어져 왔다. 품질에서도 계량화되어 객관적인 수치로 입증할 수 있는 기술적 기준(연비, 낮은 고장율, 제동거리, 가속성능, 충돌안전도, 소음진동 등)을 중심으로 계속 갈고 닦아 유럽이나 미국의 자동차에 뒤지지 않기 위해 노력해 왔다.

그 결과 일본의 자동차는 훌륭한 제조물은 되었으나 본질적으로는 기차나 비행기와 같은 무미건조한 수송기계에 지나지 않게 되었다는 반성이 그동안 일본의 자동차산업에 종사하는 사람들 사이에서 나오곤 하였다. 그래서인지 최근 출시되는 일본 자동차들은 감각적, 감성적 이미지를 유달리 강조하고 있는 듯하다. 사람이 말을 타고 달릴 때, 끊임없이 말과 커뮤니케이션을 하며 일체감과 즐거움을 느끼듯이 소비자가 자동차에 대해 느끼는 질적인 요소들(운전의 즐거움, 쾌적함, 가속 시 느낌과 소리, 촉감, 브랜드 이미지 등)이 구현될 때, 비로소 자동차는 운송수단(Transporter)이 아닌 자동차(Automobile)가 된다. 일본의 유명한 자동차평론가인 마에자와 요시오(前澤義雄)가 지적하였듯이 Transportation은 문명이고 Automobile은 문화인 것이다.

일본의 자연환경을 알면 일본차가 보인다

일본은 위도가 낮으며 습도가 높은 탓에 흐린 날도 많지만 맑은 날에도 햇살이 남부 유럽이나 미국 서부처럼 강렬하지 않다. 우리나라처럼 산지가 많고 도로에 굴곡이 많아 멀리 있는 자동차의 모습이 분명하게 보이지 않는 경우가 대부분이다. 그래서 유럽차들처럼 멀리 떨어져서도 느낄 수 있을 정도로 자기주장을 확실히 하는 테마 중심의 강렬한 스타일보다 가까이서 보이는 모습을 중시하게 된다.

자기주장과 감정표현을 꺼려하는 일본 문화

전체적인 모습은 단지 밸런스를 유지하는 정도로 하고 램프나 도어 손잡이, 내부 스위치, 알루미늄휠, 엠블럼 같은 각 부분의 디테일한 모양과 장식에 집착하여 차별화를 추구하고자 한다. 일반적인 승용차의 경우 일본차는 멀리에서 보아 어느 회사의 어떤 모델인지 구별하기가 쉽지 않다. 또한 햇살이 약해 음영이 확실히 드러나지 않으므로 과감한 직선의 개성 있는 조형미를 추구하기보다 부드럽고 애매모호한 면 처리를 선호한다.

이런 경향은 역사적으로 강력한 집단주의의 전통 속에서 자기주장과 감정표현을 꺼려하고 은연중에 드러나는 조그마한 차이로 개성을 표현하고자 하며,

병적으로 디테일에 집착하는 일본사람들의 습성과도 부합된다. 따라서 일본차들은 전반적으로 무난하고 세련된 균형감각을 유지하면서 아기자기하고 예쁘다.

이런 일본사회의 특징은 젊은 댄스 가수들에게서도 찾아볼 수 있다. 우리나라 댄스 가수들이나 백댄서들의 춤은 대개 빠르고 힘차며 큰 동작 위주로 구성되고 좌우 비대칭인 경우가 많다. 하지만 처음부터 일본 진출을 목표로 양성되어 일본에서 큰 히트를 치고 있는 보아의 춤을 보면 빠르기는 하되 격하지는 않고 예쁜 움직임에 다양한 잔동작들이 많이 보이고 좌우 대칭적으로 균형을 맞추어 추는 것을 알 수 있다. 일본에서 최고 댄스 가수 그룹인 스머프의 멤버로 최근 우리나라에 진출한 쿠사나기 츠요시(국내에서는 초난강이라 알려짐)의 춤과 노래를 보아도 이런 일본문화의 특징이 그대로 느껴진다.

일본차는 이런 문화의 특징에 원가절감과 생산효율을 위해 대량생산에 맞는 스타일이 선호되다 보니 만들기 어려워도 개성 있는 튀는 스타일보다 보편성 위주의 실용적인 스타일을 가지게 되고 이를 가장 잘 구현한 자동차 브랜드가 일본에서 가장 인기 있는 도요타이다.

부드럽고 잔잔한 지형이 깨끗하고 화사한 차를 만들었다

일본의 지형은 국토가 길고 좁으면서 산이 많아 강은 수량이 적고 길이가 짧으며 산도 주로 화산이다. 퇴적암이 형성되어 습곡형태로 이루어진 우리나라 산처럼 거대한 암석이 드러나는 형태가 아니라 밋밋한 형태에 표면도 잘게 부서지는 화산토로 덮여 있다. 나무도 특정 신사 주변이나 깊은 산골을 제외하고는 주로 여린 대나무나 작은 관목들로 관리되어 있다. 전반적으로 일본의 자연풍경은 위압적이거나 역동적이지 않고 부드럽고 잔잔하게 세련된 느낌이다.

거리도 대부분 무미건조한 콘크리트 건물로 되어 있고 공기 중에 먼지가 적어 외벽을 대체적으로 밝은 색 계통으로 칠했다. 그래서 유럽의 거리처럼 석조물 위주의 강렬한 개성과 역사의 더께로 인한 무거운 느낌이 없다. 도시 주변과 시골의 집들은 잦은 지진에도 대비해야 하고 전통적으로 나무가 구하기 쉬웠기에 대부분 규격화된 조립식 목조주택이다. 그러다 보니 구조물의 강도가 낮아 집들의 높이도 기껏해야 2층으로 제한된다. 이렇듯 자동차들이 달릴 때 배경이 되는 자연과 거리의 느낌이 상당히 가볍고 약해 보이지만 잘 정돈된 느낌이다. 자동차 스타일 역시 군더더기 없이 깨끗하고 화사하면서 부드럽다.

단거리 위주 교통문화로 경차 인기

일본은 국토가 좁고 도로망은 비교적 잘 발달되어 있으나, 국민들의 이동을 제한하여 효과적인 관리와 사회 안정화를 기하고자 하는 오랜 통치 시스템의 결과로 장거리 이동 시 드는 비용이 상당하다.

1992년, 내가 일본에 주재하면서 일본인 직원들을 데리고 대전엑스포에 갔을 때, 서울에서 대전까지 새마을호 편도요금이 8,000원 정도인 걸 알고 기절할 정도로 놀라던 일본인 직원들 표정이 지금도 생생하다. 당시 환율로는 800

도요타 스파시오

엔 정도인데, 일본에서 신칸센으로 그 정도 거리를 가려면 적어도 1만 엔은 주어야 한다. 그리고 장거리 이동 시 고속도로의 통행료가 매우 비싸다. 내가 1993년에 서울-부산 거리인 동경-오사카를 10년 된 고물 마쓰다 626으로 여름 휴가여행을 갔을 때, 세 번에 걸쳐 구간별로 낸 고속도로 통행료가 합쳐서 편도에 1만 5천 엔 정도였다.

장기휴가 시에도 유럽이나 미국처럼 자동차로 며칠씩 여행을 하는 경우는 거의 없고, 대부분 목적지까지 신칸센이나 비행기로 이동해 현지에서 렌트카로 다닌다.

여행 가서 고급스럽지는 않더라도 편안하게 자기 위해 왠만한 펜션이나 일본 전통식 여관에 머무르려면 숙식포함 1인당 1만 엔 정도는 든다. 5인 가족이면 하룻밤 자고 먹는 데에만 5만 엔이 든다는 얘기인데, 지금도 대기업 대졸 신입사원 월급이 20만 엔이 채 안 되는 일본에서 얼마나 큰 부담인지 쉽게 알 수 있다. 이런 비싼 숙박비 때문에 주말이나 휴일의 야외 나들이도 보통 하루에 다녀오는 근교 피크닉이 주가 된다. 따라서 일본에서 자동차의 주된 용도는 장시간의 고속주행보다는 단거리의 일상생활에 집중되어 있어 당연히 실용적인 소형차들, 특히 경차가 많이 팔린다.

경차 역시 일본의 환경이 만들어낸 독특한 자동차 문화이다. 엔진 배기량 660cc 이하로 제한된 초소형차인 경차는 일본에만 있다. 휘발유를 비롯한 각종 자원의 절감, 원활한 교통 소통, 주차 편의, 무엇보다도 저렴한 자동차 생활(Car Life)의 실현을 위해 정부가 인위적으로 만든 차량 형태다. 일본정부는 차량구입 시 의무적으로 주거지 관할경찰서에 내게 되어 있는 차고지증명의 면제 등 다양한 판매장려시책을 실시하여 경차의 대중보급에 힘썼다. 그 결과 일본 내 경차 판매는 연간 170~180만 대 정도로 성장하여 전체 자동차시장의 1/3을 차지하게 되었다. 특히 체면이나 멋보다는 편리함과 경제성을 중시하는 지방에서 꾸준한 대규모 수요가 이어지고 있다.

모방에서 개선으로 — 일본 자동차의 힘

제2차 세계대전을 수행하면서 군수산업에 치중되었던 일본 자동차산업은 패전 이후 민간 수요를 위한 자동차 만들기에 들어갔다. 그러나 일반 승용차 부문에 있어 그 당시 유럽이나 미국에 비해 매우 낙후되어 있었다. 경제학에 나오는 비교우위론에 의해 자동차산업과 같은 종합 기계산업을 해봐야 엄청난 규모와 시스템을 갖춘 미국과 경쟁이 되지 않으니 차라리 일본은 자동차산업을 포기하고 외국 자동차업체들의 투자를 유치하는 게 낫다는 애기가 전후의 일본정부 내에서도 공공연하게 언급될 정도였다. 그러나 자동차산업이 가진 막대한 경제적 전후방 파급효과와 국가 기간산업으로서의 중요성을 인식한 일본정부는 생각지도 않았던 한국전쟁이라는 호재를 만나 연합군의 후방 공급기지로서 운 좋게 돈을 좀 벌고 어느 정도 정치적 안정도 이루게 되자, 본격적인 전후 경제부흥을 위한 견인차로 조선, 철강, 기계 등과 함께 자동차를 보호주의 틀 속에서 집중육성하기로 결정하였다.

미국의 자동차산업을 벤치마킹하라!

이에 일본문화의 핵심특징인 '모방과 개선'을 위한 선진 롤 모델(Role Model)이 필요하게 되었다. 이때 일본인의 마음을 사로잡은 것이 바로 미국의 자동차산업이었다. 특히 1950년대와 1960년대는 미국 자동차산업의 황금기로서, 당시 미국차는 제2차 세계대전 이후 세계 유일의 경제대국으로 화려하게 등장한 미국의 물질적 풍요의 상징이었다. 크고 화려하며 강력한 힘을 갖춘 미국차의 모습에 일본사람들은 완전히 매료되었고, 자동차를 중심으로 펼쳐지는 자유롭고 편리하며 풍요로운 미국의 대중문화는 부러움과 동경의 대상이 되었다. 패전국으로서 승전국 미국에 대한 열등의식에다가 '굳은 것에는 감겨라'라는 일본 속담처럼 강한 사람에게는 수그리고 배운다는 일본문화 특유의 실용주의가 합쳐져 그 당시 일본의 미국배우기 열풍은 실로 대단했다.

자동차도 디자인, 개발, 생산, 판매 등 모든 분야에서 미국을 모델로 하였으며, 현재 일본 자동차산업의 특질 형성에 결정적 역할을 하게 되었다. 당시 미국사회는 자원은 저렴하고 무한하다는 인식 하에 끝없이 소비의 즐거움을 만끽하고 있었고, 이에 편승한 GM, 포드 같은 자동차 회사들은 끊임없이 신제품을 쏟아내어 소비자를 자극하고 재구매를 유도했다. 현재 타고 있는 차가 기술적으로 낙후되거나 낡아서가 아니라 단순히 스타일과 패션의 이유로 소비자들이 지갑을 열게 된 것이다.

일본 자동차업체들은 이를 그대로 답습하면서 자동차 주기를 단축하는 데 노력하였다. 일본 자동차업체들이 1970년대 이후 4년 주기로 소형차를 세계시장에 쏟아내 놓자 그동안 평균 6~7년의 제품주기에 익숙해 있던 유럽 자동차업체들은 품질, 가격은 물론 제품 이미지의 신선도 측면에서 경쟁에서 밀리며 상당히 고전하게 되었다. 결국 유럽차들도 제품주기를 단축하여 4년 주기로 신제품을 내놓기 시작했다. 이 같은 제품 주기를 단축하기 위한 세계적인 경쟁은 자원 과소비와 환경에 대한 인식이 대두되기 시작한 1990년대 중반까지 치열하게 전개되었다. 짧은 제품주기는 대량생산, 대량판매를 가능하게 해 자동차업체에서는 빠르게 규모의 경제를 달성하게 되었다. 또한 국가적으로는 전후방 파급효과를 통해 단기간에 국부를 증진시키기 위해 노력하던 일본에 잘 들어맞는 모델이기도 했다.

미국차처럼 소비자들이 좋아하는 스타일 위주

또한 미국차가 대량소비를 목적으로 소비자들의 기호에 맞춰 디자인하는 것처럼 일본도 자동차의 모델을 바꿀 때 자기만의 디자인을 주장하기보다 사람들이 좋아하는 스타일을 계속 채택해 왔다. 그리고 미국이나 유럽처럼 시장에서 성공하여 인지도가 높아진 차 이름은 바꾸지 않았다. 2002년에 도요타의 대표적 소형차인 코롤라(Corolla)가 누계 생산대수 1,000만 대를 돌파함으로써 이제 일본도 포드의 모델 T나 폭스바겐 비틀 못지않은 세기의 명차를 갖게 되었다고 일본 언론들이 호들갑을 떤 적이 있었다.

한마디로 웃기는 얘기다. 모델 T나 비틀은 단종할 때까지 일절 변경 없이 한 스타일의 모델로 수십 년 간 생산해 각 1,500만 대, 2,000만 대 이상을 판매했으나, 도요타는 코롤라라는 이름만 계속 썼을 뿐 모양은 연속성 없이 계속 바뀌었으니 아예 비교대상이 될 수가 없으니 말이다.

그동안 우리나라에서는 신차효과를 극대화한다는 명분하에 모델이 바뀌면 기존의 이름까지 버리고 새로 만들어 붙이는 경우가 허다했다. 최근 쏘나타와 스포티지같이 스타일은 바뀌어도 과거 이름은 계속 이어 쓰는 경향이 나타나고 있어 우리나라 자동차산업의 질적 발전을 위해 긍정적인 변화라고 생각한다. 아무쪼록 이런 경향이 더욱 발전하여 여러 번의 모델 변경주기를 거쳐도 스타일의 주제는 바뀌지 않는 훌륭한 디자인의 한국차들이 하루 빨리 나왔으면 하는 바람이다.

전통적으로 일본 소비자들은 편안하고 균형 잡힌 스타일, 부드럽고 매끄러운 가속감과 승차감, 조용한 실내, 편리한 실내 패키지 구성, 완성도 높은 제조 품질, 저렴한 가격 등을 선호해왔고, 자연스레 일본차들은 그러한 특성들

● 혼다 레전드

을 지니게 되었다. 물론 일본의 자동차업체들도 자동차를 만드는 데 있어 각자 다른 철학을 가지고 있고, 일반적인 일본 소비자들이 원하는 특성에 따라 자동차를 만들어내는 데 있어서도 요구사항을 다르게 받아들이기 때문에 다 틀릴 수밖에 없다. 그러나 결과를 놓고 보았을 때, 여러 가지 일본적 특성에 철저히 순응하여 자동차를 만들어낸 도요타는 일본 내수시장을 기반으로 눈부시게 성장하고 있는 반면, 초기부터 유럽차의 특성을 강조하여 성능 위주로 자동차를 만들었던 닛산, 마쓰다, 스바루(Subaru) 등은 취약한 내수 기반으로 인해 경영 부진에 빠져 경영권이 외국 자동차업체들에게 넘어가고 말았다.

결국 자국 내 확고한 판매기반을 확보하기 위해서는 자국의 문화적 특성에 맞는 자동차를 만들어내는 것이 얼마나 중요한지 알 수 있다. 현재 잘 나가고 있는 혼다(Honda)의 경영도 허약한 일본 내 판매기반이 가장 취약한 부분이 되고 있어 생명줄인 해외 주요시장들의 변동에 항상 과도하게 촉각을 곤두세우지 않을 수 없는 불안한 처지이다.

싸구려 차는 이제 그만, 일본도 고급차 만든다!

1980년대까지 뛰어난 생산기술로 '보통의 품질과 저렴한 가격(Average Quality & Low Price)'의 실용적인 자동차를 만들어 세계 시장에서 승승장구하던 일본 자동차업체들은 1990년대 들어 성장한계에 부딪혔다. 또한 급격한 엔고에 의한 장기불황으로 많은 자동차업체들이 경영악화로 인해 외국 자동차업체들의 산하에 편입되어 버렸다. 그러나 국적업체로 살아남은 도요타와 혼다를 중심으로 일본 자동차업체들은 신기술 개발, 고급화, 새로운 시장개척, 전략적 제휴 확대 같은 새로운 움직임을 보여주고 있다.

또한 최근 세계 자동차시장의 흐름에 맞추어 그동안 미국시장 중심의 넓고 편안하며 부드러운 승차감의 자동차 콘셉트에서 벗어나 보다 작고 단단하며 고성능이면서 강렬하고 감각적인 유럽식 디자인으로 일본차의 스타일이 바뀌고 있다. 그러나 일본 자동차업체들이 가장 힘들어 하는 부분이 바로 고급화로서 이 역시 일본의 문화적 특성에 기인하고 있다. 자동차의 고급화는 기존 대중차들의 업그레이드와 새로운 고급차의 개발이라는 두 부분으로 나누어 볼 수 있다. 일본 자동차업체들은 기존 대중차의 업그레이드라는 부문에서는 최근 들어 많은 성공을 거두고 있다. 이 부분은 일본 문화의 특징인 '개선'이 발휘되어 좀 더 정밀하게, 편리하게, 조용하게 자동차를 보다 완벽한 운송기계(Transportation Vehicle)로 만들어내고 있는 것이다. 또 최근에는 가격도 제대로 올려 받으니 원가에 여유가 생겨 감성품질을 강조하면서 외부 스타일도 보다 깐깐저으로 하고 실내도 촉감, 질감, 시각적 상쾌함 등에 신경을 많이 써 제한된 부분이지만 고급화에 성공하고 있다.

그러나 높은 수익성 때문에 생존을 위해 꼭 필요한 새로운 고급차의 개발에 있어 일본 자동차업체들은 그동안 수없는 노력에도 불구하고 아직 고전하고 있다. 이유는 바로 독창적인 상품 콘셉트가 부족해서이다. 기존 브랜드가 가진 대중차 이미지의 한계 때문에 도요타가 렉서스(Lexus), 닛산이 인피니티(Infiniti), 혼다가 어큐라(Acura)라는 별도의 고급차 브랜드를 미국 시장을 중심으로 도입한 것은 이미 잘 알려져 있다.

그러나 상품 콘셉트에 있어 렉서스가 독일의 벤츠, 인피니티가 영국의 재규어를 모방(듣기 좋은 말로는 벤치마킹)한 사실은 잘 알려져 있지 않다. 그나마 모방 없이 독창적으로 나가고자 했던 어큐라는 결국 고급차 브랜드가 되지 못하고 약간 고급스럽고 스타일이 독특한 또 하나의 대중차 브랜드로 인식되어버리고 말았다.

일본 고급차 — 잔고장, 소음, 진동, 승차감, 연비 대폭 개선

디자인을 모방해서 실내외 틀을 갖춘 뒤 그 속을 큰 배기량의 엔진과 함께 각종 값비싼 기계 및 전자장비로 꽉 채워놓고, 기존 유럽과 미국의 고급차들의 단점이라고 할 수 있는 잔고장, 소음, 진동, 승차감, 연비 등을 대폭 개선해 만들어놓은 것이 일본의 고급차들이다.

1990년대 중반, 내가 일본에 주재원으로 있던 동경에서 렉서스의 최상급 모델인 LS를 몇 번 타보았는데, 처음에는 계기반도 고급스럽고 운행 시 조용하고 진동도 거의 없어 '와!' 하는 느낌이 들었다. 하지만 얼마 지나고 나니 너무 조용하고 진동이 없어 가속할 때의 느낌을 몸으로 느끼기가 어려웠고, 노면 상태가 어떤지에 대한 도로와의 커뮤니케이션도 충분치 않았다. 그냥 외부 세계와 완벽하게 단절된 인위적 고급 공간, 마치 자동차개발 연구소의 무향실(無響室)이나 비행기의 퍼스트 클래스에 앉아 있는 것처럼 답답했던 기억이 생생하다. 개인적인 취향의 차이라고도 할 수 있지만, 장기간에 걸쳐 육성된 서스펜션에 의한 부드러운 승차감을 빼면 유럽이나 미국의 고급차에서 느낄 수 있는 브랜드마다의 독특한 '맛'을 느끼기가 어려웠다. 게다가 스타일도 벤치마킹 차량 스타일을 보다 세련되고 감각적으로 변환시킨 것 이외에는 렉서스만의 독특함이 결여되어 있어 필자가 보기에는 그냥 정성 들여 잘 만든 값 비싼 기계에 불과하고 전통과 인간의 숨결이 배어 있는 문화의 느낌이 부족하다는 느낌이었다.

물론 고급차라는 게 몇 세대를 거쳐 가며 나름대로의 전통을 다져가야 하는 것이라 아직 태어난 지 10여 년밖에 안 된 렉서스와 인피니티를 다른 오래된 고급차 브랜드와 비교하는 것은 무리가 있다. 그럼에도 불구하고 미국에서 렉서스가 고급차 브랜드로 인식되어 성공을 거둔 것은 개발 초기부터 미국의 신흥부유층을 타깃으로 정하고, 소비자의 취향에 맞게 편리한 디자인, 잔고장 없는 높은 품질, 명확한 광고 이미지, 완벽한 딜러 서비스 등에 주력하여 '자본주의 사회에서 전통에 얽매이지 않고 물질적으로 성공한 사람들의 차'라는 브랜드 이미지의 확립, 즉 마케팅의 승리 때문이라고 생각한다. 자동차 자체의 성능보다는 구매와 보유 단계에서 최고의 느낌을 갖도록 한다는 콘셉트가 먹혀 들어간 것이다.

1989년 미국시장에 거의 동시에 소개되어 초기에는 전문가들로부터 렉서스보다 스타일이 더 고급스럽고 기술적 측면에서 더 우수하다는 평을 들었던 인피니티가 아직 제대로 자리를 잡지 못하고 있는 걸 보면 렉서스의 성공이 돋보인다. 물론 신흥부유층이 많지 않고 전통의 힘이 강하게 남아 있는 유럽에서는 1990년 진출 이후 렉서스가 계속 고전하고 있어 고급차 판매에 있어 브랜드 이미지가 얼마나 중요한지 느끼게 해준다.

얼마 전, 도요타가 세계 최대의 고급차 시장이자 세계적인 명차의 원산지인 유럽에서 렉서스를 히트시켜 고급차의 이미지를 굳히겠다는 전략으로 앞으로 3년간 5억 유로(우리나라 돈으로 약 7,000억 원)를 마케팅 비용으로 퍼부어 그 동안 2만 대를 넘지 못한 연간 판매량을 6년 뒤인 2010년까지 10만 대로 늘리겠다고 발표했지만 말이다. 아직까지 전 세계 고급차 시장에서 렉서스는 절반의 성공밖에 거두지 못한 것은 아닌지 모르겠다. 일본에서도 2005년부터 별

렉서스 ES330

도의 판매 채널로 판매를 개시한다는데, 그동안 같은 모델이 해외에서는 렉서스 브랜드, 일본 내에서는 도요타 브랜드로 팔렸기에 그 성공여부는 미지수다.

우리나라 자동차산업의 실질적인 선생 역할을 해온 일본의 자동차산업은 전후 50여 년의 세월 동안 후발주자로서의 핸디캡을 극복하고 자국의 문화특성에 맞는 자동차를 만들어 세계시장에서 대단한 성공을 거둔 것은 틀림없다. 그러나 향후 지속적인 성장을 위해서는 지역적으로는 BRICs로 대표되는 개발도상국 시장에서, 제품에 있어서는 고부가가치의 고급차 부문에서 성공해야 한다. 따라서 향후 자동차 개발에 있어 일본적 특징을 살려가되 자동차의 매력도를 높이고 원가를 낮추기 위해 폐쇄적이고 비개성적인 일본사회의 틀에서 과감히 벗어나고자 하는 노력이 일본 자동차업계의 최고경영자들에게 요구되고 있다.

4 한국차와 문화

더 이상 '싸고 무난한 차'는 NO!

우리나라의 차에 대해 이야기를 시작하면서 사실 많이 주저했다. 나도 오랫동안 자동차업계에서 일해 왔기 때문에 아는 게 많을 것이라 자신했지만 의외로 글의 진도가 잘 나가지지 않았다. 자동차산업은 범위가 워낙 방대하고 관련 산업들의 첨단기술이 집적되어 있는 고도로 전문화된 분야인지라 특정 부분에 대해서는 대충 느낌으로는 알지만 자세히는 알지 못하고, 또 어느 부분에서는 어쩔 수 없이 개인의 편견도 어느 정도 들어갈 수밖에 없기 때문이다. 또 많은 사람들이 우리나라의 자동차 문화에 대해서 나름대로 견해가 있을 테니 섣부른 추론이나 어설픈 일반화는 비난 받기도 쉬워 두렵기도 하다. 그래도 우리나라 자동차업체들이 홍보 차원에서 일방적으로 쏟아내는 정보에 매몰되지 않고, 보다 향상된 수준에서 우리나라 자동차와 그 문화에 대해 허심탄회한 담론이 활발해지기를 바라는 마음으로 이야기를 풀어가 보겠다.

생산은 세계 5~6위, 그러나 독창성은 무(無)

우리나라 자동차시장의 대중화는 1980년대 후반에 본격적으로 시작되어 이제 겨우 20년도 안 되었기 때문에 상대적으로 다른 선진국들과는 비교도 안 될 정도로 짧다. 그러다 보니 한국차의 문화적 특성이라는 주제가 과연 성립될 수 있는지도 솔직히 자신이 없다. 다른 나라의 경우 우선 기후풍토나 역사적 조건, 국민성 등을 개괄적으로 고려하고 나아가 도로조건, 거리의 모습, 운행습관 등을 감안하여 각 나라의 특유한 자동차 특성을 유추해 보았다.

우리나라의 경우 이러한 조건들을 논의한다 해도 과연 그동안 우리나라 자동차들이 그러한 조건들을 얼마나 반영해 왔는지, 아니 엄청난 양적 성장의 소용돌이 속에서(내가 1986년에 입사할 때 4,000억 원 정도이던 기아자동차의 연간 매출 규모가 1997년에는 6조 원 규모가 되었고, 지금은 12조 원 정도 된다) 그럴 수 있는 시간과 여유가 있었는지조차 불분명하다. 그래도 우리나라에서 우리나라 사람들이 차를 만들었고 한국차의 수준도 이세 상당히 올라왔으니 우리나라의 특성이 은연중에라도 들어가 있지 않겠냐고 말하는 사람도 있을 것이다. 그러나 우리나라 자동차산업이 폭발적으로 성장하기 시작한 1990년대 이전까지는 외국 업체의 모델을 들여와 조립생산하거나 독자모델이라 해도 디자인을 외국에서 거의 다 해왔다. 당연히 우리나라의 느낌이 들어갈 수 있는 여지가 별로 없었고, 어떤 특성이 있었다 해도 작은 배기량의 엔진에 차체만 크게 만들어 씌우는 등의 후진국 공통의 특징들을 보인 경우가 많았다. 사람에 따라 견해가 다를 수 있겠으나, 이제 생산능력에서 세계 5~6위의 거대한 규모를 갖추고 매년 200만 대 이상의 자동차를 세계에 수출할 정도로 성장한 현 단계에서도 우리나라 특유의 아이덴티티를 가진 한국차는 불행히도 찾아보기 어렵다는 것이 나의 생각이다.

 그래도 향후에는 우리나라 차들이 우리나라의 독특한 문화적 배경 속에서 당위적으로 어떤 모습을 지녀야 하는지, 아니 계속 발전되어 갈 경우에 과연 어떤 아이덴티티를 가지게 될 것인지를 미리 추론해 보는 것도 의미 있는 일이 될 것이다. 일부에서는 어차피 우리나라는 나라가 작아 수출 위주의 성장정책을 펼 수밖에 없으니 자동차를 만들 때도 해외 주요시장의 취향에 맞추어 개발해야 한다고 얘기한다. 그런 견해는 한국 자동차업체들이 1980년대 후반부터 세계의 '보통의 품질과 저렴한 가격(Average Quality & Low Price)' 시장에서 해외 디자이너들이 만들어준 콘셉트와 디자인의 자동차로 일본차들을 밀어내고 확고한 위치를 차지할 때는 맞는 얘기였다.

 그러나 이제 머지않아 중국이나 태국에서 만든 차들이 이 시장에서 한국차를 밀어내려 할 것이다. 우리가 계속 해외 판매량을 늘리면서 고부가가치 차종들을 수출하기 위해서는 세계 어디에서든 인정되는 한국적 아이덴티티가 반드시 필요하다. 독일차나 일본차도 내수보다 해외 판매가 훨씬 많은 데도 각 나라별 아이덴티티가 분명하지 않은가.

지형과 기후 따라 한국인의 성격이 형성됐다

우리나라의 지형은 예로부터 산 높고 물 맑은 걸로 유명한 만큼 산이 많되 일본과는 달리 대부분 퇴적지형의 높은 습곡산맥으로 이루어져 있다. 따라서 커다란 암석들이 많이 드러나 있고 골은 깊으며 물이 많아 계곡물도 힘차게 흐르고 큰 폭포들도 많다. 우리가 흔히 절경이라고 부르는 경치는 거의 다 이렇게 세월의 풍상에 깎인 큰 바위와 물로 이루어져 있다.

지금은 많이 없어졌으나 아름드리 큰 나무들도 산이나 들, 동네 어귀에서 자주 볼 수 있어 한마디로 강골(強骨)의 기상이 느껴지는 자연환경이다. 학교 교가에도 자주 나오듯 주변 산의 강한 정기를 이어받으며 자라서인지, 예로부터 우리나라에는 실리를 추구하기보다 원리 원칙이나 명분에 집착하고 상대방과의 절충이나 타협을 죄악시하면서 뜻을 위해 목숨도 버리는 기개 높은 사람들이 많이 나왔나 보다.

최근 각종 이익집단의 대표들이나 국회의원들까지 사회적으로 이해관계가 얽히는 이슈가 생길 때 삭발을 하거나 단식농성을 하면서 끝까지 투쟁한다고 목소리를 높이는 걸 보면, 자신의 육체적 괴로움에도 굴하지 않고 자기 주장을 화끈하게 내보이는 점이 큰 미덕이라고 생각하고 있는 듯하다. 토론을 통해 서로 양보하고 조정하는 타협을 변절이라고 여기는 이런 분위기 속에서 우리나라 사회가 서로의 날카로운 이해관계 충돌로 늘 시끄럽고 어수선한 건 당연하다 하겠다.

기후 조건을 보면 사계절의 구별이 뚜렷하여 여름에는 아주 덥고, 겨울에는 아주 춥다. 게다가 여름에는 연간 강우량의 반 이상이 쏟아지는 폭우가 내리고 한바탕 물난리가 난 뒤에야 잠잠해진다. 참으로 분명하고도 격정적인 날씨

속에 버티고 살아야 하니 사람들 성격이 강해지고 성격이 성정(性情)이 급해지지 않을 수 없다. 그래서인지 좋고 나쁨의 표현이 애매한 일본사람들과는 달리 우리나라 사람들은 표현이 솔직하고 분명한 걸 선호한다. 우리가 흔히 대화할 때 쓰는 용어나 얼굴 표정도 강렬하다. 그래서 TV에서도 배우들이나 출연진들이 목에 힘을 세우면서 따지듯이 얘기하거나 큰소리로 강하게 웃는 장면들을 쉽게 볼 수 있다. 술과 노래도 화끈하게 즐기지 않는가? 이런 성격은 일 년 내내 그리 덥지도 춥지도 않고 비도 조금씩 흩뿌리는 날씨 속에 사는 영국사람들 성격이 일반적으로 사색적이며 점액질인 것과 극명하게 대조가 된다. 또한 반도이긴 하나 대륙에 붙어 있다 보니 대륙적 기질도 있어 스케일이 크고 호방하면서 추상적이고 감성적인 표현에 강하게 이끌린다. 반면 그리 꼼꼼하지 못하고 합리적 추론이나 구체적 방법론에 약하여 업무추진 시 인위적인 규격화나 기계적인 기준의 적용을 꺼려하고 현상에 맞춘 유연한 대응과 자연스러우며 인간적인 면을 선호한다.

높은 인구밀도, 북적거리는 거리

우리나라 거리의 모습은 어떨까? 일본이나 유럽처럼 인구밀도가 높아 도시 내에서 자동차가 갈 수 있는 길은 항상 차와 사람들로 북적거려 편안한 자동차 생활을 즐길 수 있는 개별 공간이 주어지기 힘들다. 길 옆 건물들은 도심의 몇몇 대형 건물들을 제외하고는 대부분 저층의 무미건조한 콘크리트 타일 건물들이어서 위압적이거나 말끔한 인상보다는 기능적이면서 지저분하거나 초라해 보이는 느낌이다.

간판은 스타벅스 간판처럼 건물 외벽에 글자를 붙이는 선진국과는 달리 네온사인이나 형광등을 넣은 큰 판들로 건물을 도배하듯이 덮어버린다. 건물 자체가 볼품이 없으니 그렇게 해놓으면 첫눈에는 단정하고 깨끗해 보이기도 하지만 자주 보면 기능적이면서 멋이 없고 관리가 안 될 경우 더러워져서 시각적으로 불쾌하고 피곤하다. 게다가 최근 들어 보다 시선을 더 끌기 위해 각종 조명이나 회전 장치들까지 달아 놓으니 너무 자극적이고 현란하기까지 하다. 도시를 벗어나 보면 국도나 지방도를 따라 신개발지가 많아 늘 공사 중이라 어수선하고, 기존 마을들도 도로를 따라 어설프게 개발해 놓거나 무계획적으로 복잡하게 만들어져 있다. 한마디로 거리 전체가 아늑하고 안정된 분위기는 별로 없이 무질서하고 불안정한 느낌이다.

빈번한 끼어들기와 추월, 좋지 않은 도로 사정

신호 안 지키고, 툭하면 경적을 울려대는 건 보통이고, 줄 서서 기다리질 못해 앞쪽에 가서 끼어들고, 뭐라 그러면 어쩔 수 없다는 표정을 짓거나 너는 이런 적 없냐는 듯이 도리어 역정을 낸다. 주행 중에 앞쪽이 조금만 지체되면 옆 차선으로 빈번히 끼어들고, 고속도로에서는 경차나 화물차도 추월차선에서 저속주행하면서 뒤에서 비켜달라고 해도 자존심 때문인지 아니면 뭘 몰라서인지 끝까지 버틴다.

최근에 자동차로 많이들 여행하지만 휴가기간도 짧고 국토도 좁은지라 장시간 고속으로 다니는 경우는 드물다. 게다가 직선으로 길게 뻗은 도로도 많지 않고 도로 포장상태도 불량한데다가 길도 많이 막히니 대부분의 우리나라 운전자들은 자동차를 중저속으로 운행하고 다닌다. 이런 운행 특성은 이제부터 논의할 우리나라 사람들이 선호하는 자동차의 특성 형성에 매우 중요한 요인이 된다.

이라크에서 가장 인기 있는 한국차, 그 이유

우선 우리나라도 당연히 포함되었고, 우리나라 자동차 개발의 기본이 된 후진국시장의 공통 특성부터 살펴보자. 후진국에서는 자동차가 귀하고 비싸며 부와 사회적 신분의 상징이 되기에 일단 큰 차체의 세단형 승용차를 선호한다.

게다가 가족계획이라는 개념이 약해 식구도 많으니 당연히 많은 사람들이 탈 수 있고 겉으로 보기에도 넉넉한 큰 차를 좋아한다.

지금 세계 중고차 수출이 집중되고 있는 이라크에서 가장 인기 있는 차는 값싸고 품질 좋고 에어컨 붙어 있는 한국차이고, 그중에서도 가장 인기 있는 한국차가 대우 프린스이다. 왜일까? 배기량이나 가격에 비해 차가 크기 때문이다. 소득이 높지 않으니 기름 값 아끼기 위해 대중들은 연비 생각해서 엔진 배기량은 작은 걸 선호하고(사실 배기량이 작아도 혼자 살살 타고 다니면 모를까, 여럿이 타거나 속도를 높여 달리면 힘을 내느라 엔진회전수(RPM)가 과도하게 높아져

대우 프린스

현대 스텔라

오히려 연료소모가 더 많아진다), 정부도 연료소비를 줄이기 위해 배기량에 따라 각종 세금을 매기므로 제대로 성능이 나오지도 않는 큰 차체, 작은 배기량의 기형적인 자동차를 선호하게 된다.

그래도 자동차를 갖고 있다는 자체가 벌써 '먹어 주는'지라 제대로 된 성능이 안 나와도 원래 차라는 게 그런 줄로만 알고 그 사회 내에서는 별 문제가 되지 않는다. 하지만 그런 차들이 선진국에 수출되었을 때는 사회환경과 자동차 문화의 차이에 의해 여러 웃지 못할 일이 벌어지게 된다.

커다란 차체, 작은 엔진

내가 1980년대 중반 영국 런던에 체류했을 때, 현지 신문의 중고차매매 섹션에 한 할머니가 현대 스텔라를 팔려고 광고를 낸 걸 보았는데 '차를 파는 이유(Reason to sell)' 항목에 '잘 나가지 않음(No Go!)'이라고 적어놓은 걸 보고 배꼽 잡고 웃던 기억이 난다. 자동차의 동력성능을 중시하는 유럽시장에서 제대로 성능을 내려면 적어도 3,000cc는 얹어야 하는 차체의 스텔라에 1,800cc 엔진을 얹었으니 할머니가 싼 맛에 큰 차 한번 샀다가 차가 안 나가 얼마나 불편했을까? 그 스텔라가 당시 국내에서는 1,500cc 엔진을 달고 있었다.

이 같은 차체 키우기는 몇 년 전 현대자동차에서 작은 차체, 고성능의 콘셉트로 그랜저XG 2,500cc, 3,000cc를 내놓기 전까지 우리나라 자동차 만들기의 기본이 되어 왔다. 사실 그랜저XG도 마르샤의 후속 차종으로 쏘나타의 언더보디를 기본으로 개발되고 있다가 1997년 IMF 금융위기 이후 내수시장의 침체로 인한 차종삭감 시 한 세그먼트 위인 이전 그랜저의 후속차종이 된 것이다. 분명히 구형 그랜저에 비하면 전체 길이나 실내 크기가 많이 작아졌다. 그래도 그랜저라고 높은 양반들이 뒷좌석이 좁으니까 운전기사 옆 조수석을 앞으로 확 밀어놓고 그랜저XG 뒤에 앉아 가는 모습을 보면 영 어색하다. 차를 타는 게 아니라 그랜저라는 이름을 타고 다니는 셈이다. 기아자동차의 오피러스도 그랜저XG의 성공에 따른 우리나라 시장의 트렌드 변화를 읽고 쏘나타의 언더보디를 기본으로 3,500cc까지 고배기량의 엔진을 얹은 것이다. 우리나라 자동차시장도 기사운전이 아닌 자가운전 부유층을 위한 고가차부터 후진국 행태를 벗어나고 있는 듯하다.

그랜저XG는 국내 언론의 화려한 PR과는 달리 미국시장 진출 이후 판매대수 측면에서는 월 1,500대 정도로 그다지 히트를 쳤다고 볼 수는 없다. 그러나 한국차 중에서 그나마 성능과 품질 측면에서 제대로 평가를 받고 '돈 없는 사람들의 차(Poor Men's Car)' 이미지를 떨쳐버린 최초의 자동차로서 스타일의 좋고 나쁨을 떠나 우리나라 자동차 개발에 있어 큰 획을 그은 차임은 분명하다.

선진국에서도 통하는 성능 좋은 차를 만들자

후진국 시장에서는 차의 본질적 가치와는 무관하게 차의 크기와 엔진배기량으로 차의 수준을 평가하는 습관이 있다. BMW나 캐딜락 같은 선진국의 고급차들이 비쌀수록 고급사양은 물론이고 제대로 성능을 내기 위해 배기량을 키우니까, 대형 승용차라면 무조건 표면적으로 차 크기나 엔진배기량의 수치가 클수록 더 좋은 차라고 생각하는 습성이 생긴 것이다.

아는 분 중 나이 좀 드신 분이 무쏘를 타시는데, 새로 나온 쏘렌토가 신형 2,500cc 엔진에 150마력이 나와 2,900cc 구형 엔진으로 125마력인 무쏘보다 차는 작아도 더 고성능이라고 자세하게 설명드렸더니 이분 대답이 걸작이었다. "우리나라에서 길도 막히는 데 성능 낼 데가 어디 있나? 젊은 애들이 타는 차도 아니고 차가 크고 엔진 크기도 2,900은 돼야지!"

시장에서 소비자들의 생각이 이렇다 보니 1990년대까지 우리나라 자동차 업체들은 자동차를 개발하면서 가능하면 크게, 그리고 같은 크기라면 더 커보이게 하는데 몰두해왔다. 그러나 우리나라 자동차업체들은 차 길이 경쟁에서 기술도 부족하고 원가 측면에서도 수지가 맞지 않으니 기술적으로 어려운 휠베이스(앞바퀴와 뒷바퀴 사이) 확대는 못하고 앞뒤 범퍼의 크기만 키워 차체의 오버행(앞바퀴의 앞쪽에서 범퍼 끝까지, 뒷바퀴의 뒤쪽에서 뒤쪽 범퍼 끝까지의 거리)을 최대한 늘리고 있었다.

  차를 이렇게 만들면 전체 모양도 비례균형이 맞지 않아 이상해지고 앞뒤 끝이 무거워지면서 움직임이 둔해지고 선회반경도 커져 제대로 성능도 안 나오게 된다. 현재 세계 자동차 개발의 흐름은 휠베이스를 최대한 늘리고, 오버행은 최소화시켜 차 크기를 작게 하면서도 실내 공간은 최대화시키고 있는 추세인데 완전히 역행해온 것이다.

  다행히 그랜저XG 이후 국내 자동차업체들도 이러한 추세에 맞추어 선진국 시장에서도 통할 수 있는 자동차를 만들어내기 시작했다. 최근 르노삼성이 원래 일본에서 SM5의 기본모델인 세피로(미국명 맥시마)의 후속 모델로 개발된 준대형차급 티아나를 갖고 들어오면서 앞뒤 범퍼의 길이를 늘여 SM7을 만들

현대 그랜저XG

르노삼성 SM7

고 대형차라고 주장하여 업계에서 논쟁이 벌어지는 걸 보니 우리나라 자동차 시장도 꽤 성숙해졌다는 생각이 든다. SM7의 앞뒤 범퍼 길이를 5cm 정도 줄이고 프론트 그릴 정도만 바꾸어 SM5로 등장시킨 상품 전략은 제품개발 능력이나 생산규모 면에서 제한이 있는 르노삼성자동차 입장에서는 불가피한 선택이었다고 이해는 된다. 그러나 사실상 동일한 차량에 배기량 큰 V6 엔진을 얹어 대형차로, 배기량 작은 4기통 엔진을 얹어 중형차로 홍보하며 파는 것은 어쩐지 어색하며 논리적이지 못하다.

국내에서의 대형차 전쟁

대우의 로얄 시리즈와 현대의 그랜저가 대형 승용차의 주류였던 1980년대를 지나 기아가 포드 세이블(Sable)을 수입 판매하고 곧 이어 포텐샤를 내놓았던 1990년대 초까지 우리나라 대형 승용차의 최고 엔진배기량은 3,000cc였고 차 길이는 4.9m를 조금 넘는 수준이었다. 이때 그랜저에게 밀리고 있던 대우가 실지 회복을 위해 혼다에서 레전드(Legend, 한국명 아카디아)를 도입, 1994년에 출시하였다. 이게 차 길이는 4.95m에 엔진배기량이 3,200cc였다. 대우의 개발계획을 눈치 챈 현대는 당연히 비상이 걸렸고, 뉴 그랜저를 1993년에 먼저 출시한 후 1994년에 엔진배기량 3,500cc를 내놓아 국내시장에서 한국차 중 최고의 위치를 유지할 수 있었다.

현대는 그러고도 마음이 놓이지 않았는지 1996년에 뉴 그랜저를 부분 변형한 다이너스티를 만들어 한 세그먼트 위에 위치시켰는데 차 길이가 4.98m였다. 그 다음에 현대 그랜저의 아성에 도전장을 내민 건 기아였다. 현대나 대우가 그랬듯이 기아도 초기에는 기술부족으로 대형 승용차 모델을 해외에서 도입할 수밖에 없었고 당시 해외 기술제휴 선이었던 일본 마쓰다에서 도입해 1992년 출시했던 포텐샤(일본명 마쓰다 929)는 오너드라이버 중심의 스포티한 컨셉으로 뒷자리 중심이었던 우리나라 대형 승용차 시장에는 맞지 않았다. 그랜저 공략에 실패한 기아는 곧 다시 마쓰다 929 후속 차종이었던 마쓰다의 센티아(Sentia)를 도입하려 검토했다. 하지만 이 차도 오너드라이버 중심의 설계라 포기하고 센티아 후속 차종을 마쓰다와 동시 개발에 들어가 1997년 초 엔터프라이즈를 출시했다.

현대와 기아, 불붙은 대형차 전쟁

여기에서 기아의 경영진은 현대의 아성을 깨기 위해 두 가지 과감한 승부수를 띄웠다. 차 길이의 5m 이상 확대와 3,600cc 엔진의 개발이었다. 차 길이는 트렁크를 좀 키우고 범퍼 크기를 늘려 비교적 수월하게 진행되어 엔터프라이즈는 5.03m로 국내 최초로 차 길이 5m를 돌파한 차가 되었다. 처음 판매되었을 때는 얼마나 크게 보이던지 정말 항공모함 같았다.

그러나 3,600cc 엔진 개발은 그야말로 난제였다. 당시 마쓰다가 개발해 놓은 엔진은 3,000cc가 최대 배기량이었는데, 남의 엔진을 들여다가 그것도 단기간에 3,600cc로 확대하는 무리를 한 것이다. 이유는 단 하나, 당시 다이너스티의 최대 엔진배기량이 3,500cc였기 때문이다. 엄청난 개발비와 시행착오를 거칠 수밖에 없었다. 초기 엔진의 크랭크축(Crankshaft)을 일본에서 만들었는데, 불량률이 너무 높아 100개를 가공하면 10개 정도만 수입할 수 있는 정도였다.

결국 출시는 하였고 덕분에 '한국 대표 3,600cc'라는 광고문구를 쓸 수 있었지만, 엔터프라이즈 3,600cc는 제조원가가 턱없이 높아져 3,000cc보다도 수익성이 떨어지는 차가 되고 말았다. 게다가 출시 이후 얼마 되지 않아 기아의 부도사태로 후륜구동의 기술적 우수성에 의한 초기 판매호조를 이어가지 못하고 그대로 주저앉고 말았다.

● 기아 오피러스

이 같은 차 길이와 엔진배기량 경쟁은 현대가 일본 미쓰비시의 기술을 들여와 1999년에 5.07m짜리 에쿠스를 출시하면서 차 길이 5m 이상은 물론 엔진배기량도 4,500cc까지 늘려 결국 현대의 승리로 일단락 지어졌다. 물론 현대는 피쉬 테일(Fish tail) 현상(전륜구동 승용차의 길이가 너무 길어졌을 때 상대적으로 폭이 좁아지고 뒷부분이 가벼워져 주행 시 뒤가 떨리는 현상)의 우려에도 불구하고 차 길이 5.34m의 에쿠스 리무진도 내놓아 길이경쟁에 결정적인 쐐기를 박고자 하는 의지를 보였다.

이제는 해외업체들도 국내 대형차 전쟁에 진입

지금 생각하면 바보스럽다고 할 정도로 치열했던 지난 시절 대형 승용차 시장에서의 국내 자동차업체들의 경쟁은 자동차 자체의 기술적 완벽성이나 수익성과는 관계없이 회사의 이미지 향상이나 나아가 각사 경영진의 자존심 싸움으로 확대된 감이 없지 않다. 경쟁을 통해 메이커와 부품업체들의 기술발전을 앞당긴 측면도 있었음을 부정할 수 없으나, 사실상 무리한 경쟁이 촉발된 근저에는 큰 차와 큰 엔진배기량을 선호하는 수요층이 많았던 후진국 자동차문

기아 엔터프라이즈

화의 특성이 있었음을 부인할 수 없다.

　이제 후진국 자동차 문화를 벗어나기 시작한 우리나라에서 향후 대형 승용차 시장이 어떻게 변화해 갈지 예상해 본다면 아마도 차 길이보다는 실내공간이, 엔진배기량보다는 스타일이나 주행특성, 브랜드 이미지등이 중시되지 않을까 추측된다.

　그런 의미에서 1997년 본격 시판 이후 별로 팔리지 않던 쌍용의 체어맨(차 길이 5.06m)이 최대 3,200cc의 엔진배기량에도 불구하고 후륜구동의 우수한 주행성능과 승차감, 넓은 실내, 독특한 스타일로 2000년대 들어 3,000cc 이상 대형 승용차시장에서 꾸준한 인기를 유지하고 있음이 주목된다.

　이제 SM7도 출시되었고 GM대우에서도 2005년 봄 호주 홀덴(Holden)의 스테이츠맨(Statesman)의 부분 변형 모델을 수입하여 판매할 예정이라 순수 국내 업체들 간의 해외기술 대리전 양상이었던 1라운드를 지나 이제 해외 업체

쌍용 체어맨의 엔진룸과 기어 박스

들이 직접 참가하게 된 대형 승용차 전쟁의 2라운드가 어떻게 진행될지 자못 흥미롭다.

큰 차 선호는 우리나라만이 아닌 후진국 공통의 특성이긴 하지만, 우리나라에서는 강력한 사회적 신분상승의 욕구나 거친 운행조건(잦은 교통사고, 높은 교통사고 사망률, 열악한 도로사정 등), '이왕 사는 거 조금 무리해서 큰 걸 산다'는 통 큰 구매특성 등에 의해 유독 확대 강조된 측면이 강하지 않았는가 하는 느낌이 든다.

한국적 특성의 모델을 만들기 위한 조건

우리나라의 자동차산업도 일본처럼 1980년대 들어 정부의 적극적인 산업화 정책에 맞추어 정책지원 및 보호주의의 틀 속에서 해외기술을 들여와 수출 지향적으로 성장해 왔다. 해외 소비자들을 위한 저가차종의 대량생산이라는 원칙 하에 소수의 차종을 집중적으로 만들어 판매해 왔다는 것도 초기의 일본 자동차산업과 유사하다. 다른 게 있다면 일본의 경우 정부의 적극적인 육성정책 실시 이전에 이미 수십 년 간 독자모델을 소량이나마 만들면서 개발기술이 상당 수준 축적되어 있었고, 10여 개의 업체들이 서로 경쟁하다 보니 그래도 우리나라보다는 좀 더 다양한 차종이 출시되어 일본 내 소비자의 선택폭이 더 넓었다는 정도일까?

국내 최초의 독자 모델, 현대 포니
대량생산의 원칙 하에서는 차량의 디자인도 최대의 생산효율을 올릴 수 있는 기계적 감각이 우선될 수밖에 없어 내외장 면과 선의 구성이 밋밋하고 평범한 형태를 띠게 된다. 우리나라 최초의 독자모델이라고 알려진 현대의 포니와 일본 마쓰다 모델로 기아에서 만든 브리사(Brisa)를 떠올리면 쉽게 이해가 된다.

포니는 만들기 쉽게 직선 위주로 되어 있고, 브리사는 그래도 상대적으로 선진국의 차라고 차체 외양에 곡선으로 멋을 냈다.

포니는 미쓰비시의 소형차 미라지(Mirage)의 플랫폼을 기본으로 이탈리아의 유명한 자동차 디자이너인 쥬지아로가 그 유명한 종이접기식 디자인을 한 것이다. 그 당시 유행하던 최신 패턴이자 이탈리아식의 직선 기조라고 얘기할 수도 있지만, 당시 기술 후진국이었던 우리나라의 금형기술 수준에 맞게 만들어주었다는 게 더 정확한 표현일 것이다.

이렇듯 효율을 앞세운 생산중심의 기계적 디자인은 그 후 엄청난 양적팽창에 대응하느라 여념이 없었던 1990년대 중반까지 우리나라 자동차 디자인의 기본이 되어 왔다. 이 같은 생산중심의 디자인도 후진국 자동차산업의 특성이긴 하나 우리나라 자동차 디자인의 기본이 되어온 만큼 앞으로도 우리나라 자동차 디자인의 주요특질로 계승되어 가지 않겠느냐고 얘기하는 사람들도 있기는 하다. 앞으로 중국이나 인도에서 독자모델들이 만들어질 때 우리나라 자동차와 모양이 비슷해질 것이라는 견해인데, 현재 미국시장에서 소비자들이 일본차와 한국차를 구별하지 못하는 걸 보면 일리가 있는 생각이다. 그러나 아직까지 제2차 세계대전 이후 대부분 선진국의 모델을 수입해 만들었지 후진국 중에서 독자모델을 만들어 성공한 사례는 우리나라밖에 없으므로 일반화해서 얘기하기는 좀 어렵지 않을까 싶다. 어쨌거나 이들 후발 자동차생산국가들의 추격을 뿌리치기 위해서라도 한국적 특성의 디자인을 가진 독자모델의 개발은 꼭 필요하다.

우리나라는 대부분 산악지형이라 도로가 좌우, 상하로 굴곡이 심하다. 또한 1년 중 가을 한 때를 제외하고는 공기 중 습도가 높아

현대 포니

먼 거리에서 차의 모습이 잘 보이지 않는다. 따라서 일본차처럼 가까이서 볼 때 차별화 가능한 내외양의 디테일 디자인(알루미늄휠, 램프, 도어 손잡이, 실내 스위치, 계기반, 실내 직물패턴 등)이 중시될 수밖에 없는 조건이며, 최근 들어 이러한 디테일의 강조는 최근 출시되는 한국차에서 쉽게 찾아 볼 수 있다. 이렇게 볼 때 과거 대우차의 프론트 패밀리 룩(Front Family Look)은 BMW, 벤츠 같은 명품 독일차의 전통을 따온 것이나 국내에는 맞지 않는, 더욱이 시장의 트렌드에 맞춘 가벼운 이미지로 승부해야 하는 저가 대중차에는 맞지 않는 콘셉트였다.

한국인의 화통한 성격이 분명하고 강렬한 자동차 디자인 만든다

디테일 디자인이 좋아졌다고 해도 그것은 한국적인 특징이 있어야 한다. 우리나라 소비자들은 고유의 화통한 성격처럼 자동차도 애매모호하고 어려운 디자인이나 부드럽고 온화한 이미지의 스타일보다 분명하고 알기 쉬운 디자인을 선호하고 강렬한 포인트가 주어지는 걸 좋아 하는 것 같다. 그리고 오랜 유교사회의 전통 때문인지 보수적인 형태의 스타일을 좋아한다. 차량 구매 시에도 주위의 눈치를 많이 보면서 개별적 취향이나 용도, 혹은 객관적 비교에 따

기아 브리사

른 독자적인 기준보다는 남들이 많이 타는 차종을 무난하다고 따라서 사는 행태를 취하는 경향이 강하다. 수입 명차 중에서 선진국에서는 뛰어난 독창적인 스타일로 인기를 모으고 있는 아우디나 캐딜락, 재규어 등이 선진시장과는 달리 국내에서 이상하게 선호도가 떨어지고, 강렬하면서도 이해하기 쉬운 디자인에 일단 거리에서 많이 보이고 누구나 쉽게 알아보는 BMW, 벤츠, 렉서스 등이 계속 선호되는 것에는 각 수입업체들의 적극적인 마케팅 노력여부 이외에 이러한 문화적 배경도 한 요인이 되지 않았을까?

그리고 우리나라의 무미건조하고 무질서한 거리에서 사람들은 무언가 자신의 미적 욕구를 만족시키고 마음의 질서와 평화를 유지할 수 있는 대상을 찾기 마련이다. 미술관에라도 자주 가면 좋으련만 우리나라 총인구 중 1년에 한 번이라도 미술관을 찾는 사람들 수는 얼마나 되고, 그중에서 비교적 저렴한 가격의 판화라도 한 점 사 들고 집으로 돌아가는 애호가는 과연 몇 명이나 될까? 대도시의 일부 지역을 제외하고는 음악이나 미술을 편하게 즐길 수 있는 인프라가 태부족이기도 하거니와 일반 사람들이 참여할 수 있는 길거리 예술이란 것도 질과 양적으로 아직 미흡하다.

그러다 보니 그래도 디자인 요소가 많이 들어가 있으면서 주위에서 쉽게 눈에 띄는 게 자동차이기 때문에 사람들은 자동차에서 균형감각을 찾고 미적욕구를 만족시키려는 듯하다. 그래서인지 우리나라 소비자들은 앞서 얘기한 디테일 디자인에 있어 화려하고 감각적인, 그래서 눈에 확 띄고 세련되어 보이는 것에 상당히 민감하다.

더러운 차 유난히 싫어하는 한국인

우리나라 사람들은 유난히 더러운 자동차에 민감하다. 시각적으로 불쾌한 모양이다. 오죽하면 먼지로 뒤덮인 남의 차에 손가락으로 '세차 좀 해라!' 이렇게 꾸짖듯이 써놓고 다닐까. 물론 차의 청결은 중요하지만 정작 운전자의 건강에 중요한 것은 실내 청결인데, 외부의 오물 제거와 광택에 더 신경을 쓰니 우리나라도 한국전쟁 이후에 미군의 드럼통을 펴서 차체를 만들어 중고 트럭의 언더보디에 얹어 국내 최초의 국산차인 시발(始發) 택시를 만든 적이 있었다. 기장은 해외 모델의 단순 조립이 아니라 자체 독자모델을 위한 금형(金型)을 만들어 프레

시발 택시

스로 철판을 찍어서 정식으로 만들었기에 자랑스럽고 그것이 시장에서 주요 세일즈 포인트가 될 정도로 운전자에게 자부심을 안겨준 것이다.

아직 우리나라 자동차 뒷유리 밑에 ABS, TCS, 사이드 에어백(Side Airbag) 등 그 차에 장착되어 있는 비싼 옵션 장치들을 홍보하기 위한 스티커가 많이 붙어 있는 걸 보면, 자기가 필요하고 여유가 되어서 달았으면 됐지 그걸 꼭 남에게 알릴 필요가 있을까 하는 생각이 든다. 아무래도 이렇게 비싼 옵션이 많이 붙은 차를 타고 다닌다는 걸 자랑하고 싶은가 보다.

소비자가 원하지 않는데도 자동차업체에서 차 팔아먹기 위해서 붙였다고 주장할 수도 있으나, 차를 구입한 후 그 스티커를 떼내는 소비자를 아직 주위에서 발견하지 못했고, 스티커든 엠블럼이든 붙어 있어야 할 게 실수로 안 붙어 있거나 아래 급의 물건이 붙어 있어 소비자가 난리를 치는 건 가끔 보았기에 꼭 그렇지는 않고 오히려 그 반대가 아닌가 싶다.

배기량별 선택 폭은 좁고, 사양품목별 차종은 많고

유럽이나 미국의 자동차들은 하나의 차종을 만들 때 수많은 종류의 엔진배기량을 중심으로 저급에서 고급까지의 모델 라인업을 구성한다. 폭스바겐 골프의 경우 유럽시장에서 기본구성은 휘발유엔진만 1.4L, 1.6L, 1.8L, 1.9L, 2.0L, 2.3L, 2.8L의 일곱 가지나 된다. 각 엔진마다 터보나 각종 장치를 부착해 출력을 달리한 곁가지 모델들을 추가로 갖춘다. 다양한 엔진 구성에 따라 자

동차의 다른 기본장비나 부품들도 최적조합을 위해 달라지는 건 물론이다.

우리나라 차들은 한두 개 정도의 엔진 배기량을 중심으로 기본사양품목의 장착수준에 따라 저가에서 고가까지 모델 라인업을 구성한다. 기본사양품목의 수준을 자동차업계의 전문용어로는 트림 레벨(Trim Level)이라고 한다. 국내 자동차에 흔히 붙어 있는 GX, GLX, SLX 같은 엠블럼이 바로 이런 트림 레벨을 의미한다. 법에 의해 800cc 엔진만 쓸 수 있는 마티즈의 경우, 기본 트림 수가 ME, SE, MX, Best, Diamond, VAN까지 6가지나 되고, 각 트림은 또 일반형, 고급형, 컬러팩 등 추가로 나누어진다.

이러한 제품구성 방식은 시장의 다양한 요구에 대응한다면서 원가를 최대한 절감하기 위한 일본 자동차업체들의 행동 패턴을 그대로 따라 한 것이다. 결국 엔진 배기량이나 각종 기본 장비와 부품의 종류를 최소화하여 개발기간과 원가를 절감하고자 하는 목적에서 시작한 것이다. 국내에서 판매되는 우리나라 자동차들은 어떤 차종이든 예외 없이 모델 라인업의 제일 아래 트림은 작은 엔진배기량에 최소한의 기본사양품목을 갖춘 제일 싼 모델이고, 제일 위 트림은 큰 엔진배기량에 최대한의 기본사양품목을 갖춘 제일 비싼 모델이 위치하고 있다.

유럽처럼 기본사양품목은 필요 없고 엔진 배기량만 큰 모델을 사서 고성능을 즐기고 싶다는 욕구는 충족되지 못하고 있는 것이다. 이렇게 소비자들이 다양한 엔진배기량에 따른 기본성능의 차이를 느끼고 경험할 수 있는 기회가 원천봉쇄되어 있을 뿐만 아니라, 은연중에 엔진배기량 크고 옵션 품목이 많을수록 좋은 차라는 잘못된 인식이 널리 퍼져 가는 게 문제다. 이래서는 자동차 문화가 제대로 발달할 수가 없다. 따라서 기본 성능은 별 차이가 없으면서 트림 수준에 의해 모델 라인업이 가격에 따라 등급화되다 보니 거기에 익숙해진 소비자들은 제일 비싼 트림 모델을 당연히 선호하게 된다. 주머니 사정이 여의치 않아서 아래급 모델을 사면 창피한지 엠블럼을 떼어내고 다니거나 위급의 엠블럼을 붙이는 경우가 흔히 일어난다.

내가 기아자동차에서 근무할 때, 2,500cc 엔진의 엔터프라이즈를 산 지인들에게 3,000cc나 3,600cc 엔진 모델의 엠블럼을 구해 달라고 상당히 시달린 적이 있었다. 각자 사정에 맞게 살면 될 텐데 사회 분위기상 그게 잘 안 되는 모양이다. BMW 5시리즈는 엔진배기량에 따라 값이 달라지면서 520i, 525i, 530i, 545i가 있고 뒷면 우측에 해당 엠블럼이 붙어 있는데, 2004년에 304대가 팔려 전체 5시리즈 판매량의 35%를 차지한 520i의 엠블럼을 거리에서 보기는 매우 힘들다. 따라서 가끔 엠블럼이 없는 5시리즈 모델들은 대부분 520i로 추정된다.

지금은 커먼레일 디젤엔진이 나오면서 없어졌지만, 구형 카니발이나 갤로퍼, 스포티지 등 인터쿨러 디젤엔진을 장착한 차종들은 예외 없이 앞 보닛 위에 툭 튀어 나온 공기흡입구를 달고 다녔다. 사실 미관상 좋지도 않고 고속주행 시 소음도 나고 해서 그렇게 할 필요는 없었는데, 유럽처럼 공기흡입구를 안으로 넣어 안 보이게 하는 기술적인 어려움보다는 비싼 인터쿨러 엔진이 달려 있다는 것도 알리고, 판매에 도움된다는 이유 때문이었다.

재미있는 것은 당시 인터쿨러 터보엔진도 아니면서 보닛 위에 구멍도 뚫지 않고 공기흡입구만 달랑 붙여서 다니는 승용차들이 꽤 있었다는 사실이다. 멋있게 보인다고 해서 그랬겠지만, 그만큼 우리나라 소비자들에게는 자기 기준에 의한 자동차의 실질가치를 중시하기보다 남에게 보이는 모습에 더 몰두하는 성향이 아직 남아 있다. 기아에서 소량 만들었다가 단종시킨 정통 스포츠카 엘란을 가끔 거리에서 보면 반갑다가도 예외 없이 기아 로고를 떼냈거나 영국 로터스(Lotus)사의 로고를 구해다 붙인 걸 볼 때 씁쓸하다. 여유 있게 자신만의 라이프스타일을 즐기는 사람들도 사회 분위기를 넘어서기는 어려운 모양이다.

세단은 있는데 왜 쿠페, 해치백, 왜건은 없을까?

차종 다양화의 부족 현상도 문제다. 시장 수요가 한정된 형태의 차종에 집중

돼 있다. 예를 들어 법규를 맞추느라 미니밴 스타일밖에 만들 수 없는 경차를 제외하고, 소형차부터 보면 승용차에 대한 수요는 4도어 세단에 집중되어 있다. 승용차는 4도어 세단 외에 스포티한 맛의 3도어 쿠페, 실용성을 강조한 5도어 해치백, 화물 적재공간을 넓힌 왜건 등이 하나의 차종에 대해 승용차 시리즈로 개발될 수 있다.

그러나 국내 시장 수요가 4도어 세단에만 집중되다 보니 다른 형태의 모델들은 원가절감을 위해 개발하지 않던가 아니면 만들어서 해외시장에다 주로 판매를 하고 있는 실정이다. 해외시장에서 판매를 하는 경우에도 원가 면에서 경쟁력을 갖기 위해서 어느 정도 국내수요가 받쳐줘야 하는데, 특히 준중형급 이상에서 왜건이나 3도어 쿠페에 대한 국내수요는 거의 없다. 현재 그나마 조금 팔리고 있는 준중형급의 5도어 해치백이 전체 판매량의 3~4%에 그치고 있어 국내 자동차업체들은 제한된 생산규모 내에서 다양하게 모델을 전개하기가 어려워진다. 현대 쏘나타가 초기부터 계속 4도어 세단만 나오는 것도 이런 이유에서이다. 이미 해외 주요시장에서 어느 정도 자리를 잡았으니, 왜건이나 3도어 쿠페가 있다면 쏘나타의 제품 이미지도 높이고 판매량도 더 늘릴 수 있을 텐데 아쉽기만 하다.

모델의 다양성이 부족해지면 소비자들이 누릴 수 있는 자동차 생활의 범위와 즐거움도 그만큼 제한된다. 과거 '우리 집에 차 한 대' 시절에는 재산목록 1호로 비싸니까 보수적 구매를 하게 되고, 가족 구성원의 다양한 요구를 대충 다 만족시켜야 하니 4도어 세단을 선호했다. 현재 자동차시장이 급성장하고 있는 중국도 같은 현상이 발생하고 있다. 그러나 가구 당 차량 복수구매가 보편화되어 있는 요즘에도 그냥 별 생각 없이 무난하니까 4도어 세단만을 고집한다면 문제가 아닐 수 없다. 최근 들어 차종 개발의 패러다임이 바뀌어 모델 간의 경계를 무너뜨리는 크로스오버 차종들이 속속 등장하여 해외시장에서는 기존 왜건이나 5도어 해치백의 시장을 빠르게 잠식해 들어가고 있는데, 향후 국내 자동차업체들이 어떻게 대응해 갈지 또 국내 소비자들이 어떻게 반응할지 주목된다.

문화는 자동차를 만든다 — 한국차의 독창성을 가지려면?

자동차라는 물건은 역사적으로 우리나라 사람들에게 익숙하지 않다. 우리나라에도 예부터 물자운송을 위해 소나 말이 끄는 수레는 있었지만, 사람들의 물리적 공간 이동을 위해서는 마차를 타고 다녔던 유럽 사람들과는 달리, 소수의 사람들만이 가마를 타거나 말을 탔을 뿐 대다수의 사람들은 걸어 다녔기 때문이다. 그러니 조선 말 개화기에 시커먼 연기와 증기를 내뿜으면서 사람들을 싣고 달리는 기차나 저 혼자 스르륵 움직이는 자동차를 보았을 때, 우리 선조들이 받은 문화적 충격이 얼마나 컸을까? 이렇듯 자동차는 우리에게 과거와의 단절과 새 시대의 도래를 알리는 몹시 신기한 물건으로 다가왔던 것이다.

문화적 뿌리도 없이 생소하기만 한 자동차를 만지작거린 지 불과 30~40년 만에 우리나라가 생산규모로는 세계 5~6위에 달하고, 한국적 아이덴티티가 모자라긴 하지만 그래도 독자모델을 계속 만들어내는 걸 보면 정말 놀랍다. 또한 선진국 자동차업체들의 모멸과 무시를 참아가며 곁눈질로 기술을 익히느라, 제대로 된 시방서도 없이 수많은 시행착오 속에 밤새워 가며 공장을 짓고 생산해 내느라 휴일과 밤잠을 잊고 달려온 자동차업계 선배들의 눈물겨운 노력 앞에 고개를 숙이지 않을 수 없다. 현재 세계에서 제대로 된 자국의 독자모델들을 만들어내고 있는 나라가 겨우 7개국에 불과하고, 우리나라가 그 세븐 클럽에 당당히 가입되어 있는 것도 모두 그분들 덕택인 것이다.

선배들이 무(無)에서 일궈낸 단기간 내의 엄청난 양적 성장을 보면서, 지금 한국차의 아이덴티티를 논의한다는 게 좀 송구스럽기도 하고 시기상조인 듯하지만, 선배들의 노력을 헛되이 하지 않기 위해서라도 한국차의 질적인 성장을 위한 논의는 좀 더 활발해져야 하지 않을까? 물론 이 같은 논의는 우리나라

고유의 문화와 특질에 대한 깊은 고찰에서 시작되어야 하며, 이는 우리나라 국가 브랜드 이미지라는 이슈와도 매우 밀접한 관련이 있다.

현대차, 렉서스 같은 고급 브랜드 만들까?

지금 미국 시장에서는 최근의 판매 급신장에 고무된 현대자동차가 도요타의 렉서스 같은 별도의 고급 브랜드를 3~4년 뒤에 출범시킬 것인가가 핫이슈가 되고 있다. 여기서 현대자동차가 과연 별도의 고급차를 시리즈별로 만들어 팔 수 있는 기술과 자금이 있는가와는 별도로, 우리는 브랜드 이미지로 승부하는 고급차 시장에서 현재 경쟁하고 있는 기존 브랜드들은 모두 출생국가의 확고한 아이덴티티를 기반으로 하고 있는 것에 주목할 필요가 있다. 예를 들어 재규어는 영국의 귀족 이미지, BMW와 벤츠는 독일의 첨단 기술과 기계적 완성도 이미지, 그리고 캐딜락은 미국의 풍요로움과 자유로움의 느낌 등이 있다.

자동차뿐만 아니라 패션, 전자, 공구, 가구 등 다양한 분야에 걸쳐 우리나라에서 명품이 나오려면 세계 사람들이 공유할 수 있는 긍정적인 한국의 독창적 이미지의 정립이 선결되어야 한다. 디자인할 때 그저 알루미늄휠 같은 소품을 한국적으로 만든다거나, 한국적 느낌의 디자인 요소들, 예를 들어 태극문양 같은 걸 차에다 그냥 붙여놓는다고 한국적 아이덴티티를 가진 자동차가 되는 건 아니니까 말이다.

해외 모터쇼에 가보면 다른 세븐 클럽 국가들은 자국의 이미지와 특징을 멋지게 표현해 낸 자동차들을 전시해 놓고 있다. 같은 국적이라도 각 업체의 디자인 테마가 다른 경우도 있지만 그것은 동일 문화에 대한 해석의 차이일 뿐 그 나라의 느낌이 고스란히 녹아 있다. 예를 들어 독일의 BMW, 벤츠, 아우디 디자인은 각기 다르나 모두 독일의 느낌이 진하게 묻어 난다.

모터쇼에서 선진 자동차업체들이 엄청난 비용을 들여 자신들의 자동차 콘셉트에 맞게 전시공간을 꾸미고 각종 문화 이벤트를 실시하는 걸 보면 자국의 문화를 철저히 탐구하여 경쟁력으로 만드는 각 업체들의 강력한 내공이 느껴진다.

유럽이나 미국의 자동차업체들에 비해 일본 자동차업체들은 아직까지도 독창적인 디자인이 약하다 보니 자동차나 문화 이벤트보다는 도우미들로 시선을 끌고자 하는 경향이 강하다. 일본에서 하는 모터쇼에서는 더 노골적이라 엄청난 양적 기반에도 불구하고 미성숙된 일본 자동차 문화의 천박함이 느껴진다. 질적 도약을 위해 렉서스나 인피니티 같은 고급 브랜드를 중심으로 열심히 노력을 하고는 있으나 독창성이 부족한 일본문화의 한계로 인해 다른 나라 경쟁업체들의 움직임을 면밀히 검토하여 따라가고 있을 뿐 아직 확실한 성과를 거두지 못하고 있다. 각 일본 자동차업체들이 주요 모터쇼에 새로운 모델들을 등장시켜 주목을 끌기는 하나, 세련되고 예쁘기는 한데 전에 어디선가 본 듯한 느낌을 갖게 되는 것, 이게 일본 자동차업체들의 현수준인 것이다.

한국차, 독창성 없이 해외 주요시장에 맞춘 디자인

그렇다면 해외 주요 모터쇼에서 우리나라 자동차업체들은 어떨까? 내가 보기에는 문화행사들도 겉돌고 현장의 운영 노하우도 아직 멀었다. 국내에서의 화려한 홍보와는 달리 실제 가서 보면 전반적인 느낌이 어색하고 별 관심을 끌지 못해 초라하기까지 하다. 그래서 국내시장 홍보용으로 해외 모터쇼에 나간다는 말이 있는 것이다.

우리나라의 전시차들은 불행히도 아직까지 한국 고유의 느낌은 별로 없이 일본, 미국, 독일, 이탈리아 등 외국의 느낌들이 혼재되어 있고, 브랜드만 가리면 어느 나라 어느 자동차업체의 차인지 알 수가 없는 지극히 보편적인 디자인을 갖고 있다. 아직까지 디자인 테마를 해외 디자인업체나 국내업체의 해외 연구소에서 해오거나, 국내 시장보다는 해외 주요시장의 취향에 맞춘 결과이다.

그러다 보니 다소 이상하게 느껴지더라도 나만의 독특한 느낌의 차를 만들겠다는 디자이너의 고집스런 철학과 열정은 느껴지지 않고, 그저 실용성 아니면 상식적인 디자인, 기껏해야 최신 트렌드에 맞춘 디자인이 전부다. 1991년 도쿄 모토쇼에 혜성처럼 나타나 선진 자동차업체들을 경악케 했던 스포티지 정도가 내가 알고 있는 유일한 예외이다.

최신 트렌드라는 것도 자기 걸로 소화하지 못하니 그저 그런 모습으로 모터쇼 현장에서는 그다지 눈길을 끌지 못한다. 최신 취향대로 얼굴을 뜯어 고치다 보니 비슷비슷한 모습의 성형미인들이 넘쳐나는 TV 화면에서 고치지 않은 얼굴이 오히려 평범하지만 자기만의 자연스런 이미지로 눈길을 끌게 되는 것과 별반 다르지 않다.

현재 국내 자동차업체들의 디자인에 대한 태도와 자동차의 느낌은 뚜렷하지는 않아도 어느 정도 차이가 있어 향후 우리나라의 국가 이미지가 확립되어 가면 다른 나라처럼 자연스레 자동차업체별로 각기 독특한 한국적 디자인이 구현될 가능성이 높은 것은 다행스럽다.

1980년대 후반부터 현대, 기아, 대우가 3각 구도의 경쟁을 벌이면서 성장했을 때 각 업체별 해외 기술제휴선의 성격이 녹아들어 간 것이기는 하지만 각 업체별 자동차의 모습과 느낌은 서로 달랐다. 당시 여러 차를 몰아본 택시 기사들은 '현대차는 가볍고, 기아차는 까불고, 대우차는 무겁다'고 간략하게 평을 하곤 했는데, 가히 놀랄 정도로 정곡을 찌른 정확한 표현이었다.

현대 – 기아 – 대우의 특징, 어떻게 다를까?

미쓰비시의 기술을 들여와 본격적으로 자동차사업을 전개했던 현대의 경우, 매끄러운 가속과 부드러운 승차감, 아기자기한 스타일과 큰 차체 등이 특징을 이루었다. 반면 일본차 중에서는 가장 유럽차에 가깝게 성능 위주의 자동차를 만들던 마쓰다의 기술과 모델을 들여와 자동차를 만들어온 기아는 자연스레 작고 단단하며 힘찬 가속, 기민한 움직임 등 성능과 기술 위주로 자동차를 만들게 되었다. 대우는 1980년대 후반 독일 오펠(Opel)의 기술과 모델을 들여와 대대적인 투자를 통해 사업을 전개해 갔다. 그러다 보니 독일차의 특징인 고속주행 시의 안정성이나 단단한 차체와 딱딱한 서스펜션 등의 특성을 지니게 되었다. 무겁게 느껴지는 건, 초기 가속이 느리고 주행 시에 밑으로 가라앉는 독일차의 특성을 이어 받았기 때문이지 실제 자동차의 무게와는 아무런 관계가 없다.

이러한 3사의 초기 특성은 그 후로도 계속 이어졌고, 각 업체들이 독자모델을 연속적으로 내놓고 있는 지금도 기술의 원천은 숨길 수가 없는지라 각 사의 기존 디자인 특징들이 그대로 느껴진다. 현대차나 기아차를 보면 비례균형이 맞고 말끔한 일본차 냄새가 나고, 대우차를 보면 지금도 묵직하고 선이 굵은 남성적 이미지가 강하게 느껴진다. 또한 쌍용차를 보면 벤츠의 기본 기술이 들어 있는지라 내외장 스타일에서 독일 느낌이 강하게 느껴진다. 지금 중국에서는 수입된 체어맨을 산 뒤 쌍용 엠블럼을 떼어내고 벤츠 엠블럼을 붙이고 다닌다니 나라가 달라도 보는 눈들은 비슷한 모양이다.

그동안 우리나라의 문화적 배경에 따른 소비자들의 특성에 가장 근접하게 자동차를 만들어온 것은 현대였고, 그런 현대가 1980년대 과감한 선행투자에 의해 상대적으로 넉넉해진 생산규모를 기반으로 국내시장을 장악해 나가면서 현대차 스타일이 우리나라 자동차시장의 주류를 형성하게 된 것도 우리나라 자동차 문화의 큰 특징 중의 하나다. 현대차에 익숙해진 소비자들이 현대차의 특징을 일반적인 자동차의 우열을 판단하는 기준으로 삼아 '자동차는 현대가 제일 잘 만들어!'라고 단정적으로 편리하게 생각해 버리게 된 것이다.

이렇게 한번 형성된 소비자들의 인식은 시장규모의 폭발적 성장과 함께 스스로 자가발전하면서 더욱 강화되어가는 경향이 있어 같은 시장에서 경쟁해야 하는 기아와 대우에게는 악몽과도 같은 것이었다. 이제 기아는 현대에 편입되어 현대차와 플랫폼을 통합하면서 기존의 독자적 아이덴티티가 자꾸 희석되어가는 듯하여 안타깝지만, 앞으로 현대는 '우아하고 세련됨', 기아는 '젊고 스포티함'으로 차별화된 디자인 테마를 가져간다니 기대해 볼 만하다. 대우는 GM이 인수한 뒤 해외 모델의 단순 조립기지가 아니라 소형차 부문의 글로벌 개발기지로서 육성해 간다니 기존의 독일차 같은 이미지는 계속 가지고 갈 가능성이 높다.

신형 쏘나타, 일본식 벗고 유럽식으로 대전환

최근에 출시된 쏘나타는 현대가 디자인에 있어 지금껏 지녀왔던 미쓰비시 스타일의 일본식 패러다임을 벗어 던지고 세계적인 추세에 맞추어 유럽식으로 일대 방향전환을 하였음을 알려주는 획기적인 제품이다. 과거의 현대차들은 구형 아반떼나 싼타페처럼 부드러운 곡선을 강조해 살아있는 유기체 같은 비기계적 느낌의 스타일, 아기자기한 디테일 디자인, 화려하고 눈길을 끄는 디자인 요소들의 강조, 큰 차체와 넓은 실내 등의 외관적 특징과 중저속에서의 안락한 승차감을 위주로 한 성능 세팅이 특징이었다. 반면 이번 신형 쏘나타는 이름만 같을 뿐 디자인 콘셉트가 디테일한 디자인 요소들을 최대한 배제하고 분명한 직선과 심플한 면 구성, 절제와 기능적 아름다움을 강조한 실내, 작아 보이는 차체와 고성능 지향 등 전반적인 디자인 주제가 유럽차, 특히 독일차의 콘셉트에 가깝다.

향후 출시될 현대차의 다른 차종들도 지금의 쏘나타와 같은 디자인 콘셉트로 나온다니 기대가 된다. 일부에서는 이번 쏘나타의 디자인이 혼다 어코드나 아우디 A6의 디자인을 베꼈다고 하여 폄하하는 의견도 있다. 하지만 사실 세계 유수의 모든 자동차업체들은 자동차를 디자인함에 있어 향후 유행하게 될 디자인의 흐름을 각종 관련 매체나 사회의 움직임을 통해 예측하고 실험적인 콘셉트 모델을 만들어 각종 모터쇼에 내놓고 평가를 받는다. 이런 일련의 과정을 몇 년에 걸쳐 겪으면서 하나의 새로운 디자인 주제가 만들어지는데, 그 과정에서 유사한 스타일의 자동차들이 여러 업체에서 비슷한 시기에 출시되는 것은 심심치 않게 일어나는 일이고 서로 닮았다고 하여 부끄러워할 일도 아니다.

다만 여기서 다수가 인정하는 새로운 디자인 트렌드를 자기의 얼굴로 얼마나 완성도 높게 재현해 내는가가 각 자동차업체들의 실력임을 강조할 필요가 있다. 새로운 쏘나타가 세계 자동차업계의 최신 트렌드에 맞추어 만들어졌고 디자인 완성도도 높은 것은 분명하지만 우리나라의 느낌, 한국차의 이미지가 느껴지지 않는 것은 정말 아쉽다. 현대 브랜드를 가리고서 해외 소비자들에게 보여주었을 때, 이 차가 한국에서 개발된 차임을 더 나아가 현대차임을 알아챌 수 있는 사람들이 과연 몇이나 될까? 비슷하게 닮았다는 어코드나 A6도 과연 그럴까? 시간이 해결할 문제이기는 하지만 한국의 얼굴, 현대의 얼굴을 만들어내기 위한 수많은 관련 업계 종사자들의 보다 진지한 노력과 투자가 그 시간을 앞당길 수 있음은 물론이다. 또한 무게를 줄이고 주행성능을 좋게 하기 위해 차체를 작고 야무지게 만든 것은 좋으나 그리 하느라 실내 공간의 여유가 줄어든 것은 아직 현대의 패키징 기술이 세계 수준을 따라가지 못하고 있는 것을 보여주는 듯하다.

● 아우디 A6

● 현대 쏘나타

한국의 얼굴 세워줄 독창성 살린 차 만들려면?

우리나라 자동차산업의 주요 기원은 일본이었고 자연스레 일본의 자동차 개발 및 생산방식이 수십 년간 전수되어 왔다. 앞서 일본 편에서 대표적인 것을 설명했듯이 4년 주기의 모델 체인지 사이클과 개발 당시의 해외 주요시장 취향에 따른 디자인이다. 일정한 디자인 승계 없이 때가 되면 모양을 확 바꾸는 것이다.

앞으로 우리나라의 문화적 특질들이 녹아들어 간 자동차를 제작하는 데에 자동차업체들이 선도를 해야 하는가, 아니면 국내 소비자들이 시장의 힘으로 먼저 요구를 해서 자동차업체들을 이끌어야 하는가 하는 이슈를 생각해 보자. 관점에 따라 의견이 다를 수 있으나, 내가 생각하기에는 하향식에 익숙한 국내 시장의 여건 상 자동차업체들이 먼저 뜻을 세워 한국적 특질들이 구현된 차들을 내놓고 국내 시장에 정착될 수 있도록 노력을 경주할 수밖에 없다. 한국사람이 한국적 특질을 가진 차를 당연히 좋아할 텐데 뭘 노력하는가 의문이 들 법도 하다. 그러나 사실 그동안 무국적, 아니 다국적 디자인에 이미 익숙해진 국내 소비자들의 취향을 돌려놓기란 여간 어려운 일이 아니다.

자동차는 생산되기 3~4년 전에 디자인되어 생산 후 4~5년 동안 시장에서 사랑받으며 팔려야 하는, 요새 같은 세상에 어울리지 않는 긴 호흡의 물건이다. 그러니 자동차 디자인이라는 게 도박과 같아 위험이 크다. 어색할 수도 있는 한국적 특질을 집어넣기 위해서는 우리나라 자동차산업의 발달을 위해 디자인 분야에 과감한 투자를 감내하는 사명감이 특별히 요구된다 하겠다.

이런 과정을 거쳐 한국적 아이덴티티가 정립되어 간다면 장기적으로는 자동차업체들에게도 도움이 될 것이니 당장의 물량확대와 금전적 결과에 연연해하지 않는 최고 경영진의 의지와 식견이 당연 가장 중요하다. 세계적 디자인이 꼭 되지 않아도 된다. 세계적인 히트 제품이 안 되어도 좋다. 그저 세계 어디서든 어느 누가 보더라도, 회사 엠블럼을 떼고 보아도 '아, 한국차네!' 하고 알아볼 수만 있다면 대성공이다. 이제 현대도 유럽식 디자인으로 방향을 틀었고 플랫폼을 통합하면 디자인도 비슷해지니 기아차의 디자인도 점차 유럽식으로 바뀌어질 것으로 예상된다. 대우야 원래 유럽식 디자인의 특성을 띠고 있었으니 이들 업체의 노력에 의해 향후 한국차의 이미지는 유럽차 스타일의 틀 속에서 형성되어갈 듯싶다. 자동차의 외양보다 본질적인 가치를 중시하는 유럽차의 콘셉트를 따라간다면 우리나라 자동차들도 이제는 후진국의 특성을 벗어나 한 단계 질적으로 도약할 수 있는 전환점에 서 있다고 할 수도 있겠다. 어쨌거나 우리의 독자적인 얼굴을 가진 자동차를 만들기 위해서 반드시 지켜야 할 원칙은 지금까지 다소 장황하게 그 배경이 설명했듯이 '한국 내에서 한국사람이 한 디자인(Designed by Korean in Korea)'이다. 간혹 해외에서 디자인하는 경우에도 우리 고유의 문화에 대한 깊은 안목을 지닌 디자이너들이 정확한 방향 제시를 하고, 작업을 주도해 나가야 함은 물론이다. 이러한 원칙은 철저히 지켜야만 '자동차는 그 나라의 가장 대표적인 전통 민속공예품이다'라는 명제가 우리나라에서도 훌륭하게 실현될 수 있을 것이다.

하긴 우리보다 훨씬 앞서 있는 일본의 자동차업체들도 최근에 와서야 자기 나름의 얼굴을 갖기 시작했는데, 이제 겨우 규모면에서 세계 유수의 업체들 수준에 올라온 우리나라 자동차업체들에게 아직 이런 요구는 무리다. 현재도 나름대로 열심히 노력하고 있으나 제대로 된 제품이 나오기까지는 앞으로 시간이 많이 걸릴 것이다. 그러나 힘이 든다고 해서 피해갈 수 있는 것이 아니다. 한국적 아이덴티티를 가진 한국차들이 줄지어 나오기 전까지는 아무리 생산 규모를 늘린다 해도 우리나라는 결국 자동차 생산공장에 불과하다. 우리나라 자동차산업이 우리의 얼굴로 세계 자동차산업에서 중요한 하나의 개발 축으로 우뚝 설 때, 우리는 비로소 운송수단(Transportation Vehicle)이 아닌 자동차(Automobile)를 갖게 되는 것이다.

PART 3

글로벌 빅3의 기업문화

1 포드

팀플레이에 강한 포드, 원인은 원가 때문

나는 지금까지 운 좋게 포드를 본격적으로 접할 수 있는 기회가 네 번 있었다. 첫 번째 기회는 기아자동차에서 1987년부터 약 3년간 '페스티바(프라이드의 포드 OEM 수출명)'의 수출기획 담당으로 북미를 포함한 세계 각지의 포드 사람들을 만날 때였다. 두 번째는 비서실에 근무하면서 당시 김선홍 사장을 수행비서 겸 통역으로 2년 간 따라다니며 포드의 수뇌부들을 만나고 다녔다. 그

미국 디어본의 포드 본사

후 간간이 접촉만 하다가 다시 포드와 크게 맞닥뜨린 게 1997년 기아자동차의 부도유예 사태 이후 실시된 기아그룹 국제입찰의 실무팀장을 맡으면서였다. 마지막으로는 아더앤더슨(Arthur Andersen)의 전문 컨설턴트로서 포드가 황당한 말썽을 부렸던 대우자동차의 국제입찰에 채권단 측 어드바이저로 참여할 때였다.

상부 지시에 따라 일사분란하게 행동

오랫동안 다양한 계층과 지역의 포드 사람들을 만나면서 늘 느낄 수 있었던 것은 그들이 자유와 개성을 존중한다는 서양사회에 대한 일반적인 인식과는 달리 늘 상부의 지시에 맞추어 신속하고 일사불란하게 움직인다는 것이었다. 일단 복장부터 짙은 남색이나 어두운 회색의 싱글 정장에다 주로 블루 계통, 아니면 순백색의 셔츠를 받쳐 입고 정열적인 붉은색이나 노란색 넥타이를 매고 나타난다. 가끔 비공식적인 자리에서 콤비나 캐주얼 정장을 하고 올 때도 포드 사람들은 앞서 말한 복장기준에서 크게 벗어나지 않는다. 한마디로 깔끔하고 모범생다운 이미지다. 그래서인지 포드의 자동차 디자인도 튀지 않고 대중적이면서 군더더기 없이 말끔하고 균형 감각이 잡혀 있다.

회의에서는 항상 미리 구성된 역할에 따라 팀플레이(Team Play)를 하고, 제일 높은 사람 이외에는 특별히 지시 받거나 질문을 받은 경우를 제외하고는 함부로 입을 열지 않는다. 사전 검토와 자체 회의를 충분히 하고 들어와서인지 회의도 비교적 매끄럽고 효율적으로 진행한다. 만일 의제가 바뀌거나 담당들이 추가적으로 의견을 낼 경우가 생기면, 그 자리에서 소곤거리거나 나가서 자기네끼리 의견을 모은 뒤 들어와서는 역시 제일 높은 사람이 대표적으로 얘기하곤 한다.

훈련이 잘 되어서 규율이 딱 잡혀 있는 사람들의 집단이라는 느낌이 강하다. 큰 프로젝트와 관련하여 분야별로 여러 팀이 올 때도 반드시 따로 오면서 팀플레이를 한다. 나는 페스티바 수출 초기에 창구 역할을 하면서 이 같은 포드의 팀플레이를 여실히 경험할 수 있었다. 먼저 기획팀이 와서는 프로젝트 추진에 대한 취지나 기아 사람들이 잘 알지 못하는 경쟁사 정보를 들먹이며 전체 사업구도와 일정을 못 박아놓고 가면, 다음에는 포드와 연계된 마쓰다 생산기술팀이 함께 와서 생산 공정 및 운영에 대한 원칙과 투자설비에 대한 결정을 하고 간다. 이제 끝났나 싶으면 이번엔 품질팀이 와서 자신들의 엄격한 품질기준에 맞추어 제품이 만들어지도록 합의를 이끌어낸다.

포드의 가격정책, 철저한 강자와 약자의 논리

이 모든 행위들이 결국은 다 원가와 직접 관련이 있다. 예를 들어 국산화를 추진하던 부품들이 품질기준에 맞지 않으면 일본 마쓰다에서 수입을 해야 한다. 당연히 부품의 원가는 올라간다.

마지막으로 오는 팀은 바로 원가팀이다. 이들은 '마켓 바스켓 프라이싱(Market Basket Pricing)'이라는 생소한 가격결정방식을 들이밀고 무리한 목표 원가를 관철시킨다. 이 방법은 목표시장의 경쟁차종들의 판매가격을 옵션 차이를 감안해 가중 평균하여 페스티바의 시장 판매가격을 정한 뒤 역산하여 우리나라로부터의 수출가격을 결정하는 시스템으로 일견 매우 합리적으로 보인다. 하지만 포드의 기본 도매마진은 지키는 콘셉트이므로 철저히 강자와 약자의 논리에 입각해 있다.

도저히 원가를 맞출 수 없으니 품질기준을 좀 완화하거나 설비를 다른 걸로 바꾸자고 하면 그건 자기 분야가 아니라서 모르겠고 이미 결정된 사안이니 어쩔 수가 없다는 식이다. 원가기준 가격산정방식(Cost-based Pricing) 같은 다른 방식으로 하자고 얘기해봐도, 모든 것은 시장이 결정하는 것이고 이미 선진 메이커들은 다 기본적으로 쓰고 있는 상식적인 방식인데 그것도 모르냐는 식으로 나온다.

당시 자존심 상할 대로 상한 나는 1876년 조선이 일본과 맺었던 강화도조약이 생각날 정도였다. 19세기 말 국제관계의 흐름에 대해 무지했던 조선의 관료들이 협상 테이블에 앉아 뭔가 말이 안 되는 것 같기는 한데 일본 대표단이 국제법을 들먹이며 이미 세계적으로 다 통용되고 있는 거라며 우기는 통에 실질적으로 불리한 내용들에 대해 제대로 따져보지도 못하고 따를 수밖에 없었다는데 말이다. 그 이후 조선이 다른 나라들과 맺은 통상조약들도 대동소이하지 않았을까?

포드와 협상을 벌였던 1980년대 중반 당시 독자 기술이 없어 외국 모델을 들여와 생산하면서 변변한 해외지사도 하나 없이 국내시장에만 머물러 있던 기아자동차로서는 사실상 그들의 논리에 속수무책이었다. 결국 경험도 없고 정보도 빈약했던 기아자동차로서는 포드의 철저한 팀플레이에 완전히 당한 셈이다. 세계 자동차산업의 흐름에 참여하기 위해 비싼 수업료를 낸 셈인데, 다행히 1987년 페스티바 양산 이후 환율이 도와주었고, 국내 수요도 자동차 대중화의 시작으로 급증하여 초기의 어려운 고비는 겨우 넘겼지만 말이다.

포드 몬데오

GM에 빼앗긴 넘버원의 자존심과 포드 패밀리의 리더십

북미시장에서 넘버원 메이커로 군림하다가 1930년대 슬로안(Sloan) 회장이 이끌던 GM의 차종 다양화 전략에 밀려 넘버투 메이커로 주저앉은 포드는 GM을 누르고 다시 넘버원 메이커가 되기 위해 70여 년간 절치부심 노력해왔다. 이들은 GM이 헤매고 있던 1990년대 중반에 수익규모에서 몇 년간 GM을 누른 적은 있었으나 생산과 판매물량에서는 아직 한 번도 GM을 누르지 못했다.

철저한 톱다운 방식, 배타적인 기업문화

GM이라는 넘어야 할 목표가 확실히 있어서인지 포드는 본사 최고경영진의 방침 하에 그룹 전체가 하나의 회사처럼 효율적으로 움직여가는 반면, 여유가 없어 보이고 항상 조급해 하는 걸 느낄 수 있다. 그리고 주어진 역할에 충실하며 팀플레이를 하다 보니 자기 담당업무 이외에는 별 관심도 없고 잘 알지도 못한다. 실무진들은 시야가 좁고 거대 기업으로서의 자존심도 있어 상대해보면 고집스럽고 상당히 빡빡하다는 느낌을 준다.

내가 이들과 무수히 회의를 하면서 느낀 애로사항 중의 하나가 회의에 참가하는 포드 직원들은 이미 본사에서 승인 받은 지침에 따라 하향식으로 일을 한다는 것이었다. 그러니 상대방의 입장을 고려하여 좀 풀어준다든지 하는 건 아예 없고, 현장에서 확인된 정보에 의해 기존 지침의 비합리적인 면이 드러나도 일단은 끝까지 버티고 보는 경우가 많다.

그래도 마쓰다 사람들은 같은 동양인이라고 회의 때는 싸우다가도 저녁 때 술자리를 같이 하면서 인간적으로 부탁하면 다음날 모르는 척하고 슬쩍 도와주기도 하는데, 포드 직원들은 전혀 그렇지 않았다. 지난 회의 때 합의된 사항들도 시장상황이 바뀌었다며 새로 뒤집는 것도 다반사이고, 견디다 못해 문서로 남겨 각자 사인까지 받아놓아도 다음에 와서는 어쩔 수 없다며 그냥 밀고 나가는 데는 정말 어이가 없었다. 당시 사회 초년병으로 기업의 실무경험이 일천했던 내가 미국 사람들과의 협상에 있어 가장 중요한 것은 인간관계나 논리가 아니라 세력관계와 힘이라는 걸 깨닫는 데는 그리 오랜 시간이 걸리지 않았다.

또한 포드는 자체 응집력이 강한 만큼 외부 사람들에 대해 매우 배타적인 기업문화를 갖고 있다. 미국기업인 만큼 전문 분야에서는 외부 인사들을 영입하기도 하지만, 대부분의 경우 기업 내부까지 들어가지 못하고 몇 년 지나지 않아 그만두고 나온다.

포드의 CEO 빌 포드

외부에서 영입되어 1990년대 후반 CEO가 된 잭 내서(Jack Nasser)가 2001년에 물러나자 그가 새로운 조직혁신을 위해 외부에서 영입했던 핵심 경영진들이 뒤를 이어 줄줄이 물러났다. 그후 오너 패밀리를 대표하여 CEO가 된 빌 포드(Bill Ford)가 내부 승진을 과감히 시행한 것은 물론 전임 CEO들이 명퇴시킨 포드의 골수 원로경영진들을 다시 중용한 것도 포드의 배타적인 기업문화를 잘 나타내주고 있다.

포드 패밀리의 가족소유경영

이렇듯 동질적이고 배타적인 포드의 기업문화는 20세기 초 헨리 포드에 의해 창업된 이후 100여 년 동안 가족소유경영(Family-owned Management)의 전통을 지키며 별다른 M&A 없이 포드만의 순수한 기업혈통을 지켜온 데 기인한다. 현재 포드 패밀리들은 포드자동차의 의결권 주식의 40% 정도를 보유하고 있을 정도이다. 같은 미국기업이지만 활발한 M&A를 통해 여러 기업들이 피를 섞어가며 성장해 온 GM과는 극명하게 대조가 된다.

창업자의 손자인 헨리 포드 2세 이후 CEO로 대표되는 포드의 리더십은 상황에 따라 포드 패밀리와 전문경영인 사이에서 왔다 갔다 했지만 어떤 경우에도 포드 패밀리들은 회사의 경영에 깊숙이 관여해왔다. 따라서 이 회사의 기업문화는 우리에게 익숙한 오너 경영체제와 유사한 면이 많다. 오너 패밀리의 자산가치 상승을 위해서는 단기적 재무 성과와 주가관리에 철저해질 수밖에 없고 그러다 보니 재무파트가 오너의 총애를 받고 출세가 빠르다. 그래서인지 포드는 시장점유율보다 수익성을 중시하는 경향이 강하다.

최고 수뇌부에서는 중요한 정책결정에 있어 항상 기획팀과 재무팀의 밀고당기기가 벌어지는데, 기획팀이 우세할 때는 장기적 포석을 위한 결정을 하다가 재무팀이 득세할 때는 단기적인 수익을 따지며 과감한 투자에 인색해진다.

경영권도 요구하지 않으면서 1984년에 포드가 기아자동차에 10% 지분 투자를 한 것이 좋은 예가 되겠다. 그후 계속되는 증자에 포드가 같은 지분비율을 유지하는 것에 대해 궁금해 하던 나에게 당시 포드의 해외전략을 담당하던 폴 드랭코(Paul Drencow) 이사는 "한반도가 통일되면 북한에도 2,000만 명 이상의 잠재 수요층이 새로이 생기고 만주에도 수백만의 한국인이 있지 않느냐? 멀리 보고 한반도에 포드의 기반을 가져간다는 게 더 중요하다"라고 대답하여 크게 놀란 적이 있었다.

어쨌든 과거 포드의 역사를 돌이켜보면 대개 전문경영인이 CEO를 할 때는 기획팀이 힘을 받고, 오너가 경영 전면에 나설 때는 재무팀의 목소리가 커지곤 했다.

포드가 기아자동차를 인수하지 못한 이유는

포드는 전문경영인이었던 피터슨(Petersen) 회장의 지도하에 1984년 기아자동차의 지분에 투자한 뒤 기아와 비즈니스를 계속해 왔다. 게다가 기아차 부도 이후 당시 DJ정부의 적극적인 지원도 있어서 1998년 기아차 국제입찰에서 절대적으로 유리한 입장에 있었던 포드가 전체 4조 원이 넘는 큰 거래에서 불과 2,000여 억 원의 차이를 극복하지 못하고 떠난 이유는 무엇일까? 당시 정권의 출범초기에 가장 큰 과제였던 IMF 금융위기의 조기 극복을 위해 해외투자 유치에 목을 맸던 DJ정부의 포드에 대한 구애는 상상을 초월했었고, 실제 입찰절차의 이면에서 특별한 혜택도 제안했음에도 말이다.

70억 달러에 대우자동차를 사겠소!

그것은 바로 새로운 CEO로서 오너 패밀리의 대리인 역할에 충실했던 트롯트만(Trottman) 회장의 등장 때문이었다. 재무팀이 유럽과 아시아에 대한 과거 수십 년간의 투자수익률이 북미지역의 투자수익률보다 낮으니 투자에 신중해야 한다고 트롯트만 회장에게 강력하게 주장했던 것이다. 게다가 두 번에 걸쳐 기아자동차에서 2조 원씩의 회계분식이 터져 나오자 향후 중국을 위시한 신흥시장 공략을 위해서는 기아자동차가 꼭 필요하다고 주장하던 웨인 부커(Wayne Booker) 부사장 이하 기획팀의 입지는 급속히 와해되고 말았다.

결국 기아자동차를 현대자동차에게 뺏기고 다급해진 포드의 기획팀은 몇 년 뒤에 벌어진 대우자동차 국제입찰에서는 필승의 의지를 보이며 1차 입찰에서 그 누구도 예상하지 못한 70억 달러라는 입찰금액을 제시하여 단독 우선협상자로 선정되는 과감함을 보였다. 기아차 입찰 때만 해도 아무리 1차 입찰 금액이 법적 구속력이 없는 참고수치였다고 해도 포드라는 이름의 명예를 중시하기에 책임질 수 없는 금액을 낼 수 없다고 거만을 떨던 포드로서는 정말 놀라운 태도 변화였다. 그 배경에는 트롯트만 회장의 뒤를 이어 등장했던 전문경영인 CEO 잭 내서(Jack Nasser)가 있었다.

그러나 곧 이어 터진 익스플로러(Explorer)의 타이어 관련 대규모 리콜과 잭 내서가 정열적으로 추진해 왔던 비 자동차부문의 투자실패, 그리고 소홀했던 자동차부문의 부진으로 인해 포드의 재무상황은 급속히 악화되었다. 자연스레 잭 내서의 퇴진과 오너 패밀리의 CEO 복귀라는 시나리오가 내부에서 전개되면서 다시 재무팀이 득세하게 되었고, 그 결과 대우자동차 입찰 포기라는 폭탄선언이 나오게 되었다.

결국 웨인 부커 부사장 이외 최고 수뇌부의 기획팀은 잭 내서의 퇴진과 함께 회사를 떠나게 되었고, 그 소식을 언론을 통해 접하면서 나는 기아자동차 입찰 시 웨인 부커 부사장이 당시 김선홍 회장에게 했던 다음과 같은 말이 떠올랐다.

"1970년대 오일쇼크 이후 일본의 소형차가 급속히 북미시장을 잠식해 들어올 때 적절한 방어대책을 세웠어야 했는데, 어차피 소형차는 수익성이 나쁘니 중대형차의 생산에 주력해야 한다는 재무팀의 말을 들은 게 포드로서는 뼈아픈 실수였다. 그때 도요타를 밟았어야 했는데 북미시장에 교두보를 만들어주고 말았다. 결국 도요타는 북미시장을 기반으로 포드를 위협할 정도로 급속히 성장하고 있다. 이제 현대자동차가 제2의 도요타가 될 가능성이 있으니 견제를 위해 현대자동차의 기아자동차 인수는 꼭 막고 싶다."

결과적으로 현대자동차는 기아자동차를 합병한 뒤 국내시장의 실질적 지배를 굳히고 무모하다 싶을 정도의 과감한 해외 투자를 통해 급속히 덩치를 키워가고 있다. 반면 포드는 한국이라는 양질의 저가차량 공급기지를 상실하여 신흥시장을 둘러싼 글로벌 경쟁에서 뒤처지고 말았다. 이렇듯 포드는 우리나라의 오너그룹처럼 충분한 검토 없이 최고경영진의 방침에 따라 신속하고 과감하게 일을 추진하는 특성을 갖고 있어 때로는 무서운 추진력을 발휘한다. 하지만 최고경영진의 교체가 빈번해지거나 방침이 갑자기 바뀌면 그에 따른 자기 자신과 주위의 혼란을 가중시키곤 한다.

통합과 손실의 최소화
이러한 포드의 기업문화 특질을 한마디로 표현하면 '통합(Integration)'으로 요약될 수 있다. 이들은 다른 기업을 인수할 때 특별한 경우가 아니면 초기부터 경영권을 장악하며, 디어본 본사의 강력한 중앙통제에 의해 전 세계에 걸친 거대한 조직을 동일한 방침 하에 통합 운영한다. 그룹 내 각 업체들은 본사에 의해 부여된 그룹의 비전과 행동계획에 맞추어 철저히 역할분담을 하여 중복 손실 없이 본사 최고경영진의 방침에 따라 신속하게 움직인다. 그러다 보니 새로 인수한 업체와 무리한 통합추진에 따른 문화적 갈등이 일어나기도 하고 통합에 따른 시너지 효과가 느리게 나타나기도 한다. 1996년 인수한 마쓰다는 몇 년간 포드 경영진에 의한 무리한 개혁과 통합추진으로 경영상황이 좀처럼 호전되지 않다가 최근에 일본인 CEO가 등장하고 나서야 점차 경영이 회복되고 있다.

물론 전체적으로 거대그룹이 중복 손실 없이 효율적으로 움직인다는 장점도 있다. 잭 내서를 밀어내고 2001년에 포드 패밀리를 대표하여 경영 전면에 나선 빌 포드가 자동차부문을 다시 강화한다며 '기본으로 돌아가자(Back to Basic)!'를 외치자 전 세계 포드 그룹의 각 자동차 메이커들이 일제히 'Yes!' 하면서 그 방침에 신속히 따른 것이 좋은 예가 되겠다.

대우자동차 국제입찰에서 포드가 우선협상 대상업체로 선정된 후 부평공장에서 밤새워 실사에 임하던 100여 명의 포드 직원들이, 입찰을 포기한다는 본사의 발표가 있은 다음날 아침 일제히 사라져 같이 일하던 대우자동차 직원들에게 깊은 감명(?)을 준 것도 이러한 맥락에서 이해될 수 있다.

2 GM

GM은 자동차 브랜드가 아니다

많은 사람들이 GM이라는 브랜드에 대해 착각하고 있는 점을 우선 언급하고 넘어갈 필요기 있다. 그건 바로 GM이라는 이름이다. 종종 사람들이 GM이라는 회사는 있는데 왜 GM이라는 브랜드의 자동차는 안 보이는지 내게 묻는 일이 심심치 않게 있다.

GM의 디트로이트 본사

GM이란 이름, 그 의미는 무엇일까

포드나 도요타라는 이름과는 달리 GM이라는 이름은 그룹 모회사의 이름일 뿐이지 제품에 붙이는 브랜드가 아니다. 모회사가 있는 북미지역에서는 GM이라는 회사 내의 디비전(Division) 형태로 시보레(Chevrolet), 올스모빌(Oldsmobile), 폰티액(Pontiac), 뷰익(Buick), 캐딜락(Cadillac) 등과 같은 브랜드로 각각의 유통경로로 제품을 팔고 있다. 유럽이나 호주 같은 곳에서는 자회사의 형태로 오펠(Opel)이나 홀덴(Holden) 같은 브랜드로 사람들에게 알려져 있다. GM이 대우자동차를 인수하여 세운 GM대우도 GM이라는 회사가 인수한 게 아니라 GM 그룹사인 GM상하이와 홀덴, 스즈키가 함께 투자해서 인수한 것이다. 마치 미국이라는 이름은 있어도 그 안의 50개 주가 각기 다른 지형과 기후환경 속에 살면서 외교, 국방 이외의 분야에서는 독자적으로 운영되기에 미국이라는 나라는 실제 존재하지 않는다는 콘셉트와 유사하다.

모회사의 이름이 제품 브랜드로 쓰이지 않는 이런 독특한 방식은 설립 이후 100여 년 동안 다른 자동차업체와의 무수한 M&A를 통해 성장해온 GM의 역사에 기인하고 있다. 예를 들어 위에서 언급된 북미지역의 각 디비전의 대부분은 GM과의 합병 이전에는 별도 기업의 이름이자 제품 브랜드였다. 오죽하면 이런 저런 회사가 다 모였다고 해서 회사 이름도 제너럴 모터스(General Motors)로 지었겠는가?

어쨌든 이런 역사는 현재 세계 최대의 기업이자 세계 최대의 자동차업체로서 그룹 내 37개 정도의 브랜드를 가지고 세계시장을 주름잡고 있는 GM의 독특한 기업문화를 이해하는데 중요한 실마리가 된다.

캐딜락

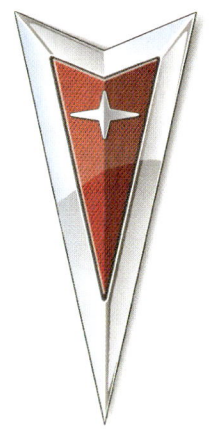

폰티액

토론을 통한 합리적이고 객관적인 해답 찾기

내가 오랫동안 각종 미디어에 의한 정보와 대우자동차 매각협상 시 컨설팅을 통해 접해보고, 최근 몇 년간 GM대우의 한국 내 실질적 총판딜러인 대우자동차판매㈜의 임원으로 GM을 상대하면서 늘 느끼는 점은 이들은 항상 자기들의 생각을 일방적으로 주장하기보다 계속적인 토론을 통해 합리적이고 객관적인 해답을 찾으려 노력한다는 점이다.

어떤 사안에 대해서든 모여서 회의하는 걸 좋아하고 객관적인 수치를 중시하여 사실 관계 확인을 위해 각종 데이터 수집에 주력한다. 포드의 경우 회의가 처음부터 서로 준비해온 주장에 대해 공격과 방어 위주로 진행되는데 반해, GM과의 회의는 어느 쪽의 주장이 더 합리적이고 객관적으로 옳으며 논리적으로 설득력 있게 잘 전개되는가가 관건이다.

나는 GM대우에서 회의를 하면서 아직 GM의 문화에 익숙하지 않은 GM대우의 한국인 임직원들이 논리적으로 밀리면 "그래도 얼마 전까지 한 그룹이었는데 그룹 차원에서 좀 도와줘야 되는 거 아냐!" 하면서 떼를 쓰다가 상관인 GM의 외국임원에게 그런 식으로 말하면 안 된다고 제재를 당하는 걸 여러번 보았다.

이해관계자들이 모여 다 함께 토론을 통해 모든 문제점들을 검토해보고 신중하게 가장 좋은 해결책을 찾아보자는 상향식 토론 문화인 것이다. 따라서 각종 회의는 지치도록 자주 열리고 한번 시작되면 대책 없이 길어지기 일쑤다. 그러고도 결론이 도출되지 못하면 최종결정과 그에 따른 실행은 계속 지연되니 뭐 좀 하나 하려고 해도 너무 느리다. 전형적인 '끝없는 검토와 느린 행동(Endless Study & Slow Action)'인데, 정착 GM 사람들은 그다지 조급해 하지도 않는다. 오히려 이 무질서한 세상에서 자기들이 바람직한 업무기준을 만

시보레

들어 우리가 사는 곳을 보다 조화롭고 효율적인 곳으로 만들면서 뒤떨어진 많은 사람들을 이끌고 가는 선구자 역할을 하고 있다는 자부심마저 느끼고 있는 듯하다. 치밀한 검토보다 타이밍이 더 중요한 경우도 있다는 지적에는 어차피 모든 이해관계자들이 동의할 수 있는 좋은 결론과 전체 그림이 만들어지지 못한 상황에서 어떻게 실행에 먼저 들어갈 수 있겠느냐는 대답이니, 빠른 결론과 신속한 행동에 익숙해져 있거나 성질 급한 상대방만 그 자리에서 숨넘어가는 것이다.

정신 차려 보니 뱀은 나가고 없었다

시간에 쫓기지 않고 합리적이고 객관적인 결론을 선호하다 보니 세계 유수의 자동차업체들 가운데 GM이 각종 사안에 대해 외부 컨설팅을 가장 많이 발주한다. 권위 있는 외부기관의 객관적인 조사결과를 참고로 하면 향후에 확률적으로 문제가 생길 가능성이 낮아질 것이라 믿기 때문이거나, 아니면 토론에 지쳐 해당 사안의 이해관계를 떠난 제3자의 의견에 따르자는 책임회피의 성격도 있다고 본다.

회의실에 나타난 뱀을 쫓기 위해 회의

GM의 조직문화를 단적으로 나타내 주는 뱀 이야기가 있다. GM 직원들과 회의하다가 지쳐서 씩씩거리는 나에게 GM 내부에서도 자주 나오는 이야기라며 그쪽 직원이 들려준 것이다.

어느 날 GM 사람들이 모여서 회의를 하고 있는 회의실 구석에 갑자기 뱀이 한 마리 나타났다. 놀란 직원들은 기존 회의주제를 제쳐놓고 저 뱀을 어떻게 처리할 것인가에 대해 새로 회의를 시작했다. 계속되는 토론에 결론이 나지 않자 결국 외부 컨설팅 회사에 맡기기로 했다. 이들은 적절한 외부 컨설팅 회사를 선정하기 위한 합리적인 기준을 선정하기 위해 다시 회의를 시작했다. 격론 끝에 겨우 기준을 선정하고 정신 차려 돌아보니, 웽걸 뱀은 이미 나가버리고 없었다는 것이다.

팀플레이에 의해 효율적으로 회의를 진행하는 포드와 달리, 이들의 회의진행은 한마디로 중구난방이다. 엄격한 위계질서가 있는 포드에 비해 위아래가 없다는 느낌이 늘 정도로 회의에 참여된 사람들은 지위에 관계없이 자유롭게 자기 의견을 얘기한다. 또 여러 부문의 직원들이 회의에 참석했을 때는 각각의 이해관계가 다른지라 그 자리에서 서로 다투기도 한다. 미리 자체 내 회의도 충분히 하지 않고 위에서 명확한 사전지침도 내려온 게 없으니, 부문 간 이해관계가 상충되면 각자의 영역을 지키고 자신의 단기적인 실적방어를 위해 때로는 꽤 언성이 올라가기도 한다. 다투면서 서로의 약점이나 때로는 회의 상대방에게 공격의 빌미를 줄 수도 있는 얘기들도 해대니 그런 모습을 앞에서 지켜보고 있으면 신기하기도 하고 좀 황당하기도 하다.

회의 중에 새로운 이슈라도 추가되면 조용히 나갔다 들어오는 포드와 달리 GM 직원들은 회의석상에서 부문 간 이해관계 다툼이 더 심해진다. 하긴 회의 시작할 때도 시간을 잘 안 지키고 각 부문이 따로 들어올 뿐만 아니라, 회의 중에도 각자 스케줄에 의해 중간에 나가버리는 경우가 많아 나중에 회의 끝날 때 보면 달랑 몇 사람만 남는 경우도 흔하다. 물론 결론도 잘 안 난다. 다음에 언제 회의할지도 나중에 서로 통보하자고 할 정도니 군대처럼 일제히 들어와서는 나름대로 결론을 내고 일제히 일어서는 포드의 조직문화에 익숙해져 있던 나에게 초기 GM과의 회의는 너무나 놀라웠다.

GM, 자유롭고 서민적인 이미지

GM의 자유분방하고 대중적인 성격은 직원들의 복장에서도 그대로 드러난다. 일정한 복장기준에 의한 분명한 느낌의 옷을 교복처럼 입고 다니는 포드와 달리, 이들은 부드럽고 연한 갈색이나 회색 같은 중간 톤의 양복을 즐겨 입고, 셔츠도 제 각각에 넥타이도 남대문 시장에서 파는 아줌마 브랜드 같은 걸 매고 다닌다. 전반적으로 편안하면서도 좀 아저씨 같고 촌스러운 느낌이 난다.

포드가 단정하고 귀족적인 느낌이 나는 유럽의 사립학교라면 GM은 자유롭고 서민적인 느낌의 미국 공립학교라고나 할까? 사실 전통적으로 포드의 오너 패밀리는 유럽의 귀족문화와 상류사회를 동경해 유럽지역에 많은 투자를 해왔다. 포드는 유럽, 특히 영국 분위기가 많이 나고 실제 영국 사람들은 포드를 심정적으로 거의 영국기업으로 받아들이는 경향이 강하다. 반면 탈권위적이고 합리적인 의견수렴을 선호하며 대중지향적이라는 측면에서 사실상 GM은 가장 미국적인 기업이라 할 수 있다.

이런 GM의 느낌은 자동차 디자인에도 그대로 반영된다. 북미와 호주 등지에서 생산되는 GM 자동차는 일단 디비전이 많으니 차종이 엄청나게 많다. 세계 어딜 가나 공립학교의 학생 수가 많은 것처럼 말이다. 각 디비전 특유의 개괄적인 디자인 유사성은 일부 가져가되, 그 많은 차종들이 일정한 디자인 패턴에 의해 단정하게 재단되는 것이 아니라 나름대로의 개성을 가지고 다양한 일반대중의 취향에 다 맞추려 하니 별 기기묘묘한 디자인이 다 나오곤 한다.

물론 대부분의 차종은 대중적이고 기능성 위주로 디자인되어 유럽차에서 느낄 수 있는 고급스러우면서도 단단하고 꽉 찬 느낌의 감각적 특질과는 거리가 있다. 2003년에 GM 그룹의 디자인 총괄로 영입된 자동차 개발의 백전노장인 밥 루츠(Bob Lutz)가 바로 이 점을 지적한 적이 있다. 그는 향후 GM 차종의 디자인을 보다 고급스럽고 감각적이면서 전체적으로 비례균형이 잘 맞는 방향으로 바꾸겠다고 선언했으니 좀 두고 봐야 할 것 같다. 사실 최근 들어 GM 그룹 내 각 브랜드들은 각 브랜드의 개성과 느낌을 일관되게 가져갈 수 있게 차량 디자인에 있어 통일된 주제를 보다 강력하게 가져가려는 경향을 보이고 있다.

한 지붕 여러 가족이 만드는 독특한 분위기

그렇다면 이런 GM의 특질은 어디에서 비롯된 것일까? 여러 가지 요인이 지적될 수 있겠으나 세계 최대 기업으로서의 여유와 자부심, 오너가 없는 전문경영인 체제 그리고 '한 지붕 여러 가족'의 오랜 전통 속에서 자연스레 생겨난 업체별, 국가별 다양성 존중의 경영철학이 가장 핵심요인이 아닌가 생각한다.

우선 GM의 여유는 수익성보다 시장점유율을 중시하는 경영전략에서 그대로 드러난다. 세계 최대의 자동차 메이커이니 지역별 편차는 다소 있을지라도 세계시장에서의 지배적 위치는 이미 확보되어 있는 것이다. 또한 경기라는 것은 시장에서 항상 주기적으로 변동하는 것이니, 불경기에는 다소 수익성을 희생하더라도 무이자 장기할부 같은 각종 금전적 지출을 통해 시장점유율을 지키고 있으면 나중에 경기가 좋아질 때 많이 팔 수 있어 장기적으로는 돈을 벌 수 있다는 생각인 것이다.

2002년 말부터 미국에서 시장수요가 침체 기미를 보이자 GM은 60개월 무이자 할부를 비롯한 각종 판매금융 인센티브를 무자비하게 지속적으로 실시하고 있다. 또한 GM이 대우자동차를 인수한 후 지속적인 내수침체 속에 라세티 3,000대 시승차 운영이나 대우차 1,000대 1년간 무료시승 같은 과감한, 그러나 비용이 엄청 소요되는 판촉 프로그램을 실시하고 있는 것이 다 이런 맥락에서 이해될 수 있다.

최근 국내 자동차시장에서 GM대우의 시장점유율은 10% 내외에서 유지되고 있는데, 이게 조금만 떨어지면 GM대우의 경영진과 국내 영업본부는 그야말로 난리가 난다. 연일 회의가 열리고 부진을 만회하기 위한 각종 판촉 아이디어를 내놓으라는 최고경영진의 성화에 담당자들은 피가 마른다.

대신 전체 시장점유율만 동일하게 유지되면 세부적으로 어떤 차종들이 얼마큼 팔렸는지 판매차종 구성(Sales Mix)에는 그다지 민감하지 않다. 예를 들어 2003년 한 해 동안 팔린 전체 GM대우의 국내 시장점유율은 10% 정도였고, 이 가운데 경차(마티즈, 라보, 다마스)의 판매비중은 26% 정도였다. 2004년 대우차의 시장점유율은 약 10%를 유지했는데 그 중 경차의 판매비중은 57%로 급증했다. 값이 싼 차가 상대적으로 많이 팔렸으니 당연히 수익성은 나빠졌을 터인데 GM대우는 별로 신경도 쓰지 않는다. 오히려 대당 판매가격의 일정 비율을 판매마진으로 받아 회사를 운영하는 대우자동차판매㈜가 수익성이 나빠져 아우성을 치니 그것 참 안 됐다는 식이다. 미국이나 유럽의 딜러들은 신차판매에서는 이익을 기대하지 않고 신차판매와 연계되어 발생하는 정비나, 부품, 용품, 보험 등에서 이익을 내고 있으니 대우자동차판매㈜도 신차 판매에만 너무 의존하지 말고 빨리 딜러로서 수익구조를 바꾸어야 한다고 훈시까지 하니 기가 막힌다.

기업문화를 이끄는 전문경영인 체제

GM의 릭 왜고너 회장

포드의 기업문화가 오너 패밀리에 의한 경영체제에서 비롯되었듯, GM의 독특한 기업문화도 오너가 아닌 전문경영인 체제에서 많은 부분 기인되고 있다.

오너 경영진의 경우 실패해도 자신의 지위에는 크게 영향이 없으므로 과감하고 신속하게 밀고 나갈 수 있는 반면, 전문경영인 체제에서는 늘 주주와 사외이사, 언론 등 눈치를 보아야 할 상대가 많고 단기실적에 따라 주가가 출렁거리면 경영진의 거취가 이슈가 되곤 한다. 따라서 실수하면 안 되고 신중하게 해야 하므로 검토에 많은 시간이 소요되고 덕분에 큰 사고는 안 치게 되는 장점도 있다.

하지만 단기적인 실적관리에 치중하게 되고, 책임회피를 위해 경영진 개인이 아니라 여러 명이 모인 회의체의 결정을 통해 정책을 입안하게 된다. 그러니 GM 내에서 그렇게 회의가 많고 중요한 결정이 자꾸 미루어지는 것이다. 때로는 타이밍을 놓쳐 중요한 결정에서 기회를 잃어버리는 경우도 종종 있다. 대신 어떤 중요한 이슈가 지나간 다음에도 누군가 칼같이 끊어주는 사람도 없으니, 내부에서 누군가는 계속 기다리다가 나중에 상황이 바뀌면 여전을 시키는 끈질긴 저력을 보여주기도 한다.

손에 피 한 방울 묻히지 않고 대우차를 인수하다

지난 번 대우자동차의 국제입찰이 좋은 예이다. 2000년 6월 포드가 압도적인 조건으로 1차 입찰에서 우선협상 대상업체로 선발되어 몇 개월 동안 정밀실사를 벌이고 있을 때였다. 당시 GM의 협상책임자였던 앨런 패리튼 사장이 계속 관계기관들을 돌면서 포드는 너무 무리한 수치를 제시했으니 인수를 하지 못할 것이고 여러 조건들을 감안할 때 대우자동차를 위한 최적 인수업체는 역시 GM이라고 설득하고 다닌 사실은 잘 알려져 있지 않다.

1998년 당시 대우그룹의 김우중 회장과 본격적으로 대우자동차 매입협상을 시작한 이후 매입여건이 좋아지기를 계속 기다려온 GM이었다. 2000년 9월 포드가 갑자기 떠난 후 모든 관계기관들과 언론들이 GM을 주목할 때도 별다른 움직임 없이 여건이 좋아지기를 기다리며 채권단과 우리나라 정부의 속을 태웠다. 이들은 2001년 5월이 되어서야 본격적인 협상에 나섰고, 그 사이에 대우자동차는 생존을 위해 노조와의 엄청난 갈등을 겪으며 대대적인 구조조정에 들어가지 않을 수 없었다. 자기 손에 피 한 방울 묻히지 않고 대우자동차의 구조조정을 유도하면서 그 과정을 면밀히 관찰하고 있던 GM에게 따로 갈 곳도 없는 대우자동차의 매입협상은 식은 죽 먹기였고, 결국 1년 뒤 GM은 코너에 몰린 채권단을 몰아붙여 자기들이 원하는 조건으로 대우자동차의 인수에 성공하게 된다.

1998년 대우그룹과 협상하면서 50억 달러를 제시했던 GM이 불과 4억 달러를 가져와 신설 GM대우의 자본금으로 하면서 그 주식의 1/3만 매각 대가로 채권단에게 주고 향후 7억 달러의 저리융자 약속까지 추가로 받아냈으니, 한마디로 GM의 완벽한 승리였다. 지난 1995년 과감하고도 신속하게 움직인 대우자동차에게 폴란드의 FSO를 빼앗겼을 때, 이미 GM은 1990년부터 5년간 끈질기게 인수협상을 진행하면서 FSO 공장 한 모퉁이에 소규모 조립공장을 지어 놓고 현지공장 운영의 테스트까지 하고 있었을 정도이니 GM이 어떤 회사인지 알 만하지 않은가?

GM대우는 중국시장을 위한 교두보

다양성을 존중하는 GM의 기업문화는 다른 기업과의 M&A에서도 경영권 확보 보다는 상호협력(Mutual Cooperation)을 강조하는 형태로 나타난다. M&A 시에 경영권을 확보한 후 경영진을 파견하여 디어본 본사의 방침에 따라 신속하게 움직이는 통합(Integration) 지향의 포드와는 확실히 다르다. GM은 다른 업체와의 느슨한 연대(Alliance)에 의해 서로의 협력방안을 모색하는 걸 선호한다.

긴밀한 협력이 필요해지면 소량의 지분을 보유해보고 계속적인 협력을 통해 상대방의 실력을 검증하고 상황변화를 주시한다. GM의 스즈키 지분은 현재 20%지만 초기에는 10%였을 정도다. 지분율을 높여가더라도 여간해서는 본사에서 경영진을 파견하지도 않고 대상업체의 현지 잠재력을 극대화시키는 전략을 구사한다.

이렇게 보면 M&A 초기부터 강력한 경영권을 확보하고 들어온 GM 대우는 매우 예외적인 경우이다. 그만큼 대우자동차 내부의 자생력이 오랜 부실로 인해 고갈되어 있었다고 볼 수도 있고, 아니면 신흥시장과 선진국 저가시장에서 보다 빨리 우위를 선점하기 위한 대우자동차의 전략적 중요성이 그만큼 컸다고 볼 수도 있겠다.

실제적으로 GM은 대우자동차 인수 이후 마티즈, 라세티 등 기존의 소형차를 중국에서 생산하여 단기간에 중국시장 내 시장점유율 2위로 도약하는 놀라운 성과를 보이고 있다. 또한 태국, 인도, 베트남 같은 동남아시아의 주요시장에서도 GM대우의 차량들을 현지 생산하여 급속도로 시장점유율을 높여가고 있다.

GM이 현재 4% 내외에 머물고 있는 이시아지역 전체의 시장 점유율을 2010년까지 10%로 올리겠다고 자신 있게 선언할 수 있는 것도 결국 값싸고 품질 좋은 중소형차를 개발하여 공급할 수 있는 GM대우가 배경에 있기 때문이다. 시보레와 스즈키도 유럽과 북미시장에서 GM대우차를 자사 브랜드로 판매하여 시장 점유율을 급속히 늘리고 있다. GM대우의 칼로스(수출명은 시보레 Aveo)는 작년 미국 내 소형차 부문 판매 1위에 오르는 영광을 누리기도 했다.

GM의 새로운 변신

이러한 느슨한 연대 전략은 이질적인 기업들과의 M&A에서 흔히 일어나는 문화적 갈등(Cultural Conflicts)이 최소화되고 대상업체와의 시너지 효과도 상대적으로 단기간 내에 발생시킬 수 있다는 장점이 있는 반면, 그룹 내 여러 기업들 간 투자와 인적자원의 중복이나 부품공용화의 부진으로 인한 손실 발생, 나아가 통일된 그룹으로서의 시스템 공유나 장기 비전의 결여라는 약점을 갖고 있다.

이질적인 문화와 인종들이 모여 살면서 다양성을 근간으로 사회 구성원들 간에 공유된 규칙에 의해 움직이는 미국사회의 속성을 가장 잘 대표하는 GM인지라, GM의 조직문화는 배타적인 포드와 달리 상당히 개방적이고 외부영입에 대한 거부감도 없는 편이다.

결국 수치와 매뉴얼에 의해 기능적으로 움직인다는 얘기인데, 그만큼 인간

미가 없고 관료적인 냄새가 강하다는 단점도 지적될 수 있다. 자기가 맡은 업무에서 사고만 치지 않거나, 아니면 단기적으로 실적을 올려 다른 부문으로 승진해 가면 그만이니 나중에야 어찌 되었건 소위 일을 저질러서 반짝 실적을 올리려고 하는 경향도 강하다. 윗사람들이 주로 수치에 의해 업적평가를 하니 아랫사람들은 주어진 수치목표를 질적인 측면은 도외시한 채 표면적으로 달성해 놓고자 하는 경우도 종종 있는 듯하다.

급변하고 있는 경영환경에 대해 너무 느리게 반영하고 회의를 통한 합의 도출에 너무 시간을 허비한다는 내외 비판에 대응하여 요사이 GM 내부에서는 가급적 회의를 배제하고 되도록 이메일을 주고받아 업무를 추진하는 경향이 나타나고 있다. 그러나 이메일 체크하고 답신을 보내는 데에도 걸리는 시간이 만만치 않고 서로 이메일로 책임 소재 공방이 벌어지는 등 새로운 문제들이 나타나고 있어 아직 가야 할 길은 멀다.

최근 몇 년간 계속된 판매부진과 급추격해 오는 도요타에 위협을 느낀 GM의 최고경영진도 이제는 과거와 같은 느긋한 자세를 가질 수 없다. 이들은 점차 디트로이트 본사의 권한을 강화하고, 유럽, 아시아 같은 주요 지역에서 지역본부의 권한강화 및 생산, 개발, 판매 등에 있어 GM그룹 내 브랜드 사이의 효율적인 통합운영을 강조하는 등 거대공룡 GM이 새로운 시대의 도전을 맞이하여 라이벌인 포드의 방식을 일부 모방하고 있어 흥미를 끌고 있다.

'위대한 대중기업 문화'의 GM은 현재 신흥시장에서는 미국문화의 침투와 함께 시보레 브랜드를 앞세워 대중적인 이미지로 계속 나아가는 반면, 선진국 시장에서는 대중성을 벗어나 캐딜락과 사브를 중심으로 한 고급화에 주력하고 있다. 21세기 자동차업계의 최대 화두인 환경문제에 관한 급증하는 사회적, 정치적 압력과 이미 포드를 추월한 도요타가 2010년까지 세계시장의 15%를 점유하여 GM을 제치고 세계 1위가 되겠다고 선언하는 등 새로운 경쟁구도 속에서 GM의 경영과 기업문화가 어떻게 바뀌어갈지 관심을 갖고 지켜볼 일이다.

3 도요타

도요타 본사는 도쿠가와 이에야쓰의 근거지였다

19세기 말 자동차라는 물건이 발명된 이후 생겨난 대부분의 자동차업체들은 천재 엔지니어에 의해 설립되어 그의 이름이 회사 브랜드가 되고, 주요 개발자이자 오너인 그의 강력한 지도력에 의해 성장해 왔다. 그러나 도요타는 직물제조 기계업체로 시작한 뒤 1930년대 군부의 중국침략을 돕기 위한 일본정부의 정책과 지원에 의해 군사용 트럭의 생산을 맡게 되면서 본격적으로 자동차산업에 뛰어든 특이한 이력을 가지고 있다.

후발업체 도요타의 경쟁력은 시스템

서양의 경쟁 자동차업체에 비해 기술적으로 뒤떨어진 후발업체로서 상대적으로 짧은 역사, 미약한 브랜드 파워, 빈약한 내수시장 등의 핸디캡을 극복하고 1970년대 이후 비약적으로 성장하여 세계 자동차업계의 신데렐라가 된 도요타는 그 놀라운 성장 밑거름이 된 생산성과 품질, 원가관리 등의 측면에서 세계 자동차업계와 학계의 끊임없는 연구 대상이 되어 왔다.

이 회사의 유명한 JIT(Just In Time) 생산관리, 칸반(Kanban) 방식 등 특유의 생산 시스템에 대한 수많은 연구논문과 기사들을 읽으면서 내가 가졌던 가장 큰 의문은 이렇게 좋은 시스템이 왜 다른 자동차업체, 특히 같은 일본문화를 공유하고 있는 닛산이나 혼다에는 적용이 안 되고 있는가 하는 점이었다.

나름대로 생각 끝에 내가 내린 결론은 오랜 세월을 거쳐 만들어진 도요타만의 독특한 기업문화가 먼저 있었고, 그 문화를 근간으로 오랜 시간에 걸쳐 자생적으로 만들어진 시스템들이기에 오직 이 회사 안에서만 그런 시스템들이 돌아갈 수 있지 않은가 하는 것이었다.

포드가 개발한 컨베이어 시스템을 100년도 넘게 어느 나라의 어느 기업이든 지금도 채택하여 사용하고 있는 것은 인간적 요소보다 기능 위주로 움직이는 미국사회에서 개발된 시스템답게 컨베이어 시스템이 글로벌 스탠더드로서 문화적 보편성과 기능적 우수성을 갖고 있기 때문이다.

1935년산 도요타 G1 트럭

이런 측면에서 도요타의 각 시스템들은 기능적 우수성은 있되 문화적 보편성이 결여되어 있다고 볼 수 있는 것이다. 그동안 도요타가 생산, 품질, 판매, 물류 등 여러 주요한 부문에서 쓰고 있는 각종 시스템들을 연구하여 객관화, 보편화하거나 벤치마킹을 통해 자사에 도입하려던 세계 학계와 자동차업체들의 많은 시도들이 결국 성과를 거두지 못했다. 이들의 시스템 기본에 깔려 있는 문화라는 요소를 지나쳤기 때문이다. 그렇다면 도요타는 대체 어떤 기업문화를 가지고 있기에 그런 독특한 시스템들이 오랜 세월에 걸쳐 만들어지고 실행될 수 있었을까?

도요타는 일본 중부의 아이치현(愛知縣)에 위치한다. 지금의 나고야 시(名古屋 市)를 포함한 이 지방은 과거 일본의 전국시대를 마지막으로 통일한 도쿠가와 이에야스(德川家康)의 근거지로 일본 내에서는 지금도 옛날 명칭인 미가와(三河) 지방으로 불리고 있다.

오랜 지방봉건제의 전통으로 인해 각 지방의 특색들이 우리나라보다 더 두드러진 일본사회에서도 이 지역은 다른 곳과 확실히 구별되는 아주 독특한 문화를 가지고 있다. 물론 일반적으로 일본 내에서 일본사람들의 조심스러운 태도 때문에 쉽게 겉으로 드러나지 않을 뿐이지 도쿄를 중심으로 한 간또(關東) 지방과 오사카(大阪)를 중심으로 한 간사이(關西) 지방 간의 지역감정도 우리 나라의 영호남 이상으로 강하게 남아 있다. 우리나라 프로야구에서 기아 타이거즈와 롯데 자이언츠가 붙었을 때 양쪽 응원단들이 가장 열성적으로 응원하는데, 일본에서도 가장 인기 있는 스포츠인 프로야구에서 오사카의 한신(阪神) 타이거즈와 도쿄의 요미우리(讀賣) 자이언츠가 중요한 경기에서 맞붙으면 양쪽 응원의 격렬함과 열성은 그야말로 대단하다.

무서운 주군 도요토미를 받들기 위한 처절한 노력

미가와 지방의 특색을 잘 나타내 주는 과거 일화가 있다. 잘 알려져 있듯이 도요토미 히데요시(豊臣秀吉)는 일본 전국시대를 통일하여 오랜 내전을 끝낸 뒤 싸움으로 단련된 무사들의 불만을 잠재우고 당시 문화선진국이었던 조선의 앞선 문물과 기술자들을 뺏어오기 위해 조선을 침공할 계획을 세웠다.

하지만 잠재적 라이벌인 도쿠가와 이에야쓰가 그사이 허점을 이용하여 뒤에서 반란을 일으키지 않을까 우려하여 침공 전에 도쿠가와를 제거하기로 마음먹는다. 그래도 주요 지역의 영주이고 겉으로나마 충성을 맹세하고 있는데 무조건 죽일 수는 없는지라 죽일 명분을 찾게 되었다. 고심 끝에 도요토미는 커다란 금 잉어를 한 마리 선물로 보냈다. 귀한 하사품을 받아 든 도쿠가와는 큰 고민에 빠지게 되었다. 제대로 키우기 힘든 금 잉어가 죽기라도 하면 자신의 성의를 소홀히 했다고 하여 그걸 핑계로 자기를 죽일 것이 너무나 명백하기 때문이었다. 주군의 목숨이 위태로워진 걸 직감한 도쿠가와의 부하들은 금 잉어를 잘 키우기 위해 백방으로 노력했으나 장거리 수송에 지치고 새로운 환경에 적응하지 못한 금 잉어는 차츰 죽어가고 있었다. 그러자 충성심이 가득한 주방장이 이를 보다 못해 밤에 금 잉어를 꺼내 회를 쳐 먹고 내가 너무 먹고 싶었노라고 유서를 남기고 자결해 버렸다. 주군을 지키기 위해 부하가 자기 목숨을 버린 것이다.

기회를 노리고 있던 도요토미로서는 황당하면서도 부아가 치미는 일인지라 이번에는 시찰이라는 명목으로 근거지인 오사카를 떠나 미가와 지방까지 직접 찾아가겠노라고 통보했다. 최고 권력자인 자기가 머무르는 동안 대접에 조금이라도 소홀함이 있을 시에는 그것을 핑계로 도쿠가와를 죽일 심산이었던 것이다.

　까다로운 도요토미가 뭐 하나 꼬투리를 잡는 것은 일도 아닌지라 도쿠가와는 이제 완전히 죽은 목숨이나 다름없었다. 무기를 들고 싸움을 걸어봐야 승산이 없으니 주군의 목숨을 지키기 위해 부하들과 미가와 지방 백성들은 일치단결하여 치밀한 영접계획을 짰다. 이들은 수백 명에 달하는 대규모 시찰단이 오사카를 출발할 때부터 다시 오사카에 돌아 들어가는 시점까지 완벽하게 모셔서 도요토미가 흠잡을 명분을 주지 않는 엄청난 드라마를 연출해낸다.

　이게 말이 쉽지 얼마나 힘이 들었겠는가? 당시부터 완벽한 계획과 철저한 실행을 해낸 전통이 있었기에 '완벽을 위한 끊임없는 노력(Relentless Pursuit of Perfection)'을 모토로 끈질기게 품질을 갈고 닦는 지금의 렉서스가 탄생할 수 있었다고 본다.

세가 불리할 때는 철저히 몸을 낮춰라

도무지 도쿠가와를 죽일만한 꼬투리를 찾지 못한 도요토미는 결국 그를 죽이는 것을 포기한다. 그래도 마음이 놓이지 않아 도쿠가와와 부하들에게 식솔들을 이끌고 에도(江戶)로 근거지를 옮길 것을 명령한다. 근거지를 옮기면 새로 도시도 건설해야 되고 논밭도 일구어야 하니 한동안 반란을 일으킬 여유를 갖지 못하게 되기 때문이다.

　세가 불리할 때 철저히 몸을 낮추는 데는 도가 튼 도쿠가와와 부하들은 이번에도 역시 군소리 하나 없이 정든 고향을 버리고 에도로 가서 새로운 도시를 건설한다. 이곳이 바로 지금의 도쿄이다. 현재의 도쿄는 규모도 크고 모든 도시의 인프라 측면에서 세계 최고의 도시 중 하나이지만, 당시만 해도 강 하구의 한갓진 조그만 포구에 불과했고 개펄과 진흙투성이 지역이라 대규모 인원이 이주해 살기에는 부적합한 지역이었다. 산도 없는 넓은 평원지대인지라 전쟁이 일어나도 방어에는 매우 불리하니 도요토미가 지역 하나는 제대로 잘 고른 셈이다.

실제로 도쿠가와는 도요토미가 조선 침공에 전력을 기울이는 동안 찍소리 하나 내지 않고 개펄에 수많은 말뚝들을 박아가며 지금의 도쿄의 기초를 닦았다. 일은 많은데 일손은 딸리고 먹을 것도 없으니 일터에 밥솥 걸어 밥만 겨우 해놓고 에도 앞바다에서 생선을 잡아 얇게 씰어 조그만 주먹밥 위에 얹어 식사 시간에 쭉 나누어주었다. 일꾼들은 반찬도 없고 바쁘기도 하니 간단히 간장만 찍어 몇 개 먹고는 다시 일터로 돌아갔다고 하는데, 이들이 먹었던 음식이 지금 우리가 비싼 돈 주고 사 먹고 있는 스시(壽司)의 원조가 되었다. 그래서 이런 스시를 교토 지역의 전통적인 오시(押し)스시와 구별하여 일본에서는 에도마에(江戶前) 스시라고 부르기도 한다. 에도 앞바다에서 잡은 생선으로 만들었기 때문이다.

옛날 노무자들이 먹던 간단한 음식이 지금은 세계 선진국에서 돈 있는 사람들이 즐기는 비싼 고급음식이 되었으니 참으로 아이러니하다. 일본이 경제대국이 되면서 일본정부나 대기업들의 자금지원으로 일본의 역사와 전통 그리고 각종 문물을 긍정적으로 표현한 영화나 각종 전시회, 이벤트들이 각 나라에서 줄을 잇고 그러한 영향을 통해 사람들이 일본에 대해 좋은 느낌을 갖게 되는 걸 보면, 문화라는 것도 결국은 경제, 즉 돈이 기반이 되어야 함을 알 수 있다.

도요타 JIT 시스템의 비밀

도요타의 기업문화가 어떠한 지역특성 속에서 형성되었는가를 살펴보았는

렉서스 SC430

데, 도요타 계열사들과 협력업체들이 도요타라는 회사를, 그리고 도요타 사내에서는 조직원들이 최고 경영진을 옛날의 도쿠가와처럼 대하고 있다고 보면 도요타의 기업문화와 거의 들어맞는다. 조직에 대한 놀라운 헌신과 조직 책임자에 대한 무조건적인 충성 및 조직 구성원에 대한 철저한 배려, 대외적으로는 의심 많고 배타적이면서도 내부는 동질성으로 강하게 결집된 운명공동체, 상황이 불리할 때는 완전히 몸을 낮추어 상대방에게 공격의 빌미를 주지 않으면서 그 사이에 힘을 키워나가는 유연한 대응, 명분보다는 실리를 추구하는 실용적인 상인정신, 치밀한 사전조사와 완벽한 계획수립 및 철저하고도 지속적인 실행에 대한 집착 등이 구체적으로 열거될 수 있는 미가와 지방의 특색이다. 이러한 특색은 일본 내에서도 좀 유별난 편이라 미가와주의(三河主義)라는 말이 있을 정도다. 도요타가 수십 년째 노사 문제없는 무분규 사업장이 되어 있는 것도 다 이런 맥락에서 이해할 수 있다. 노조위원장이라는 사람이 회사가 역대 최고의 수익을 낸 2003년에 불확실한 미래에 대비해야 한다면서 앞장서서 임금동결을 선언했을 정도이니 알 만하지 않은가?

JIT 시스템은 협력업체의 희생 위에서

도요타의 유명한 JIT(Just In Time) 시스템도 결국 이러한 도요타의 독특한 문화적 배경 내에서만 실행 가능한 시스템이다. JIT가 뭐 대단한 시스템인 것 같지만 사실 알고 보면 도요타의 부품재고 부담을 부품협력업체한테 떠넘긴 것에 불과하다.

보통 부품협력업체에서는 오전에 한 번, 오후에 한 번 트럭으로 부품을 자동차 조립공장에 넣는다. 도요타는 부품재고를 안기가 싫어 부품창고도 없애고 자기 생산계획에 맞추어 수시로 부품협력업체한테 물건을 갖고 들어오라고 지시를 내린다. 물론 정밀한 생산관리 전산시스템을 개발하여 부품협력업체들과 공유하니 그들은 화면에 뜬 정보에 따라 열심히 공장에 들락거린다.

도쿄와 나고야를 잇는 도오메이(東名) 고속도로가 차량통행이 한가한 시간에도 나고야 근처에만 가면 막히곤 했는데, 도요타의 각 공장으로 나가는 고속도로 출구 앞에 공장의 작업시간에 맞추어 부품을 대기 위해 부품협력업체들의 트럭들이 줄지어 늘어서 대기하고 있었기 때문이었다. 조금만 늦게 들어와 공장 라인이 멈추어 서거나 하면 난리가 나고 라인가동 중단에 따른 손해액을 그 부품협력업체에게 물려버리니 어쩔 수가 없는 것이다. 참으로 무서운 조직의 폭력이자 갑에 의한 을의 착취가 아닐 수 없다.

그렇지만 아무리 어려운 환경에서도 도요타가 자신들을 버리지 않을 것이라는 믿음을 갖고 있기에 그 대가로서 부품협력업체들은 그 정도의 부담을 달게 받아들이는 것이다. 실제로 1950년대 초 부도위기를 겨우 벗어난 도요타가 최우선적으로 실시한 경영정책은 여하한 경우에도 사내에 외주 구매부품의 3개월 치에 해당하는 현금은 가지고 간다는 것이었다. 당시 외주부품에 대해서는 90일 어음을 주었으니 회사가 부도가 나더라도 부품협력업체들에게 빚은 남기지 않겠다는 원칙인 것이다.

우리나라에서 만일 현대자동차가 이런 식의 JIT 시스템을 시행한다면 과연 어떤 일이 벌어질지 상상해보는 것도 재미있겠다. 사실 일본 내에서도 JIT는 부품 협력업체들한테 너무 과중한 부담을 준다고 비판이 고조되고 있어 점차 사라지고 있는 중이다. 도요타의 해외 공장들에서도 JIT 시스템을 쓴다고는 하나 훨씬 완화된 형태의 시스템을 쓰고 있다. 물론 닛산이나 혼다 같은 다른 일본 자동차업체들도 도요타식의 과도한 JIT 시스템을 쓰고 있지 않다. 자신들의 기업문화에 맞지 않기 때문이다.

돌다리도 두들겨보고 건너라

이러한 문화적 전통을 가졌기에 도요타 직원들은 의심 많고 신중하며 절대 함부로 나서거나 과감한 행동을 취하지 않는다. 지극히 예의 바르게 행동하면서 외교적인 언행에 익숙하여 함부로 속을 내보이거나 상대방에게 비난 받을 꼬투리를 거의 남겨놓지 않는 건 물론이다.

● 렉서스 LS430

　같이 회의를 해보면 자기네들이 먼저 만나자고 했을 때조차 처음에 간단히 자신들의 취지를 설명한 후 조용히 들으면서 상대방의 얼굴을 뚫어져라 응시한다. 마치 상대방의 관상을 보든가 아니면 상대방의 진심을 읽고자 하는 것 같아 당황스러워 회의를 하면 몹시 긴장되곤 했다. 그리고 어떤 경우에도 그 자리에서 시원스레 답을 하는 경우는 보지를 못했다. 예스든 노든 일단 검토해 보겠다고 하니, 솔직하고 화끈한 걸 좋아하며 성질까지 급한 우리나라 사람들은 회의하다가 답답한 김에 제 성질을 못 이겨 본심을 드러내는 경우가 많다. 그러니 결국 협상에서 지는 것이다.
　그렇다고 해서 도요타가 GM처럼 하염없이 결정을 미루지는 않는다. 대개의 경우 사전검토를 충실히 하기 때문에 상대방과 회의를 하며 얻은 정보를 더하여 여러 가지 요인들을 세밀하게 짚어보느라 시간이 좀 걸리는 정도다. 이런 측면에서 도요타는 전통적인 일본의 특색을 가장 잘 나타내고 있는 기업이라고 할 수 있다.

은둔의 기업 도요타, 때를 기다리다

지금은 도요타가 세계 자동차업계를 호령하고 다니는 강자가 되었으니 우월한 입장에서 자신 있게 실체를 드러내고 있다. 하지만 사실 처음부터 그랬던 것은 아니었다. 도요타는 도쿠가와가 그랬듯이 힘이 모자라고 세가 불리했던 1970년대까지 본거지인 미가와 지방에서 벗어나지 않았던 은둔의 기업이었다. 당시 전통적 라이벌이었던 닛산이 도쿄를 근거지로 가지고 있던 인연으로 상대적으로 개방적인 기질에다 최고경영진들이 대내외적으로 일본 자동차업계를 대표하고 다니며 폼을 잡을 때에도 도요타는 거의 중앙무대에 모습을 드러내지 않았다.

지역밀착형 판매로 일본 내수시장 석권
1960년대 닛산이 일본 내 전국적인 직영 판매조직을 만들어 도쿄 본사에서 각 지방으로 지점장들을 파견하고 정기적으로 교대시키는 중앙집권식 네트워크를 만들고 있을 때, 도요타는 전국을 돌면서 지방의 유력한 토착기업들을 해당지역 딜러로 임명하고 다녔다. 이른바 지방분권형 판매 네트워크인 셈인데 1970년대 두 차례에 걸친 오일쇼크로 일본 내수경기가 침체에 빠졌을 때, 각 지역의 인적 네트워크를 활용하는 이러한 지역밀착형 판매는 대성공을 거뒀다. 이는 '판매의 도요타'란 별명과 함께 일본 내 판매에서 라이벌이었던 닛산을 따돌리는 결정적인 계기가 되었고, 도요타는 비로소 일본 내 판매 1위의 위치에 확고하게 올라서게 되었다.

어찌 보면 도요타가 멀리 내다보고 현명한 판매정책을 썼고, 지역특색이 강한 일본인지라 그런 지역밀착형 판매가 일본문화에 어울리는 측면도 분명히 있었을 것이다. 그러나 내가 생각하기에는 당시 촌스럽고 내성적이었던 도요타가 전국적인 판매망을 깔고 유지할 돈도 충분치 않았을 뿐만 아니라 타지방으로 나가 그곳 사람들과 어울리는 게 어색하고 자신도 없었기에 그렇게 했던

게 아닌가 싶다. 운 좋게 타이밍이 절묘하게 맞았다고나 할까?

어쨌거나 1990년대 열띤 구조조정을 거치면서 여타 일본 자동차업체들이 다 쓰러질 때, 일본 국적의 대표적인 자동차업체로 살아남은 도요타와 혼다가 모두 충분히 힘을 기를 때까지 근거지 시골에서 은인자중 했던 걸 보면(혼다의 근거지는 도쿄와 나고야의 중간 정도인 시즈오카현(靜岡縣)의 지방도시인 하마마쓰다), 잘 나갈 때 작은 성공에 도취되어 함부로 나대지 않는 것이 성공의 필수조건인 것 같다.

해외공장 설립도 경솔함은 절대 금물

도요타의 신중함은 해외공장 건설에서도 나타난다. 닛산이 내수의 열세를 만회할 겸 세계화를 한다며 1980년대에 과감하게 치고 나가 영국과 멕시코에 공장을 지을 때도 도요타는 보고만 있었다. 결국 닛산은 이때 성급하게 지어놓은 해외공장의 부실로 10여 년 뒤에 경영위기에 몰리게 된다.

1980년대 중반 미국 레이건 정부에 의한 일본차의 대미수출 자율규제로 미국 내 공장건설이 시급한 과제로 떠올랐을 때도 도요타는 결코 서두르지 않았다. 자신들의 일본식 경영방식으로 미국 현지인들과 현지의 부품협력업체들을 다룰 수 있을지 자신이 없었던 것이다. 결국 도요타가 택한 방식은 GM과 조인트 벤처(Joint Venture)로 리스크를 최소화하면서 일본인이 많이 살고 해외 문물에 상대적으로 개방적인 캘리포니아 주에 현지공장(NUMMI)을 짓는 것이었다.

여기에서 수많은 테스트로 미국문화와 사회관습을 연구하고 다른 일본 자동차업체들의 미국 내 현지공장들의 사례와 현지 시장의 반응 등을 철저히 연구한 끝에 승산이 있다는 판단이 들자, 80년대 후반부터 막강한 자금력을 앞세워 순식간에 미국 내 대규모 공장들을 지어 나갔다. 이미 북미에서 도요타의 생산능력은 연간 150만 대에 달해 북미에 생산설비를 갖춘 외국 자동차업체 중에 최대 규모를 자랑한다.

유럽에도 다른 일본 자동차업체들의 현지공장 사례를 지켜보면서 철저히 준비만 하다가 프랑스에 소형차 공장을 최초로 세운 것이 불과 몇 년 전의 일이다. 지금은 유럽시장에서의 판매량 확대를 위해 작년에 체코에 진출하는 등 현지 생산능력을 맹렬하게 확장하고 있으니 돌다리도 두드려보고 건너는 정도가 아니라, 두드려 보고 확신이 생기면 돌다리를 걷어내고 넓고 튼튼한 콘크리트 다리를 놓는 식이다.

도요타의 80점주의

도요타는 또한 쓸데없는 체면치레나 실속 없는 명분에 얽매이지 않고 철저하게 시장에 맞추어 행동하며 실리를 추구하는 지극히 실용적인 기업문화를 갖고 있다. 이런 행태를 잘 나타내 주는 말이 유명한 '도요타의 80점주의'이다. 일반적으로 엔지니어가 자동차를 개발할 때 도달하고자 하는 가장 이상적인

도요타 프리모

수준을 100이라고 하면 일반 소비자들은 80만 넘어가면 그 이상의 차이를 구별하지 못한다는 것이 도요타의 생각이다.

같은 일본의 자동차업체이지만 닛산이나 마쓰다가 엔지니어의 혼을 강조하면서 불철주야 노력하여 특정부품의 수준이나 전체 자동차의 어떤 특성 같은 걸 82나 83 정도로 올리는데 성공하여 새로운 지평을 열었다며 기쁨에 겨워 순수한 눈물을 흘릴 때, 도요타는 조용히 소비자는 현재 무엇을 원하는가를 연구한다. 소비자의 수준에 맞추어 소비자가 원하는 걸 보다 싸게, 보다 완벽한 품질로, 보다 편리하고 좋은 매너로 전달하면 되는 것이지 그 수준의 높고 낮음은 전혀 문제 되지 않는다는 것이다.

내가 일본에서 주재원으로 있을 때 자동차공학 잡지 같은 걸 보면 늘 표지를 장식하면서 남들이 못하는 어려운 개발을 해냈다고 대문짝만하게 나오는 건 거의 다 닛산이나 마쓰다, 아니면 가끔 혼다 정도였다. 도요타는 남들이 개발해 놓은 걸 개량해서 뭘 만들었다고 짧은 기사에서 언급되는 정도였다. 그

도요타 프리우스

래서인지 도요타 차의 디자인을 보면 획기적인 새로운 콘셉트보다 대중적이고 이해하기 쉬우면서 당시 시장의 트렌드에 맞는 특징들을 적절하게 감각적으로 엮어놓는다. 물론 청결과 질서를 선호하는 일본문화의 산물인지라 군더더기 없이 말끔하고 산뜻하면서 비례균형을 맞추는 일본차의 특징도 두드러진다.

사실 회사나 연구 인력의 규모는 도요타가 훨씬 큰데 자동차관련 특허 건수는 닛산이 더 많다. 원래 정통 엔지니어들이 만족해 하는 멋진 부품들은 만들기도 어려울 뿐더러 기능도 복잡하니 잘 망가지고 원가도 비싸진다. 시장이 좋고 다 같이 성장할 때는 표시가 잘 안 나지만 조금만 경제가 어려워지면 이런 기술중심의 자동차업체들은 과도한 원가 부담과 시장의 외면으로 경영위기에 쉽게 봉착한다. 닛산이나 마쓰다가 그랬고 우리나라에서는 기아자동차가 그랬다.

이들 메이커들이 자기들이 좋아하는 성능 위주의, 그리고 보이지 않는 부분까지 훌륭한 자동차를 만들어 자동차는 이래야 한다며 소비자들을 교육시키려 했다면, 도요타는 인력과 자금을 쓸데없는(?) 곳에 쓰지 않고, 눈에 보이는 내외장 스타일과 색상, 누구나 쉽게 느낄 수 있는 소음과 진동, 그리고 소비자가 귀찮아하는 잔고장과 복잡한 기능 등의 개량에 매진했다. 또한 정비망의 확충 및 딜러와 판매사원들의 교육에 치중해 차량의 구매와 보유에 대한 소비자만족을 높였다. 일명 토탈 마케팅(Total Marketing)에 주력한 것이다.

그래서 도쿠다이지 아리스네(德大寺有恒) 같은 일본의 유명한 자동차 평론가들은 도요타차가 무미건조하고 가치가 없다고 싫어하지만, 도요타는 별로 신경을 쓰지도 않는다. 평론가나 마니아들이 평생에 차를 몇 대나 사주냐는 생각에다가 소비자들이 자동차와 함께 하는 생활에서 진정으로 원하는 것은 내가 더 잘 안다는 자부심의 표현인 것이다.

큰 조직은 마를 틈이 없다! 짜면 언제나 물이 나온다

도요타 기업문화의 또 하나의 특징은 조직을 철저히 통제하고 끊임없이 조직에 긴장감을 불어넣는다는 점이다. 도요타에 대한 유명한 어록들 중에 '마른 수건을 또 짠다'는 말이 있다. 논리적으로 보면 말이 안 되는 것처럼 느껴진다. 하지만 여기에 사물을 보는 도요타의 독특함이 있다.

1990년대 중반 당시 도요타 쇼이치로(豊田章一郞) 회장은 어느 기자 회견장에서 마른 수건을 왜 짜느냐는 기자의 질문에 "도요타처럼 큰 조직은 수건이 마를 틈이 없다. 짜면 언제나 물이 나온다"라고 대답했다. 컵 속에 얼음을 넣어놓으면 얼음이 있어도 물의 온도는 항상 0도보다 조금이라도 높아 얼음이 계속 녹는다는 얘기를 하고 있는 것이다.

사상 최고의 수익을 기록해도 보너스나 주주 배당으로 쓰지 않고 내일을 위해 비축하면서 오히려 외부환경이 불안정하다고 하며 강도 높은 원가절감에 돌입하는 도요타의 특성은 이런 맥락에서 이해될 수 있다. 우리나라 같으면 노조가 자기 몫을 내놓으라고 난리를 떨 것이고 미국 같으면 주주들이 배당액을 높이라고 아우성을 칠 터이니, 역시 일본이라는 문화 속에서 이런 특색이 받아들여지는 것 같다.

업무를 매뉴얼로 만들어 철저히 교육한다

도요타는 모든 업무의 매뉴얼 화와 철저한 교육으로도 유명하다. 도요타의 판매 매뉴얼을 보면, 매장의 디자인이나 집기 위치는 물론 손님이 들어올 때 무슨 말을 하고 어느 쪽으로 서서 어떤 순서로 차에 대해 설명하는가에 대해서까지 상세하게 기술되어 있으며, 옷매무새나 손의 위치까지 상황에 맞추어 규정해놓고 있다.

일단 도요타 직원이 되면 어느 부서에 있든지 정해진 매뉴얼을 철저히 익히고 그대로 시행하니 회사 전체가 정밀한 기계처럼 매우 효율적으로 돌아간다.

비인간적으로 보일 수도 있으나, 직원들에게는 무질서하고 지저분한 이 세상에서 아주 질서 있고 깨끗하며 합리적으로 일할 수 있고 매우 안정적인 조직으로 인식되어 있다.

당연히 도요타라는 조직의 일원이 된 자부심을 가지게 되고 계속적인 조직의 성장과 함께 외부에서 부러운 눈길로 보아주니, 회사가 실행하는 모든 것들이 옳고 바르다는 신념이 거의 이념적 수준으로 깔려 있다. 이미 학계에서는 도요타이즘(Toyotaism)이라는 용어가 있을 정도다.

사실 도요타에 최고의 엘리트만 있는 것은 아니다. 오히려 일본 자동차업계에서 일류 인재들은 도쿄에 본사가 있는 닛산과 미쓰비시에 더 많다. 하지만 계속되는 교육과 사내 인프라를 통해 거의 세뇌를 시켜 일류라는 자부심을 갖게 만들어놓으니 직원들은 여유는 부족하지만 밝고 자신감이 넘친다. 이런 면에서 도요타는 우리나라의 삼성그룹과 유사한 면이 많다.

이질적 문화 꺼려하는 폐쇄적 동질성

도요타 기업문화의 특색은 한마디로 '정결함(Purity)'으로 표현될 수 있다. 이질적인 것과는 섞이기를 꺼려하고 폐쇄적이면서 내부적으로는 동질성을 근간으로 자기들만의 정신적 공동의식(Intellectual Consensus)을 중시한다. 그러다 보니 다른 경쟁업체들과는 달리 M&A를 통한 성장을 회피하며 필요 시 100% 자회사를 세운다.

1990년대 말 실질적으로 경영권을 장악하고 있던 히노(Hino)와 다이하쓰(Daihatsu)의 지분율을 대폭 높여 완전 자회사로 만들어버린 것도 계열사들과의 협력관계를 더 강화하기 위해서가 아니라 혹시 다른 자동차업체들이 두 회사의 경영부실을 틈타 일부라도 지분을 인수하고 들어올까 두려워서였다.

그러니 도요타는 르노가 닛산을 인수한 것처럼 기회가 오면 과감하게 M&A를 하는 도약적인 성장은 꺼려하면서 내부로부터의 치밀한 계획과 줄기찬 노력에 의해 꾸준하게 성장하고자 한다. 1990년대 들어 공격적인 세계진출을 선언하며 '글로벌 10(세계시장의 10% 시장점유율)'을 목표로 했던 도요타는 그 목표를 훌륭히 초과달성하면서 포드를 밀어내고 2003년에 판매 면에서 세계 2위에 올랐다. 그러나 도요타는 자만하지 않고 이제 '글로벌 15(세계 시장의 15% 시장점유율)'라는 새로운 목표를 세우고 그 달성을 위해 자기 자신을 채찍질하고 있다. 쉬지 않는 집요함, 이것이 도요타의 가장 무서운 점이 아닐까?

도요타의 최대 약점은 창의력 부족

그러나 막강해 보이는 도요타에게도 약점은 있다. 창의력(Creativity) 부족이며 이는 또 일본문화의 근본적인 약점이기도 하다. 도요타가 벤츠를 벤치마킹해 만든 렉서스가 데뷔한 지 10년이 넘어 북미시장에서 큰 성공을 거두면서 스스로도 BMW나 벤츠와 동등한 수준의 고급차가 되었다고 자부하고 있다. 그러나 렉서스만의 얼굴을 가지겠다고 내놓은 콘셉트 카인 LF-S의 디자인 역시 벤츠의 CLS와 유사한 걸 보면 일본문화의 한계가 느껴진다.

'모방과 개선'이라는 일본 특유의 전통에 따라 앞서 가는 업체나 콘셉트의 특징을 재빨리 습득하여 자기 힘의 원천으로 삼아 신속한 발전을 이루어왔으나, 정신없이 뛰다가 둘러보니 이제 상대방들을 거의 다 제치고 앞에 나온 꼴이 되어 더 이상 모방할 업체가 안 보이는 것이다. 이제 선두에 선 도요타가 기존 기술이나 상품 콘셉트의 부분적인 개량을 거듭하며 새로운 시장개척을 통해 한동안 성장을 지속할 수 있을지는 모른다. 하지만 10년, 20년 뒤에 어떤 콘셉트와 형태의 자동차들이 어떤 신기술로 시장을 리드해갈 수 있을지는 더 이상 모방이 아닌 끝없는 도전과 수많은 좌절을 통해서만 알아갈 수 있다.

이러한 난관을 타개해주는 것은 삼성그룹 이건희 회장이 지적했듯이 '10만 명을 먹여 살리는 한 명의 천재'인데, 튀는 것을 용납하지 않는 도요타 조직문화에서는 개개인의 독창성이 자라나기가 사실상 매우 어렵다. 조직원 간의 경쟁도 미약하고 조직도 통제가 심하면서 워낙 신중하게 움직이다 보니 조직의 역동성이 떨어지고 기회의 선점이라는 것도 힘들어진다.

세밀한 것에 집착하고 내부지향적이며 정신적인 측면을 강조하다 보니 '큰 숲을 보지 못하는 경영진(Narrow-minded Management)'이 급변하는 기업환경 속에서 이미 너무 커버린 조직을 앞으로 어떻게 끌고 갈 수 있을지도 앞으로 풀어야 할 숙제다. 또한 세계적으로 자본제휴와는 관계없이 사안별로 글로벌 메이커들 간의 전략적 제휴가 원가와 리스크 절감이라는 측면에서 중요한 트렌드가 되어가고 있다. 이런 가운데 일본문화 특유의 힘에 의한 수직적 공생에 익숙해 있는 도요타가 경쟁업체 간 승패를 떠나 공존을 위한 수평적 상생에 적응해 나아갈 수 있는가도 앞으로의 중요한 관전 포인트이다.

어디에서나 그 누구라도 진정한 리더가 되기 위해서는 앞길을 먼저 개척하고 열어가는 수고로움을 달게 받아들임은 물론 공존을 위해 상대방에 대한 관용과 여유를 가져야 하는데, 도요타가 과연 일본이라는 좁은 틀을 벗어나 세계 자동차업계의 진정한 리더로 거듭날 수 있을지 지켜봐야 할 것이다.

PART 4

우리나라의

수입차 문화

1 수입차=고급차=명품?

수입차 소비자, 연간 2만 명 시대

1987년 수입자유화 이후 지속적인 관세 인하에 힘입어 꾸준히 판매가 늘어난 수입차는 1996년에 8,000여 대가 판매되며 국내 승용차시장의 0.8%를 차지

● 크라이슬러 300C

할 정도로 성장했다. 1997년 IMF 금융위기로 인해 직격탄을 맞은 수입차는 연간 2,000여 대 수준으로 판매가 급감했지만, 이후 경제회복과 함께 수요가 급증해 2004년에는 2만 대를 돌파하며 국내 승용차시장의 2% 이상을 차지하게 됐다. 엔진배기량 3,000cc 이상의 대형 승용차 시장만 떼놓고 보면 수입차는 2004년 1월~10월 동안에 무려 39%의 시장점유율을 달성하여 어느새 놀라울 정도로 우리 곁에 성큼 다가와 있다.

수입차도 우리나라 자동차 문화의 일부

판매되는 브랜드 역시 세계에서 들어올 만한 주요 브랜드들은 이제 거의 다 들어와 있고, 남아 있는 거라고는 진출 시기를 저울질하고 있는 도요타와 미국시장 재진출에 집중하느라 여력이 없는 알파로메오와 르노 정도다. 피아트와 시트로엥도 있지만, 이 브랜드들은 국내에서 실패하고 철수한 뒤 다시 진입할 의사와 여력이 없어 보인다.

일본의 경우, 수입차는 1965년 수입자유화 이후 1978년 관세철폐와 1980년대 정부의 각종 수입촉진 프로그램으로 꾸준히 수요가 증가해 1983년 전체 승용차시장의 1%를 돌파했다. 1996년에는 45만 대 가까이 팔리면서 전체 승용차시장 점유율 8.4%를 기록했다. 이후 아시아를 강타한 IMF 금융위기로 인해 수출경기가 침체돼 수요가 줄었지만, 일본 내 수입차는 지금도 전체 승용차시장의 6% 내외의 점유율을 유지하고 있다. 1990년대 내수불황에도 불구하고 일본의 수입차시장이 계속 성장한 것은 우리나라 수입차시장의 상황과 유사하지만, 일본에서는 상대적으로 크기가 작고 중저가인 폭스바겐, 볼보, 푸조 같은 대중 브랜드가 많이 판매되었기 때문이다.

일부에서는 수입차의 국내진입 확대에 대해 언짢게 생각하는 사람들도 적지 않다. 그러나 세계경제에서 어느 정도 비중이 있는 나라들 가운데 내수시장에서 자국의 차가 거의 100%를 차지하는 곳은 어디에도 없다. 이 점에서 우리나라는 대단히 예외적이다.

그동안 자동차산업을 보호, 육성하느라 정부가 자동차시장을 개방하지 않았던 것이 가장 큰 이유지만, 국내 자동차시장을 계속 외부세력에 대한 무풍지대로 남겨두는 것은 국내 소비자들의 권익보호라는 차원을 차치하고서라도 장기적으로 국내 자동차산업의 경쟁력 향상에 결코 도움이 되지 않는다.

우리나라 사람들이 민족주의 성향이 강하고 애국심이 많아 수입차에 대해 부정적으로 생각하여 구매를 꺼린다고 하는 사람들도 있지만, 나는 솔직히 이런 말을 믿지 않는다. 특정 이념이나 종교에 몰두한 일부 사람들을 제외하면 경제체제니 국민성에 관계없이 좋은 물건을 쓰고 싶어하는 것은 세계 모든 사람들의 당연한 욕구이기 때문이다. 단, 아직까지는 우리나라에서 수입차 구매 시 주위의 눈길을 많이 의식하는 건 사실이다.

이미 글로벌 개방경제 체제에 편입되어 있는 우리나라는 세계 주요 자동차 업체들에게 새로운 기회의 시장으로 주목받고 있고, 싫든 좋든 향후 국내시장에 있어 수입차의 지속적인 판매는 일본처럼 계속 성장해 나갈 전망이다. 수입차는 자연스럽게 우리나라 자동차시장의 주요한 부분이 되어가고 있고, 앞으로도 판매와 소비에 있어 나름대로의 특성을 지니면서 우리나라 자동차문화의 형성과 변화에 지대한 영향을 끼칠 것이다. 이 시점에서 우리나라 수입차시장의 현주소를 점검해 보고 우리가 가져야 할 바람직한 수입차 문화는 어떠해야 하는지 살펴보는 것도 의미 있는 일이 될 것이다.

수입차, 브랜드 차이를 느끼지 못하는 이유는

우리나라의 소비자들은 일반적으로 '수입차=고급차=명품'이라는 인식을 갖고 있는 듯한데 이는 명백한 오류다. 수입차시장이 활성화되면서 일반인들이 수입차를 각종 미디어 매체나 길거리에서 자주 접하게 된 지가 얼마 되지 않은 데다, 각 브랜드들이 특정 지역과 거리에 경쟁적으로 화려한 전시장을 꾸미고 저마다 최고의 브랜드라고 홍보를 해대니, 아직 각 브랜드의 특성에 익숙지 않은 사람들이 수입차를 모두 고급으로 생각하는 것도 무리는 아니다. 우리나라가 아직 선진국이 아닌 상황에서 선진국에서 도입된 문물을 일단 고급으로 보는 습성이 강하게 남아 있는 것도 사실이다. 이는 미국에서는 서민이나 연금 생활자들이 값싸고 편리하게 동물성지방을 취하기 위해 먹는 정크푸드(Junk Food)의 대명사 맥도날드나 피자헛이 우리나라에서는 압구정동이나 명동 같은 데 자리 잡아 선진 서구문명의 상징이 되면서 상대적으로 여유 있고 감각이 앞서 가는 젊은 사람들의 외식장소라는 이미지를 갖게 된 것과 유사하다.

미숙한 브랜드 이미지 마케팅

명품이 '브랜드를 오랫동안 애용해 주는 특정 수요층이 있고, 라이프스타일이나 개성(Personality)을 나타내 주는 디자인 전통을 고수하면서 해당제품의 기능이나 감성적 특질에 만족하게 되는 제품'으로 정의한다면, 주위의 생활용품 중에서도 명품의 예를 어렵지 않게 찾을 수 있다. 쌍둥이 상표로 유명한 독일의 헨켈(Henckels) 식칼, 스위스 아미(Swiss Army) 칼로 잘 알려진 빅토리녹스(Victorinox) 맥가이버 칼 등 종류에 따라서는 일반인들이 접근할 수 없을 정도로 비싼 것만은 아니다. 물론 동일 시장에서 경쟁하는 대중 브랜드보다는 가격이 높지만, 소비자들은 그만한 가치가 있다고 여기기에 특정 명품 브랜드를 구매하는 것이다.

패션업계에서는 에르메스, 샤넬, 루이뷔통 같은 명품 브랜드와 대중 브랜드가 있어 각자 수요층이 다르고, 이에 따라 차별화된 상품 및 마케팅 전략 등을 적절히 구사한다. 자동차에서도 벤츠, BMW, 재규어, 캐딜락 등 명품 브랜드와 폭스바겐, 혼다, 포드, 크라이슬러 등이 속하는 대중 브랜드는 확연히 구분된다.

우리나라 소비자들의 머릿속에 이러한 구분이 분명치 않은 것은 앞서 언급

볼보 S40

한 여러 가지 이유들 이외에 현재 명품 브랜드 자동차 수입업체들이 미숙한 인식과 자금 및 경험부족, 단기적인 판매실적에의 집착 등으로 인해 차별화된 마케팅을 제대로 펼치지 못하기 때문이다. 대중 브랜드는 시장의 트렌드에 맞춰 얕은 맛의 신선한 스타일, 적당한 가격, 평균적인 품질과 성능으로 대량판매를 해야 한다. 반면 명품 브랜드는 소비자들이 브랜드 가치를 사는 것이므로 각 브랜드의 이미지를 명확히 하고 강화해 가면서 장기적인 계획 하에 대상고객의 저변을 서서히 넓혀 나가는 브랜드 패밀리(Brand Family)화 전략이 명품 마케팅의 기본이다.

요새 귀족 마케팅이라고 하면서 명품 브랜드 자동차업체들이 대상 고객들을 향해 활발한 타깃 마케팅을 펼치고 있다. 그러나 각종 할부금융 프로그램, 특별 옵션 무상장착, 보증기간 연장, 특급호텔 숙박권이나 골프여행 제공 등 주로 즉각적인 구매욕구의 자극에 치우쳐 있는 게 문제다. 이렇게 비싸고 좋은 물건을 지금 아니면 언제 타보겠냐는, 아니 이렇게 싸게 줘도 안 사겠냐는 식인데, 이런 정도야 대중 브랜드의 자동차 수입업체들이나 국내 브랜드들도 다 하는 것이다. 오히려 긍정적인 명품 브랜드 이미지의 강화에는 해가 된다.

단기판매가 아닌 장기전략이 필요하다
수입업체들의 이런 미숙한 마케팅은 단기적인 판매대수 확대에 집착하는데 일차적인 원인이 있으나, 좀 더 살펴보면 자동차를 사랑하며 깊이 있는 지식을 쌓고 제대로 정책을 입안할 수 있는 전문 인력들이 수입차업계에 부족하기 때문이라고 생각한다.

수입차 시장이 최근 몇 년간 급팽창하다 보니 일할 사람들이 부족해져 금융, 호텔, 패션업계 등지에서 하이클래스 고객층을 상대해 보았거나, 외국계 기업에서 외국문화와 선진 경영기법을 익혔다는 이유로 많은 사람들이 수입차 업계, 특히 수입업체(Importer)들의 경영진을 상당 부분 구성해 왔다. 물론 개인차가 있기에 일률적으로 이야기 하기에는 다소 무리는 있지만, 이들이 개인적으로 학력이나 경력도 훌륭하고 나름대로 세련된 매너와 패션 감각을 지니기는 했어도 아무래도 자동차와 자동차산업에 대한 이해는 많이 떨어진다는 것이 솔직한 느낌이다. 또한 업계 내 경영진의 횡적 이동이 빈번한지라 담당 브랜드에 대한 애정도 부족하고, 다음 단계로의 디딤돌로 활용하기 위해 언론에의 노출과 단기적인 성과에 치중하는 것도 문제다. 그동안 수입차업계의 주요 판촉행사들이 화려한 이벤트나 과시적인 행사 위주로 시행돼온 것도 이런 요인들과 무관하지 않다.

수입업체들이 신차를 출시할 때마다 왜 특급호텔에서 그렇게 화려하게 발표회를 하는지 사실 이해가 잘 되질 않는다. 국내시장에서 그렇게 많은 비용을 커버할 수 있을 정도로 많은 양이 팔릴 수 있는 수입차종이 그리 많지 않기 때문이다. 대상고객을 상대로 하는 것도 아니고 주로 언론매체의 기자들을 초청해서 하는데 꼭 그렇게 폼을 잡아야 하는지 모르겠다. 요새 와서는 좀 저렴하게 장소를 바꾸어 신차 발표회를 하기도 하지만, 마케팅 전략이 바뀐 게 아니라 수입업체들의 주머니 사정이 여의치 않기 때문이다.

여유 있거나 자신만의 남다른 개성을 추구하는 사람들을 위해, 아니면 특정 브랜드나 차종에 필(Feel)이 꽂힌 사람들을 위해 다양한 스타일과 이미지의 수입차들이 들어와 소비자의 선택 폭을 넓혀주는 것은 바람직하다. 그러기 위해서는 각 브랜드를 대표하고 있는 수입업체들이 이미지 구축(Image-building)과 좋은 기업시민(Good Corporation Citizenship)의 획득을 위해, 또 건전한 수입차문화의 발전을 위해 좀 더 진지하면서도 멀리 보는 마케팅에 진력해야 하는데 불행히도 현실은 그렇지 못하다. 그나마 좀 잘하는 수입업체들이 브랜드 이미지에 맞는 광고 콘셉트를 잡아 일관성 있게 시행하는 정도에 그치고 있어 빈곤한 우리나라 수입차 문화의 실상을 느끼게 한다.

진정한 명품 마케팅이란?

내수불황과 부익부 빈익빈 현상에 의해 사회갈등이 커져가는 요즘, 수입차업계의 소수 부유층의 취향에 맞춘 화려한 행사들은 수입차에 대한 일반 사람들의 부정적인 시각을 키우기 십상이라 걱정이 된다. 전시장도 수입업체의 설치기준에 따라 만들다보면 상당히 화려해지고 돈도 많이 들어간다. 그냥 브랜드의 특성에 맞추어 적절한 장식과 함께 넓고 깨끗하게만 만들어놓아도 별문제는 없는데, 경쟁 브랜드를 의식해서 자꾸 더 화려하고 고급스럽게 꾸미고 가동률도 떨어지는 대형 A/S센터도 초기부터 대규모로 갖추어 놓으라고 하니 한마디로 딜러들은 죽을 맛이다. 물론 딜러들도 초기 딜러권을 따기 위해 치열하게 경쟁하면서 수익성을 도외시하고 수입업체들의 요구조건에 무조건 맞추는 것은 물론, 더한 것도 약속을 해대는 경우가 비일비재한지라 사실 수입업체 탓만 할 것도 못 된다.

　진정한 명품 마케팅의 초점은 '보유'에 맞춰야 한다. 차를 구매한 후의 세심한 고객관리와 차별화된 서비스는 기본이고, 각종 문화행사나 사회활동의 초대, 동호회 활성화 등을 통해 명품 브랜드의 차를 샀더니 그 브랜드만의 독특한 생활이 따라왔다는 느낌을 줘야 하는 것이다. 그리고 각종 매체를 통해 일관된 이미지 홍보를 지속적으로 시행해 특정 브랜드와의 생활이 돈자랑이 아니라 자신만의 남다른 라이프스타일을 즐기기 위함이었음을 계속 확신시키며 만족을 줄 수 있어야 한다.

　그런 측면에서 마케팅의 도요타답게 렉서스 보유 고객만을 위한 도요타 클래식 음악회를 정기적으로 개최하는 한국도요타자동차나, 자사의 과거 명품 클래식카들을 모아 전시회를 여는 벤츠, 국내 레이싱에 참가하는 BMW코리아 등의 차별화된 최근 노력들이 돋보인다. 또한 수입업체들이 각종 사회봉사 활동에 적극 참여하고 자사 브랜드 보유 고객에게 동참의 기회를 폭 넓게 제공하여 노블리스 오블리제의 전통을 만들어갈 수 있다면, 우리나라에 있어 진정한 고급차문화 형성에도 큰 도움이 될 수 있을 것이다.

　최근 도요타가 서울대에 5억 원의 연구기금을 기증한 것이나, 2003년부터 GM코리아가 판매대금의 1%를 적립하여 백혈병 어린이들에게 전달해 오고 있는 것들은 작지만 좋은 시도라고 생각한다.

2 경쟁 속에 생겨나는 부작용

국산 대형차, 수입차에 신경 쓰다

제품 측면에서 볼 때, 최근까지 가격이나 엔진배기량에서 국산차와 수입차 시장은 확연히 구분되어 았다. 그러나 수입차는 향후 시장이 점차 확대되어 가면서 판매 볼륨에 자신을 가진 대중 브랜드들의 중저가 공세가 시작되고, 국내 메이커들은 수익성 증대를 위해 차종의 고급화에 치중하게 될 전망이다. 따라서 이웃 일본시장처럼 수입차와 국산차의 시장은 자연스레 겹쳐지게 된다.

현대 그랜저XG 겨냥한 혼다 어코드

2004년 5월에 출시한 혼다의 어코드는 현대의 그랜저XG 고객층만을 마케팅 타깃으로 1년 넘게 공격 전략을 가다듬었다. 한마디로 한 놈만 팬다는 얘기인데, 어코드는 출시 후 몇 개월이 안 돼 수입차 판매 3위에 오르는 등 성공적으

● 혼다 어코드

로 시장에 진입했다. 물론 그랜저XG의 판매량은 대폭 감소했다. 이에 맞서 현대는 2005년 상반기에 그랜저XG의 후속 모델을 대폭 업그레이드해 어코드는 물론 수입차 판매 부동의 1위인 렉서스의 ES330과 맞대결을 벌일 예정이다. 국산차와 수입차의 시장이 서서히 겹치면서 한바탕 전쟁이 시작되는 것이다.

앞으로 수입차는 국산차의 중형 및 준대형급과 주로 경쟁하는 대중 브랜드, 국산 대형차와 경쟁하는 명품 브랜드, 조만간 중국이나 인도 같은 후발공업국가에서 수입되어 국산차의 저가 세그먼트나 상용차와 경쟁하게 될 저가 브랜드의 세 그룹으로 나뉠 전망이다. 수입차라 하더라도 대중 브랜드는 사실 기술이나 품질 측면에서 국산차와 별 차이는 없지만, 해외에서 만들어진 만큼 국산차와는 다른 감각과 콘셉트의 스타일이 주요 경쟁요인이 될 것이다. 명품 브랜드는 기술과 품질에서의 리더십과 함께 차별화된 브랜드 이미지로 승부하게 될 것이다. 후진국에서 수입하게 될 저가 브랜드는 물론 저가격을 바탕으로 한 실용성이 최대 경쟁무기이다.

무조건 세단이면 OK?

수입차는 차종이 다양하지 못하다. 현재 국내에서 판매되는 수입 승용차는 극히 일부 독특한 차종을 제외하고는 천편일률적으로 자동변속기를 단 세단스타일의 차종들이다. 물론 이런 문제는 수입차뿐만 아니라 국산차에서도 확연히 드러나고 있다. 선진국에서는 보통 차종 하나를 개발하면서 기본모델로 4도어 세단을 만들고 파생차종으로 3도어 쿠페, 5도어 해치백, 왜건 등을 시리즈로 만들어 출시하여 전체 판매량도 늘리고 소비자의 다양한 욕구를 충족시킨다.

현대나 대우 같은 국내 자동차업체들도 차종을 개발하면서 4도어 세단 이외에 파생차종들을 개발하지만, 수요가 적기 때문에 판매에 힘을 기울이지도 않고 아예 수출전용으로 만들기도 한다. 사실 국내시장에서 수입차는 아직 판매대수도 그리 많지 않고 수입원가도 비싸서 재고비용 관리가 수입업체나 딜러의 수익에 직결되기에 다양하게 차종을 전개하기가 어려운 구조적인 측면이 있기는 하다.

하지만 아직 '우리 집에 차 한 대'의 개념이 강하게 남아있는 오너 운전자용 국산차와는 달리 수입차는 상대적으로 생활의 여유가 있는 계층이 주 타깃이므로 3도어 쿠페나 컨버터블, 고성능 모델의 성능을 제대로 즐기기 위한 수동변속기 사양 정도는 수입업체들의 마케팅 노력 여하에 따라 어느 수준까지 수요가 개발될 여지가 있다.

이런 문제는 국내 수입차시장이 규모가 점차 커지면서 일정 부분 자연스레 해결될 수도 있다. 하지만 수입차가 일반 소비자의 주목을 끌면서 우리나라 자동차 문화의 변화 방향에 상당 부분 영향을 끼칠 수 있기에, 보다 다양한 자동차 생활의 확산을 위해 수입업체와 딜러들의 과감하고도 사명감 있는 노력이 요구된다.

수익 악화로 고민하는 수입차업계

우리나라에서 수입차의 판매를 맡고 있는 딜러들의 공통된 최대 고민은 수익성 악화다. 수입업체들이 아무리 마케팅을 잘해서 고객들이 브랜드에 대해 좋은 인식을 갖도록 만들어도, 실제 현장에서 고객을 맞이하는 순간부터 판매 후 고객관리까지 딜러가 제대로 챙기지 못하면 많은 불만이 생겨난다. 특히 수입차 고객들은 고가의 물건을 구매한다는 것 때문에 딜러의 서비스에 대한 기대수준이 상당히 높다. 조금이라도 마음에 안 들면 "뭐야? 이거!" 하면서 항의가 아닌 질책을 심하게 한다. 결국 최종적인 고객만족은 딜러가 책임져야 하는데, 대부분의 딜러들이 수입차를 팔면서 적자를 내고 있으니 판매행위만 겨우 할 뿐 판매 후에는 담당 영업사원들이 가끔 안부전화나 하고, 전시장에 찾아오면 차 한잔 대접하고, 자동차가 A/S 센터에 들어오면 고쳐주기만 하지

● 사브 9-3 컨버터블

제대로 된 고객관리 프로그램을 시행하고 있지 못하다.

최근 여러 언론매체에서 우리나라에서 판매되는 수입차들이 외국에서 판매되는 동일 차종의 값에 비해 터무니없이 비싸다고 보도가 되고 있다. 나도 수입차 딜러업무를 맡고 있어 딜러들이 적자를 보고 있다고 얘기하면 많은 사람들이 "웬 엄살?" 하고 눈살을 찌푸릴지도 모르겠다. 그러나 실제로 수입차 딜러 중에 제대로 이익을 내고 있는 딜러는 렉서스 딜러 이외에는 없다는 것이 업계의 공공연한 비밀이다. 그동안 보도가 안 돼서 그렇지, 수익을 못 내서 주인이 바뀌거나 거의 폐점상태에 있는 수입차 딜러들이 전국에 꽤 많이 있다.

수입차 딜러들이 적자 내는 이유

그렇다면 왜 대부분의 수입차 딜러들이 이익을 내지 못할까? 판매대수가 적어서 그럴까? 기본적으로 딜러는 장사하는 사람들이 모인 조직이라 예상 판매대수에 따라 적정이익을 낼 수 있는 틀을 짜놓고 사업을 시작한다. 우리나라에서 수입차 가격이 비싸다는 것은 장착 사양의 차이도 있지만, 기본적으로 판매대수가 적은 데 가장 큰 원인이 있다. 전시장과 A/S 센터에 대한 초기 고정비 투자와 각종 직간접 변동비들이 얼마 안 되는 판매대수에 배분되어야 하니 차 가격이 비싸지는 것이다. 따라서 판매대수가 적어도 제값만 받고 팔면 딜러는 조금이나마 이익을 보게 돼 있다. 결국 딜러들이 적자를 내는 가장 큰 이유는 초기 과다투자의 부담과 함께 브랜드 간, 같은 브랜드 딜러 간의 과다경쟁으로 출혈판매를 하기 때문이다.

우리나라에서 브랜드별, 차종별 많은 차이가 있지만, 평균적으로 수입차 딜러들의 판매마진은 10~15% 정도에 불과하다. 이런 기본 판매마진에다 추가적으로 수입업체가 다양한 마케팅 지원금이나 판매 인센티브 등을 주지만, 그 금액은 기본 판매마진보다 그리 많지 않다. 이 정도가 딜러 수입의 전부인데, 과거 수입차 판매 초기부터 관행적으로 행해져온 어느 정도의 할인판매는 그렇다 쳐도, 내수불황으로 인해 극심해진 딜러 간 출혈경쟁과 대대적인 판촉

활동 때문에 영업사원 수당까지 고려하면 딜러의 기본 판매마진 정도는 금세 날아간다.

또한 각종 비용을 빼고 나면 정말 '땅 파서 장사한다'는 얘기가 실감난다. 그래서 수입차 딜러 중에 건설업체가 많다는 우스갯소리가 있을 정도다. 그런데 여기서 문제가 되는 것은 해외 본사를 대표하는 수입업체들의 판매정책이다. 과도한 할인판매는 브랜드 이미지를 악화시키고 딜러의 판매력 약화를 초래하면서 중고차가격도 떨어뜨려 장기적으로 판매에 악영향을 미치는 것이 분명한데도 불구하고, 수입업체들이 단기적인 판매실적에 집착하여 할인판매를 주도함은 물론, 같은 브랜드 내 딜러 간의 상호경쟁을 방치 내지는 일부 조장하고 있다는 데 문제의 심각성이 있는 것이다.

어쨌든 시장경쟁이므로 브랜드 간 치열하게 싸우는 것은 그런대로 이해가 되지만, 같은 브랜드 내 딜러 간의 싸움은 제살 깎아먹기로 수입업체와 딜러의 장기 존립기반을 와해시키고 결국은 제로섬(Zero-sum) 게임이 된다. 나아가 실망한 고객들의 이탈로 네거티브섬(Negative-sum) 게임이 되기도 한다. 이런 과당경쟁을 막으려면 수입업체가 전국 어느 딜러에 가더라도 가격이 동일하게, 또 판촉 시에도 딜러 공통의 가이드라인을 준수하게 하는 정책을 엄격하게 시행해야 한다. 또한 적정 거점수의 원칙을 지키면서 고객을 가격이 아닌 다른 측면에서 전시장으로 이끌 수 있는 다양한 마케팅에 집중해야 하지만, 불행히도 현실은 그렇지 못하다.

렉서스 딜러만 이익을 낸다?

그동안 렉서스 딜러만이 유일하게 이익을 내온 것은, 사실 한국도요타자동차에서 '딜러가 만족해야 고객도 만족한다'는 원칙 하에 원 프라이스 정책(One Price Policy)과 적정 거점수를 엄격히 유지하고 감독한 탓이 가장 크다. 월 평균 400~500대 판매규모로 매월 수입차업계 판매 1위 자리를 놓고 박빙의 승부를 펼치고 있는 BMW와 렉서스는 2004년 상반기까지 BMW가 전국에 중소

도시까지 펼쳐진 32개소의 판매거점을 갖고 있었던 반면 렉서스는 불과 5개소의 판매거점을 가지고 있었다. 거점 당 판매대수를 계산해 보면 어느 쪽 딜러가 돈을 벌고 고객에 대해 충분히 투자했을지 쉽게 알 수 있다.

 수입차 고객 80% 이상이 서울과 부산을 중심으로 한 대도시 광역권에 몰려 있는 현실 상황에서 은행 점포처럼 전국 방방곡곡에 점포수를 늘리는 것이 판매증대에 별 도움이 되지 않고, 오히려 고객과 딜러의 만족도를 저하시킨다는 것을 사전에 면밀히 검토한 결과다. 과연 마케팅의 도요타답지 않은가? 하지만 렉서스마저 최근 들어 다른 브랜드와의 경쟁이 치열해지고 자체 딜러 수가 늘어나면서 원 프라이스 정책이 무너지고 있다니 유감이다. 물론 엄밀히 말해 수입업체가 이 정책을 딜러에게 엄격하게 요구하고 위반 시에 벌칙을 가할 경우 공정거래법에 저촉될 수 있기는 하다. 그러나 시장질서의 유지 및 장기적 관점에서 고객만족과 수입차 문화의 건전한 발달을 위해서는 제한된 범위에서나마 딜러 간의 과당경쟁을 방지하기 위한 노력이 절실히 요구된다.

 그러나 국내 수입업체들은 딜러 간 과당경쟁에 대해 모른 척하는 경우가 대부분이며, 일부 수입업체들은 딜러들에 대한 차량 공급가격을 주문량에 따라 달리 하거나, 아니면 연말에 총 판매대수를 기준으로 인센티브를 지급하여 결과적으로 딜러 간 출혈경쟁을 유도하고 있다. 최근 내수불황에도 수입차 시장이 계속 성장세를 유지하고 있는 배경에는 이러한 끝 모를 딜러의 출혈경쟁에 의한 인위적인 수요창출이 있다. 이것이 과연 바람직한 것인지 다른 방법은 없는지, 더 늦기 전에 이 시점에서 진지한 반성이 있어야 한다.

 수입차라면 명품이라는 인식도 있고 명색이 명품 비즈니스인데도 남대문시장처럼 값으로만 후려친다면 판매자나 구매자 모두 스스로에 대한 자부심

이나 상대방에 대한 존중이 생겨나기 힘들다. 사람의 심리라는 게 묘해서 원래부터 할인판매를 하지 않는다고 알고 있으면 비싼 차를 사더라도 자그마한 판촉물 하나에도 고마워하지만, 딜러 간 경쟁을 악용해 가격을 후려칠 수 있는 브랜드라는 인식이 박히면 아무리 싸게 사더라도 왠지 더 깎을 수 있는데 바가지를 쓴 것 같은 느낌을 갖게 된다. 당연히 기분도 나빠져 고객만족도가 떨어진다.

과다한 초기투자도 문제

수입차 딜러들이 이익을 못 내고 있는 또 하나의 중요한 요인은 바로 과도한 초기투자다. 도심의 목 좋은 곳 1층에 국산차 영업소를 차량 4~5대 전시할 수 있는 규모로 꾸미려면 인테리어 공사비가 보통 5~6,000만 원 정도 들어간다. 반면 같은 규모로 수입차 매장을 꾸민다면 최소 2~3억 원은 든다. 게다가 요새 유행하듯이 고층의 복합매장을 꾸민다면 땅값을 제외하고도 건축비만 30~40억 원 정도 소요된다. 또한 수도권 지역에 수입업체가 요구하는 수준의 종합정비 A/S센터를 지으려면 역시 땅값을 제외하고도 20~30억 원은 쉽게 들어간다. 최근에 진출한 일본 브랜드의 경우, 서울지역 딜러들의 투자금액이 초기 운영자금과 땅값을 포함해서 120~130억 원 정도였다고 한다. 최근 준공한 강남 벤츠의 복합매장은 규모가 아시아 지역에서 최대라는데, 과연 그런 대형 고급매장이 장사에 필요한 것일까? 아무리 저금리 시대고 불황일 때 투자하라는 말도 있지만, 얼마나 멀리 보고 투자했는지는 몰라도 차 팔아서 이익은 고사하고 초기투자에 대한 금융비용이나 건질 수 있을지 의문이다.

또 대중 브랜드가 명품 브랜드와 같은 지역에 비슷한 규모의 크고 화려한 전시장을 가지고 가는 것도 잘 이해가 되지 않는다. 대중 브랜드의 평균 판매가격은 명품 브랜드 판매가격의 반도 되지 않는다. 같은 비율의 판매마진을 받는다고 하면 대당 총 마진금액이 배 이상 차이가 난다는 얘기다. 전시장이나 A/S 센터를 비슷한 지역에 비슷한 규모로 가지고 간다면 비용도 비슷하게 들어간다. 결국 대중 브랜드의 판매대수가 배 이상 많아야 양쪽의 수익성이 비슷해진다는 얘기다. 그러나 우리나라 수입차시장의 대중 브랜드들의 월 평균 판매대수는 수입차시장 빅3인 BMW, 렉서스, 벤츠 판매량의 30~40% 수준에 불과하다. 대중 브랜드 수입업체가 고급 브랜드 수입업체보다 규모가 작아 딜러에 대한 지원도 상대적으로 더 적을 터이니 대중 브랜드 쪽 딜러들의 고충이 더 클 것임을 미루어 짐작할 수 있다.

적자에도 딜러들이 늘어나는 까닭은

그렇다면 이익 내기가 어려운 데도 왜 돈 많은 개인 사업자들이나 대기업들이 그렇게 수입차 딜러를 하려고 서로 덤벼드는 것일까? 여러 가지 이유가 있겠지만 수입차시장, 나아가 자동차시장에 대한 무지(無知)가 가장 큰 요인이라고 생각한다. 자동차시장이 어떤 곳이고, 내부적으로 어떤 일들이 벌어지고 있으며, 차를 판다는 것이 얼마나 어려운 일인가에 대한 이해나 지식이 충분하지 않은 상황에서 표면적인 수익계산 수치와 낙관적인 판매전망에 따라 무모하게 뛰어드는 것이다. 수입차는 워낙 판매단가가 높은 제품이라 대수만 좀 나가면 몇 년 안 가 금방 이익을 낼 것처럼 느껴지는 것이다.

설사 치밀한 사전검토로 어려운 상황을 어느 정도 파악해도 빠져들기 쉬운 함정이 또 있다. 그건 바로 '내가 하면 된다'는 무모한 자신감이다. 수입차 딜러를 하려는 사람들이 주로 자수성가한 사업가들이거나 잘 나가는 대기업 사람들이다. 오랜 경쟁에서 살아남았기에 남들은 못해도 나는 잘할 수 있다고 생각하는 것은 어쩌면 당연하다. 그러나 과거의 성공이 미래 신규사업의 성공을 보장해 주는 것이 아닐 뿐더러, 대개 자동차와는 크게 관련이 없는 분야에서 성장했기에 잘 나가다가도 상황이 어려워지면 금방 한계가 드러난다. 결국 다른 데서 벌어서 현상유지를 하며 버티든가, 아니면 얼마 안 있어 손 털고 수입차시장을 떠나게 된다. 수입차시장이 계속 큰 폭으로 성장한다는 데도 말이다. 규모는 다르지만, 과거 자동차산업을 잘 모르면서 그룹의 힘을 믿고 돈 있다고 뛰어들었다가 참담한 실패를 맛본 삼성자동차나 쌍용자동차가 생각이 난다.

폼생폼사의 수입차사업

다음으로 생각힐 수 있는 게 바로 '폼'이다. 수입차 판매를 하나의 신규사업으로 생각해서 세밀하게 사업계획을 세우고 수익성을 따져본 뒤에 시작하는 게 아니라 수입차, 그것도 명품 브랜드를 판다고 전시장과 사무실을 멋지게 꾸미고, 자기가 파는 고급수입차를 타고 다니니까 남 눈치 안 봐도 되고, 명함도 폼 나게 만들어 다닐 수 있으니 한마디로 자세가 나오는 게 좋은 것이다.

각종 미디어에 화제가 될 정도로 크고 고급스러운 전시장을 만들고 각종 행사를 화려하게 치루는 것에는 이러한 딜러 측의 요인도 크다. 물론 이런 얘기는 일부 딜러에 국한된 경우이기는 하나 재벌 2세들, 성공한 중견 사업가, 지방의 유지들이 수입차 딜러를 좋아하는 데는 그런 속성이 있음을 부인하기 어렵다. 그렇기 때문에 투자에 대한 수익이 나오지 않더라도 계속 끌고 가는 것이다. 이유야 어찌 되었든 현재 대부분의 수입차 딜러들이 적자상태를 지속하고 있는 것은 이제 겨우 자리를 잡아가기 시작하는 수입차시장의 장기적 성장기반이 그만큼 취약해지고 있는 것이므로 결코 바람직한 현상은 아니다.

이렇게 딜러들이 자기들이 취급하는 브랜드에 대한 정확한 이해와 사명감이 부족하다 보니 몇 년 장사해 보고 별 재미가 없으면 그만 두거나 하루아침에 다른 브랜드로 미련 없이 바꾸는 경우를 종종 보게 된다. 현장의 영업사원들도 기존 브랜드를 포기하고 갑자기 경쟁 브랜드를 자기들이 관리하는 기존 고객층에 홍보를 해야 하는 경우에도 별 저항감 없이 곧 적응한다. 이럴 때 가장 피해를 보게 되는 건 기존 브랜드의 수입차를 사서 타고 다니는 고객들이다. 세심한 고객관리를 못 받게 되니 당연 불만이 쌓이고 친숙한 영업사원이 와서 갑자기 다른 브랜드의 수입차를 선전하고 다녀 기존 브랜드에 대한 믿음은 물론 수입차 전체에 대한 인상이 나빠지는 것이다. 사실 영업사원들은 고객과의 최접점에 위치하고 있어 고객만족은 물론 건전한 수입차 문화의 발달에 가장 중요한 존재이다. 그럼에도 불구하고 어느 브랜드가 장사가 잘 된다는 얘기가 돌면 영업사원들이 철새처럼 대거 옮겨 다니는 게 현실이라 우리나라 수입차 문화의 얕은 깊이가 느껴진다.

수입업체들도 힘들긴 마찬가지

수입업체의 사정은 어떨까? 수입업체들은 딜러들의 평균 판매마진보다 더 높은 비율의 도매마진을 갖고 간다. 그러나 관세 등 각종 세금과 물류와 재고 비용, 마케팅 및 딜러 지원비 등 상당한 비용을 지출하므로 이익 규모는 의외로 별로 크지 않다. 특히 판매단가가 상대적으로 낮은 대중 브랜드들은 더욱 그

렉서스 GS300

렇다. 명품 브랜드라 해도 판매대수가 얼마 되지 않는 브랜드는 사실 현상 유지에도 급급한 경우가 많다.

그래도 2000년 이후 수입차 시장이 급팽창하면서 판매대수가 늘어나자 재고도 줄면서 자금유통과 수익에 좀 숨통이 트였고, 수입차 빅3인 BMW, 렉서스, 벤츠의 수입업체들은 큰 규모의 이익을 냈다. 2002년 BMW코리아는 5,000대 정도를 판매하여 500억 원의 순이익을 기록했을 정도이다. 그러나 내수불황이 장기화되면서 수입업체들도 광고판촉 및 딜러에 대한 인센티브가 급증하며 수익성이 악화되기 시작했다. 상대적으로 수익이 많았던 BMW코리아와 벤츠코리아가 2003년에는 다시 적자로 돌아섰다고 발표했고, 한국도요타자동차도 최근 수익의 상승세가 멈춘 것으로 추정된다.

빅3의 사정이 이러하니 다른 수입업체들의 처지는 미루어 짐작할 수 있다. 농부가 씨 뿌리기 전에 논밭에 비료를 주듯이 바람직한 수입차 문화의 발달을 위한 중장기 마케팅을 강력히 펼쳐가야 할 수입업체들의 주머니 사정이 이래서야 수입차 시장의 지속적인 양적, 질적 성장을 기대하기는 어렵다. 더 늦기 전에 수입차업계 내부에서 향후 정책방향의 변화에 대한 활발한 논의가 있어야 할 것으로 본다.

제대로 된 수입차 문화, 고객이 만들자

고객 측면에서도 살펴보자. 손바닥도 마주 쳐야 소리가 나듯이 현재 우리나라의 수입차시장이 파행적인 성장을 보이고 있는 데는 일정 부분 고객들에게도 원인이 있음을 부인할 수 없다. 고객이 브랜드 간, 아니면 동일 브랜드의 여러 딜러 간 조건 경쟁을 유발시켜 딜러의 출혈판매를 유도하는 것은 시장경쟁에서 어쩔수 없는 것이기는 하다. 경기 불황에서는 사는 쪽이 주도권을 쥔다. 현실적으로 딜러 입장에서는 아프지만 받아들일 수밖에 없는 처지이다.

문제는 수입차를 타고 다니는 일부 고객들의 바람직하지 못한 행태이다. 소수의 몰지각한 행동들이 언론에 보도되거나 거리에서 일반 소비자들에게 보이면서 수입차에 대한 인식을 부정적인 방향으로 강화시키는 것이다. 우리나라가 지향하는 것이 자본주의 시장경제인만큼 여유 있는 사람들이 각자의 형편에 맞추어 고가의 수입차를 타고 즐기는 것은 우리가 받아들여야 한다. 그러나 명품 브랜드를 즐기려면 이에 맞는 생활방식과 운영태도를 가져야 하는데, 아직 우리나라에는 고급차 문화와 제대로 향유하는 층이 넓지 못하다. 오히려 고급 수입차들이 돈 있는 사람들의 노리개 혹은 과시용으로 많이 쓰이고 있어 안타깝다. 보유기간이 평균 2~3년 내외에 불과한 우리나라의 비정상적인 수입차시장을 보고 있으면, 아직 소수이기는 하지만 자신의 라이프스타일과 개성에 맞는 브랜드와 차종을 딜러와의 여유 있는 대화를 통해 골라 애마로 아끼면서 절제된 고급 자동차 생활을 즐기는 멋진 수요층의 존재가 절실히 소중하게 느껴진다.

공정하고 객관적인 언론의 시각도 중요

끝으로 꼭 짚고 넘어가고 싶은 것은 수입차에 대한 국내 언론들의 태도다. 과거 현대, 기아, 대우, 삼성 등 국내 자동차업체들이 매년 큰 폭으로 성장하면서 서로 치열하게 경쟁할 때에는 국내 언론의 관심이 온통 국내 자동차업계에 쏠려 있었다. 하지만 최근 현대-기아가 국내 시장의 75% 정도를 독점하고 국내업체들의 경쟁강도가 약해져 별 뉴스거리가 없어지자, 각 언론매체의 자동차 담당기자들이 수입차업계에 대해 과도한 관심을 보이게 되었다. 하지만 이러한 현상은 별로 바람직하지 못하다. 각 언론의 빈번한 보도로 일반 소비자들이 수입차에 대해 많은 관심과 지식을 가지게 되는 것은 나쁘지 않다. 하지만 주로 보도되는 내용들이 어느 브랜드와 차종이 더 크고 잘났느냐는 식의 선정적인 내용에서 크게 벗어나지 못하고 있다. 소비자들을 잘못된 방향으로 이끌고 있는 것이다. 기자라고 다 아는 게 아니니 기사를 쓸 때 수입업체에서 제공한 홍보용 보도자료에 많이 의지한다. 그러다 보니 뜬구름 잡는 식의 시승기나 홍보성 멘트의 나열에 그치게 되는 경우가 비일비재하다. 각 언론매체에서 어떤 브랜드나 차종을 소개할 때, 어떠한 역사와 전통의 이미지를 지켜왔고 어떤 라이프스타일이나 취향과 어울리는지, 또 어떤 경우에 어떻게 운행을 해야 그 브랜드나 차종이 가진 매력을 한껏 끌어내어 즐길 수 있는지에 대해 성실하고도 진지하게 얘기해줄 수 있다면 우리나라의 건전한 수입차 문화 발전에 상당한 도움이 될 것이다.

시행착오 딛고 경쟁 속에 발전하자

수입차시장이 계속 성장하고 있는 것은 사실이나 아직 우리나라 전체 자동차시장에서 차지하는 비중은 미미하고, 수입차업계에 있는 사람들도 아직 질적으로, 양적으로 가야 할 길이 멀다. 그럼에도 불구하고 각종 언론 미디어에 과다 노출되어 수입차업계에 있는 사람들, 특히 일부 최고경영진들은 자기가 우리나라 자동차산업의 큰 흐름을 주도하고 있다는 착각에 빠져 있기도 하다. 실제 인터뷰 기사가 나오는 걸 봐도, 국내 자동차업체나 부품업체에서 묵묵히 일하면서 큰일을 일구어내는 사람들보다 겨우 1년에 몇 백대의 수입차를 파는 수입업체의 CEO들이 새로운 시대의 리더처럼 자주 소개된다. 수입차에 대한 언론의 이런 태도는 당장 사람들의 호기심은 끌 수 있을지 몰라도 수입차업계에 있는 사람들에게 실제 이상의 허세를 갖게 함은 물론, 국내 자동차업체에 있는 사람들에게 상대적인 박탈감을 주기에 수입차를 포함한 우리나라 자동차산업의 장기적인 발전에 결코 도움이 되지 않는다.

수입차 자유화 이후 길지 않은 기간 동안 고객우선의 정신, 시승기회 제공, 방문판매가 아닌 전시장 판매방식의 활성화, 다양한 고객관리 프로그램 실시, 사회공헌 활동 등 그동안 수입차가 실시해온 새로운 판매방식들은 우리나라 자동차시장의 패러다임을 바꾸어가고 있다. 그동안의 수많은 비판에도 불구하고 수입차 문화가 가져온 긍정적인 변화라 할 수 있겠다. 고급 수입차를 타본 소비자들의 욕구와 기대 수준이 높아져, 국내업체들도 자극 받아 더욱 품질향상과 고객만족에 힘쓰게 됐다. 또 현대-기아자동차가 제대로 된 고급차를 만들어내기 위해 기술 개발에 매진함은 물론 별도의 명품 브랜드 출시까지 고려하게 된 것도 수입차의 판매확대에 대응하기 위해서라니, 앞으로도 수입차의 대중화가 진전되면서 초래할 많은 변화들이 기대된다. 물론 이런 것들은 그냥 주어지는 것이 아니며, 수입차업계는 물론 우리 모두가 지켜보고 건전한 비판을 통해 일구어가야 할 몫이라고 생각한다.

PART 5

화제의 **한국차**

개발 뒷이야기

1 잊혀가는 한국의 명차, 스포티지

스포티지는 왜 한국의 명차인가

'명차'라는 정의에 대해서는 여러 가지 의견이 있을 수 있으나, 내가 생각하는 명차는 단순히 판매대수가 많거나 이름이 많이 알려진 차가 아니라 100년 이상 전개되어온 세계 자동차산업의 역사 속에서 생산방식이나 제품 콘셉트, 디자인 등의 측면에 새로운 패턴을 제시하여 수많은 추종 모델을 양산하고 자동차 역사의 새로운 장을 열어온 트렌드 세터(Trend-Setter)를 의미한다.

기아 스포티지

도쿄 모터쇼에 혜성처럼 나타난 한국산 SUV

20세기 초 세계 최초로 컨베이어 생산방식의 도입과 사양 단순화의 제품 콘셉트로 저가혁명을 일으켜 자동차 대중화의 시대를 열었던 포드의 모델 T, 차체는 작아도 넓은 실내와 실용성이 뛰어난 디자인에 완성도 높은 공기역학적 스타일을 접목시켜 소형차의 기본 패턴을 제시한 폭스바겐의 비틀, 1996년 파리 모터쇼에 출품되어 승용차와 미니밴이 결합된 디자인으로 지금의 RV와 승용차를 합친 크로스오버의 거센 물결을 일으킨 르노의 메간 세닉 등이 내가 생각하는 '명차'이다.

스포티지도 세계 최초의 온-오프로드 겸용의 승용형 SUV로서 우리나라에서는 유일하게 세계 자동차업계에서 트렌드 세터로 인정받고 있는 모델이다. 1991년 도쿄 모터쇼에서 당시 거의 이름이 알려지지 않은 기아자동차가 출품하여 세계 무대에 혜성과 같이 등장한 스포티지는 새로운 콘셉트의 SUV에 목말라 하던 선진국 자동차업체들의 비상한 주목을 끌었으며, 수많은 경쟁차종들을 물리치고 모터쇼 베스트 10에 뽑히는 영광을 누렸다.

특히 일본업체들의 관심은 대단했다. 나는 당시 스포티지의 주위에 몰려든 도요타 엔지니어들이 "와, SUV를 이렇게 만들 수도 있구나!" 하고 감탄하면서 열심히 관찰하고 메모하던 감격스러운 광경을 잊을 수가 없다. 몇 년 뒤에 도요타의 RAV 4, 혼다의 CR-V가 출시되어 세계적인 히트를 친 것은 결코 우연이 아니었다. '모방과 개선'은 일본문화의 핵심이니까 말이다.

스포티지가 얼마나 혁신적인 모델이었는지는 이미 공개된 차종임에도 불구하고, 1993년과 1995년 도쿄 모터쇼에도 연속 출품되어 계속해서 엄청난 인기를 끈 것으로도 입증된다. 1995년 당시 현장 책임자로 있던 나는 언제 일본에서 시판되느냐는 일본사람들의 끊임없는 질문에 계속 시달려야만 했다. 언제 들어오느냐는 질문에 시장성을 검토 중이라는 의례적인 답변을 들은 한 일본 남자는 "91년, 93년에도 똑같은 대답을 들었는데 웬 검토만 그리 오래 합니까?"며 화를 내기까지 했다.

낮은 차체 높이, 승용차처럼 편안한 승차감

그렇다면 도대체 스포티지의 어떤 점이 그토록 주목을 끌었을까? 우선 스포티지의 가장 큰 특징은 낮은 차체 높이에 있었다. 비록 당시 기술적 한계로 인해 강철 프레임 위에 차체를 얹는 '보디 온 프레임(Body on Frame)' 방식을 취하긴 했지만, 일직선의 프레임을 사용했던 당시 SUV와는 달리 아래 그림처럼 프레임의 중간 부분을 아래로 꺾는 방식을 통해 충분한 실내 높이를 확보하면서 차체의 높이와 시트의 높이를 획기적으로 낮출 수 있었던 것이다.

시트의 높이가 낮아지면 승하차도 쉬워지고 차체에 의한 흔들림이 줄어들어 승차감이 상당히 좋아진다. 아래 그림처럼 차가 주행하면서 힙 포인트(Hip Point; 자동차 시트에 엉덩이가 닿는 부분, 즉 시트의 높이를 의미함)가 ㉮에 있을 때보다 ㉯에 있을 때 앞뒤, 좌우의 진동 폭이 더 작아지는 것과 같은 이치다.

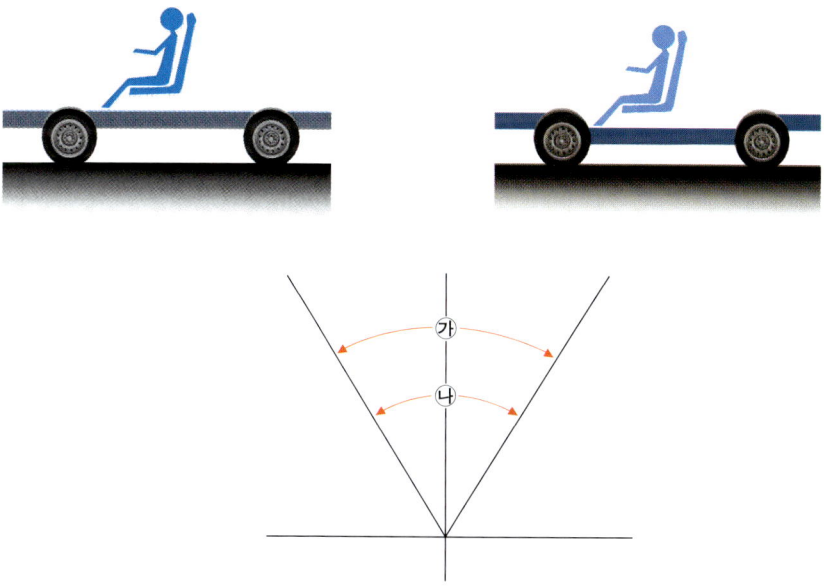

또한 트럭을 베이스로 하면서 오프로드 용도를 중시하여 특히 뒤쪽 서스펜션이 여러 겹의 철판으로 만들어진 리프 스프링(Leaf Spring) 방식으로 된 기존

SUV들과는 달리, 스포티지는 온로드 용도의 승차감을 위해 당시 승용차에 많이 쓰이고 있던 리지드 액슬을 썼다. 게다가 도시형 SUV이다 보니 트렁크를 작게 하여 차체 길이도 줄이고 무게도 줄여 당시 기준으로는 작은 2,000cc 배기량의 휘발유엔진을 얹고도 충분히 기본적인 성능을 낼 수 있었다. 연비도 좋아진 것은 물론이다.

사람은 많이 타고, 기계의 딱딱함은 줄이고

디자인 측면에서는 SUV 최초로 외관에 라운드 콘셉트를 적용하여 승용차 감각의 부드러운 실루엣을 강조하면서도 SUV다운 강한 느낌도 잃지 않도록 배려한 점이 크게 주목을 받았다. 특히 실내는 '맨 맥시멈 & 머신 미니멈(Man Maximum & Machine Minimum)'의 콘셉트로 엔진룸을 최소화하고 앞뒤 오버행을 짧게 하여 차체는 작아도 어른 5명이 충분히 탈 수 있는 공간을 확보하였다.

실내 디자인도 각지고 기능적이었던 기존 SUV와는 달리 계기반이나 도어 트림, 시트, 내장재 등에서 일반 승용차의 느낌을 강조하고, 각종 편의장치들도 승용차와 별 다르지 않게 장착해 운전석 옆 4륜 변환 레버만 제외하면 안에 앉아서는 승용차에 앉아 있는 것과 별반 차이를 느끼지 못할 정도였다.

오히려 승용차보다 시트가 높으니 멀리 잘 보여 운전하기가 쉬워지고, 뒷좌석 높이를 앞좌석보다 높여 뒤에 앉아서도 앞쪽이 잘 보이도록 배려한 점 등 RV다운 실용성이 더해져 인기를 끌었다. 당시 SUV 콘셉트의 미쓰비시 파제로를 그대로 도입했던 현대

기아 스포티지 실내

기아 프라이드

자동차(당시는 현대정공)의 갤로퍼 초기모델과 비교해 보면 금방 차이를 느낄 수 있다. 물론 싼타페나 투싼 같은 승용형 RV가 거리에서 흔하게 보이는 현재 기준으로 보면 스포티지도 촌스럽고 트럭 같은 느낌이 강하게 나지만, 당시로서는 승용형 SUV 시대의 개막을 알리는 획기적인 제품이었다.

포드와의 협력관계로 얻은 선물

당시 후진국의 소규모 자동차업체에 불과했던 기아자동차는 어떻게 해서 스포티지 같은 앞선 콘셉트의 자동차를 생각하게 되었으며, 미처 형성되지도 않은 시장을 향해 과감하게 대규모 생산에 돌입하게 되었을까?

그 해답은 바로 포드와의 협력관계에 있었다. 1980년대 초 마쓰다가 북미 수출용으로 개발했다가 미국 레이건 정부의 강요에 의한 일본차의 대미수출 자율규제에 의해 수출하지 못하게 된 121(국내명 프라이드)을 기아자동차가 생산하여 북미시장에 포드 페스티바란 이름으로 공급하게 된 것을 계기로 포드는 1984년에 기아자동차의 주식 10%를 취득하게 된다.

포드, 소형 SUV 시장에 대한 선견지명

양질의 저가 소형차의 생산기지로서 기아자동차의 장점을 인식하게 된 포드는 페스티바에 이은 제2탄으로 북미 시장의 소형 SUV 시장을 위한 새로운 콘셉트의 SUV를 생각하게 되었다. 이에 포드와 기아자동차는 1985년부터 UW-52라는 프로젝트 코드로 본격적인 검토에 들어갔다.

스포티지의 앞선 상품 콘셉트는 결국 포드에서 온 것이었다. 당시 가장 앞선 RV 시장이었던 미국에서도 SUV는 각진 스타일과 큰 엔진을 단 대형차들이 대부분이었고, 소형 SUV 시장은 스즈키 사무라이(Samurai)가 구형이라 독특해진 스타일과 저가를 무기로 소량 팔리고 있는 정도의 미개척 분야였다. 미국을 비롯한 세계시장에서 소형 SUV가 폭발적으로 팔리기 시작한 게 1990년대 중반부터이니 포드의 앞선 상품 기획력에 놀라지 않을 수 없다.

장기간의 기초 검토 후 성공을 자신한 포드는 연간 15만 대 생산규모에 10만 대를 자사 브랜드 가져가겠다고 제안하여 기아의 경영진을 한껏 들뜨게 했다. 당시 기아의 연간 총생산 규모가 20만 대가 채 안 되었을 때였으니 리스크도 없는 엄청난 성장 기회에 기아 임직원들이 얼마나 흥분했을지 짐작이 갈 것이다.

▶ 스즈키 사무라이

그러나 얼마 후 포드는 대가로 기아차 주식 50%를 요구하여 다국적 자본의 냉혹한 생리를 드러냈고, 당연히 기아차의 강력한 반발을 불러일으켰다. 곤란해진 포드는 기아 소유로 당시 신 공장 건설 계획만 잡혀 있던 아산공장(지금의 화성공장)을 별도 법인화하여 스포티지를 만들고 그곳의 주식을 50% 달라는 타협안을 냈다. 하지만 자존심 강한 기아차 경영진에 의해 그마저 거부당하고 말았다.

기분이 상한 포드는 이 프로젝트를 포기하고 떠나버리게 되고 황당한 기아자동차 경영진은 이 프로젝트의 추진 여부를 놓고 심각한 고민에 빠지게 된다. 기초적인 검토를 보다 정밀하게 시행하는 것으로 시간을 좀 벌면서 고민 끝에 최고경영진이 내린 결정은 독자개발이었다.

독자모델에 대한 끝없는 열망

객관적인 관점에서는 위험 부담이 너무 커서 실패할 확률이 높고, 대규모 자금이 소요되기에 실패할 경우에는 회사의 경영에 치명적인 타격을 입힐 수 있는 사안임에도 불구하고 기아자동차가 무모하리만치 과감한 결정을 하게 된 데는 내부에 여러 가지 사정이 있었기 때문이었다.

우선 차량개발의 전 과정에 대한 노하우와 경험의 획득이었다. 현대자동차는 1970년대 후반부터 미숙하나마 미쓰비시 차량의 언더보디를 들여와 독자적인 차량상체(Upperbody)를 씌우면서 과감하게 독자모델을 생산하기 시작했다. 반면 그룹의 규모가 작아 현대처럼 과감한 투자를 할 수 없었던 기아자동차는 마쓰다의 차종을 국내에서 라이선스 생산하는 단계에 머물러 있었다. 일본에서 완성된 설계도면을 사와서 그대로 만들기만 한 것이다.

그래도 브리사를 만들어 국내 승용시장의 선두를 지키고 있던 기아자동차는 1981년 정부의 강제적인 중화학공업 합리화 조치에 의해 다시 1987년에 프라이드를 만들어내기까지 자동차의 한 라이프 사이클에 해당하는 기간 동안 승용차를 생산하지 못하게 되는 불운을 겪게 되었다. 우리나라 자동차산업 역사에 있어 중요한 1980년대에 독자모델을 개발할 수 있는 기회를 상실한 기아자동차는 다시 마쓰다차를 받아서 만드는 처량한 신세가 되었다. 그러나 프라이드의 성공으로 충분한 자금을 축적하게 되자 다시 독자모델의 개발에 나서게 된다.

기아자동차는 당시 기술제휴선인 마쓰다의 323 언더보디를 가져와 현대자동차처럼 차량상체만의 독자모델을 만들어 프라이드의 위 세그먼트인 준중형 시장에 진입하려 했다. 그러나 기아의 성장을 견제하고자 했던 마쓰다는 언더보디 제공을 거부했고, 기아는 진퇴양난에 빠지게 되었다. 이때 포드가 나타나 UW-52를 얘기하며 차량개발의 초기부터 생산, 판매까지 전 부문에 걸친 과정이 상세하게 명시된 청사진을 떡 하니 제시한 것이었다.

가뭄에 단비 만난 듯 덤벼든 기아의 엔지니어들은 청사진을 상세 검토하면서 드디어 차량개발은 어떤 순서에 의해서 처음부터 어떻게 하는 것이고, 각 단계별로 설계, 실험, 구매, 판매 등 각 부문이 무엇을 구체적으로 해나가야 하는지를 습득하게 되었다. 상세검토 완료 후 완성된 로드맵(Road Map)을 들고 실전에 신나게 막 들어가려 할 때, 포드가 앞서 얘기한 이유로 갑자기 떠나버리니 기아로서는 각종 위험이 도사리고 있는 깊은 정글 속 보물 상자에 다다를 수 있는 지도 한 장만 달랑 손에 쥔 꼴이 되어버린 것이다.

울며 겨자 먹기, SUV를 자체 개발하라

그래도 힘들게 만든 차량개발 로드맵의 실전 검증을 위해 결국 기아는 스포티지 개발이라는 어려운 결정을 내리게 되었다. 실제 NB-7이라는 프로젝트 코드로 추진된 스포티지의 개발 과정을 통해 수많은 시행착오를 겪은 뒤 검증된 길을 따라, 그 후 기아자동차의 독자모델이자 국내 최초의 언더보디 국산화 차종인 세피아가 개발될 수 있었다.

세피아 초기 모델

두 번째 이유로는 독자모델 보유에 대한 기아자동차의 강력한 소망이었다. 기아는 마쓰다와의 계약에 의해 MDV(Mazda-Designed Vehicle)의 수출을 엄격히 제한 받고 있었다. 당시 현대 엑셀의 북미 수출 성공에 의해 급속히 확대되었던 선진국 수출시장은 국내 자동차업체들에게는 매출 확대와 기술 축적을 위해 놓칠 수 없는 기회였다. 기아는 MDV의 기아 브랜드 수출을 위해 수도 없이 마쓰다와 협상을 벌였다.

하지만 일본이 어떤 나라인가? 프라이드의 포드 브랜드 수출 이외에는 일부 MDV 화물 트럭의 소량 수출의 선별적 허용과 수출에 따른 마쓰다의 기회비용 보상이라는 치욕만 당했다. 같은 시장에 유사한 자동차를 파니 기아가 파는 만큼 마쓰다가 못 팔게 된 피해를 보상하라는 것이었다. 당시 실무팀 대리로 이 협상에 참여했던 나는 지금도 그때 생각을 하면 열이 치받혀 오른다.

이런 와중에 개발만 해놓으면 최초의 KDV(Kia-Designed Vehicle)로서 독자모델을 갖게 되는 것이니 열 받고 다급했던 당시 최고경영진은 스포티지 개발에 과감하게 나서게 된 것이다. 라이벌이었던 현대가 독자 브랜드로 북미시장에서 히트치는 걸 바라보기만 하던 기아로서는 포드가 북미시장에서 충분히 팔 수 있는 차라고 했으니 얼른 개발해서 북미시장에서 현대자동차 못지않은 대박을 얻고 싶다는 경쟁 심리도 물론 있었다.

마지막으로 엔지니어 특유의 자존심을 들 수 있겠다. 현대자동차에 인수된 이후에는 그 색깔이 많이 엷어졌지만, 기아는 경영진의 대부분이 엔지니어로 구성되어 있었기에 마케팅보다는 생산, 자동차의 편의성이나 세련됨보다는 성능과 안전, 수익을 위한 시장 요구에의 순응보다는 제대로 된 차를 만들어 시장을 선도하겠다는 고집이 강한 회사였다.

대개 엔지니어들은 남들이 못하고 있는 새로운 것을 남보다 앞서 만들어내는 것에 만족을 느끼곤 한다. 엔지니어들의 집합체인 기아자동차가 스포티지의 개발에 대해 두려움보다는 열정과 도전의식을 느껴 '어렵지만 우리 모두 힘을 합쳐 한번 해보자!'라는 분위기가 일어났던 것도 사실이다.

사실 스포티지가 어려운 산고 끝에 훌륭하게 태어나 미국에서 호평을 받고 소형 SUV 시장의 잠재력이 확인되자, 1990년대 중반 포드가 다시 기아자동차에 스포티지의 자사 브랜드 공급을 요청해왔다. 공장의 생산능력도 모자라고 여러 거래조건이 맞지 않아 기아가 거절하자 다급해진 포드는 마쓰다와 공동개발에 들어가 비슷한 콘셉트의 SUV를 만들어 시판했다. 그 차종이 현재 국내에서도 판매되고 있는 포드의 이스케이프(Escape)이다.

절반의 성공—국내에서는 실패, 해외에서는 성공

이렇게 어렵게 개발한 스포티지의 판매는 어떠했을까? 결론부터 말하면, 해외시장에서는 성공, 내수시장에서는 실패였다. 특히 북미시장에서의 성공은 포드가 예측한 대로 소형 SUV의 시장잠재력이 컸기 때문이다.

스포티지는 디자인과 상품력도 뛰어나고 시장을 선도하고 들어갔기에, 1994년 북미시장 진출 후 큰 인기를 끌었다. 1995년에는 미국의 「파퓰러 사이언스(Popular Science)」 잡지에서 '최고의 신제품'으로 선정되었고, 1997년에는 「멘스 저널(Men's Journal)」에서 '남자가 구매하고 싶어 하는 최고의 4륜구동차'로, 또한 「바이어스가이드(Buyer's Guide)」에서는 '최고의 구매가치 상품'으로 잇달아 선정되었다.

이 차는 2003년에 단종하기까지 10년간 기아의 낮은 브랜드 이미지나 빈약한 딜러 망에도 불구하고 변변한 모델 변경 한 번 없이 총 28만 대 정도가 팔리는 큰 성과를 거두었다. 그렇다면 북미시장에서 잘 팔린 스포티지가 국내에서는 왜 성공하지 못했을까? 한마디로 자동차 사회의 발달 단계에 있어 선진시장만큼 성숙되지 못한 국내 자동차 문화와 스포티지의 언밸런스 때문이었다.

1990년대, 한국에는 남성적인 SUV 유행

1990년대 들어 현대자동차에서 갤로퍼가 나오면서 본격적으로 형성되기 시작한 국내 SUV 시장은 세계 어느 시장이나 초기 단계에 다 그러하듯이 트럭 베이스로 만들어져 크고 각진 스타일에 기능과 실용 위주의 모델들이 주도하고 있었다. 강렬한 개성을 지닌 근육질 남성의 터프한 매력을 느끼고 싶어서, 아니 주위에 느끼게 해주고 싶어서 주로 남자들이 SUV를 타고 다녔던 것이다.

이런 시기에 등장한 작고 곱상한 도시의 꽃미남 이미지를 지닌 스포티지는 처음부터 맞지 않는 선택이었다. 억지로 터프한 느낌을 내고자 외관 색깔도 어두운 색으로만 칠하고 강철 파이프로 만든 범퍼 가드도 붙여보고 했지만 스타일만 더 어색해질 뿐이었다. 차체 사이즈에 대한 소비자의 불만에 대응하여 뒷부분을 30cm 늘린 스포티지 그랜드도 나오고 외관 색깔에 흰색도 추가하여 이미지 변신을 추구했으나, 콘셉트가 헝클어진 뒤라 별 효과가 없었다.

기아가 판매초기에 상용부문에 팔 차가 별로 없다는 단순한 이유로 상용판매부에 스포티지의 판매를 맡긴 것이 중대한 실수였지 않았나 생각된다. 차라리 당시 상황에는 맞지 않았다 할지라도 처음부터 도시형 온로드 이미지로 밀고 나갔다면, 나중에라도 시장환경에 맞아 들어가지 않았을까 하는 아쉬움이 남는다.

현대 갤로퍼

10년만에 탄생한 후속모델

일부에서는 시판 초기 제조상의 실수로 스포티지의 뒷바퀴가 주행 중에 빠진 사건이 판매위축의 결정적인 원인이라고 한다. 실제 이 사건이 판매에 미친 악영향은 무시할 수 없으나, 그 이전에 선진국 문화에 맞도록 만들어진 스포티지와 미성숙된 국내 자동차 문화와의 괴리가 있었다고 생각한다.

물론 휘발유엔진을 달고 나간 선진 시장과는 달리 디젤이 주종이던 국내 SUV 시장에 맞는 디젤엔진이 없어 당시 승합차 베스타에 얹던 디젤엔진을 쓰다 보니 소음과 진동도 심하고 파워도 떨어졌다. 하지만 당시 경쟁차종들에 얹혀 있던 디젤엔진들도 다 구형으로 거기서 거기였는지라 엔진 때문에 인기가 없었다고 하기도 어렵다.

이렇게 난산을 거듭하여 태어난 명차 스포티지는 이제 자연수명을 다하고 단종되었다. 후속 차종으로 개발되던 모델은 현대자동차에 인수된 후 변형되어 쏘렌토라는 다른 이름을 달고 판매되고 있다. 회사의 능력에 비해 너무 많은 차종을 갖고 있던 기아자동차는 모자란 개발여력을 우선 승용차 부문에 치중하느라 사실상 스포티지를 오랜 기간 방치하고 말았다. 스포티지는 돌보아주지 않는 부모 밑에서 혼자 고군분투하다가 끝내 박수 하나 쳐주는 사람 없이 쓸쓸하게 세계 자동차역사의 뒷길로 사라지고 있다.

쓸데없는 공상이기는 하지만, 스포티지 출시 후 4~5년 뒤인 1990년대 후반 정도에 당시 트렌드에 맞도록 풀 모델 체인지를 한 번 했다면 어땠을까? 그때는 국내시장도 승용형 SUV를 받아들일 수 있을 정도로 성숙되어 있던 때라 스포티지가 정말로 국내외에서 확실한 명차가 되지 않았을까 하는 생각도 해 본다.

최근에 기아자동차에서 아반떼를 베이스로 현대 투싼과 플랫폼을 공용한 소형 SUV(개발명 KM)를 다시 스포티지로 이름 붙여 출시한 후 국내외 시장에서 빅 히트 치는 걸 보니 반갑다. 아무쪼록 10년 전에 태어난 맏형의 명성을 훌륭히 계승하여 세계적인 명차로 거듭나기를 바란다.

2 불운의 정통 스포츠카, 엘란

스포츠카는 영국 상류층의 '스포티 라이프'

영국의 천재적인 엔지니어 콜린 채프만(Colin Chapman)이 만든 2인승 로드스터(Roadster)의 대표적인 명차로 이름을 날렸고, 로터스(Lotus)사의 경영부실로 인해 기아자동차로 팔려와 제2의 전성기를 노리다 쓸쓸히 수명을 다한 엘란. 기아자동차가 만든 독특한 모델인 엘란은 어떤 이유로 우리나라에서 만들어져 팔리게 되었을까?

먼저 엘란을 정확히 이해하려면 '정통 스포츠카'에 대한 이해가 있어야 한다. 흔히 '스포츠'라고 하면 근육을 격렬하게 움직여 열량을 소모하면서 숨이 가빠지고 땀을 많이 흘리는 운동을 생각하게 된다. 이것은 힘과 육체적 매력을 강조하는 미국문화의 영향 때문이 아닌가 싶다. 그렇다면 가벼운 산책이나 차를 타고 교외로 나가 걷기 좋은 들길을 한가로이 걷는 건 스포츠에 속할까?

영국 상류층의 스포티 라이프

원래 스포츠라는 콘셉트는 영국에서 나왔다. 영국은 엄격한 신분사회로 상류층에 갈수록 생활방식이나 매너, 하다못해 의상과 소품 하나까지 격식을 따지는 까다로운 전통을 지니고 있다. 하지만 때에 따라서는 격식에서 어느 정도 해방되어 기준은 있되 편안한 복장으로 여유를 갖고 가까운 사람들과 어울릴 수 있는 시간도 필요하다. 부유한 상류층은 대도시 교외에 별장을 만들어놓고 휴일에 친지들을 불러 모아 신선한 공기와 밝은 햇살 속에서 함께 여우사냥이나 피크닉, 보트타기, 다트 등 가벼운 놀이를 즐기곤 했다.

별장을 소유할 정도의 부자가 아니더라도 숲 속이나 강가에 회원제 클럽하우스를 지어놓고 수시로 모여 편안한 분위기 속에서 회원끼리 교류했다. 골프를 칠 때도 골프장의 클럽하우스를 중심으로 그 주변 상류층의 사교 모임이나 행사가 이뤄졌다. 이렇게 각 지방 사람들이 모여서 즐기는 곳이라는 뜻에서 골프장을 컨트리클럽(Country Club)이라고 부르게 되었고, 골프장 내 클럽하우스에서는 지금도 에의싱 재킷을 꼭 입도록 하고 있는 것이다. 몸과 마음이 자연 속에서 다시 새로워지는 느낌을 갖도록 하는 것이 스포츠의 원래 의미이고, 이런 생활이 바로 '스포티 라이프(Sporty Life)'이다.

당시 상류층들은 스포티 라이프를 즐기기 위해 이동할 때 자기 취향에 맞게 만든 승용마차를 이용했다. 자동차가 발명된 이후에는 차를 타고 승용마차가 지나간 길을 달리게 되었다. 여기서 '컨버터블(Convertible)', 즉 오픈카라는 차의 콘셉트를 이해하게 된다. 햇빛 귀한 나라에서 지붕 없이 다니던 승용마차의 전통을 이어받은 것이다.

기아 엘란

힘과 스피드의 대명사 — 페라리, 람보르기니 같은 슈퍼 스포츠카

컨버터블은 햇빛이 일 년 내내 강렬하게 내리쬐는 미국 캘리포니아 같은 곳에서 춥지도 않고 비도 안 오고 하니 뚜껑 젖히고 타는 차라고 인식하고 있는 사람들이 많다. 햇빛 속에 그러고 다니다 얼굴의 주근깨와 기미는 어떻게 감당할 것인가? 옆자리에 여자친구라도 태웠다면 딱지 맞기 십상이다. 머리에 털이 모자라 그늘이 충분치 않은 사람들은 일사병 걸리기 딱 좋지 않겠는가? 당시 스포츠카의 의미도 오늘날 우리가 각종 미디어에서 접하게 되는 스포츠카의 콘셉트와는 달랐을 것임을 알 수 있다.

요즘에는 스포츠카라고 하면 몇 리터 엔진에 최고 마력이 얼마고 발진가속 (0→100km/h) 시간과 최고 속도 등을 따진다. 국내에서도 수시로 열리고 있는 드래그레이스(Drag Race, 출발지점에서 400m까지 도달하는 시간을 겨루는 경기)도 기록 단축을 위해 차의 다른 면을 모두 희생하여 개조한 튜닝카들이 나와 겨루는 경기로 힘과 스피드를 숭상하는 경향을 극단적으로 보여준다.

지난 1세기 동안 자동차 기술의 발전과 도로조건의 향상에 의해 자동차의 최대속도 허용치가 계속 올라가게 되었다. 또 모든 것이 수치로 측정되어 계량화되는 산업사회의 기준에 의해 자동차를 달리는 기계로 인식, 그 기계적 특성들의 수치 기록경쟁을 추구하다 보니 일반 사람들이 생각하는 오늘날 스포츠카의 의미는 완전히 달라져 버렸다. 페라리, 람보르기니 같은 슈퍼 스포츠카(Super Sports Car)가 위용을 자랑하고 BMW, 벤츠, 아우디 등에서 고성능 스포츠 세단을 경쟁적으로 내놓고 있으나, 이런 차들은 도로 포장 상태가 좋고 굴곡이 적은 독일 아우토반이나 한적한 미국의 시골 고속도로에서 달리기에 알맞다. 한마디로 힘과 스피드를 우열 기준으로 삼아 '달리는 기계(Driving Machine)'로서의 한계에 꾸준히 도전하고 있는 차들인 것이다.

영국에 컨버터블이 많은 이유

하지만 영국을 비롯한 유럽의 시골길을 달려가는데 대형 차체에 초강력 스피

● 페라리

● 람보르기니

드가 필요할까? 오히려 차체를 작게 하고 적당한 배기량의 엔진에 달아 마치 말을 탄 것처럼 차와 일체감을 느끼게 하는 것이 더 중요하다. 구부러진 길을 즐기면서도 옆에서 뭐가 언제 튀어나올지 모르니 핸들링과 브레이크 성능이 중시되고, 옆에 앉은 사람과 친밀한 대화를 나누면서 가야 하니 각 브랜드의 디자인 특성은 살리되 각종 계기나 스위치들은 한눈에 알아볼 수 있고 조작이 간편하도록 단순하고 기능적으로 설계된다.

특히 컨버터블은 지붕을 열기 때문에 오디오에 대한 요구수준은 그리 높지 않고, 안전도와 함께 머리 위로 스쳐가는 바람의 상큼함을 느끼게 하기 위해 앞 유리창의 높이와 시트의 높이를 적절히 맞추는 게 중요하다. 운전 기술도 어느 정도 이상의 수준이 되는 사람들을 대상으로 하고, 도로 상태에 의해 차가 처하게 될 여러 상황을 자신의 기술로 컨트롤해 나가는 운전의 묘미를 즐기는 경향이 강하다. 에어백 같은 수동 안전장치는 선호하되 ABS, TCS 등 각종 능동 안전장치 등은 꺼려한다. 능동 안전장치는 축적된 실험 데이터를 기준으로 평균 운전자(Average Driver)에 맞춰 개발하는지라, 운전이 능숙한 사람에게는 운전의 맛이 없어지고 때로는 운전기술에 차가 따라주지 않아 오히려 더 위험해지기도 한다.

원래 스포츠카의 의미는 영국 상류층의 스포티라이프를 위한 차인 것이다. 이 차들은 최고 속도에 대한 부담이 없고 햇빛도 귀하다 보니 컨버터블이 많다. 여기서 정통 스포츠카라고 할 때의 의미는 바로 이런 의미다. 교외로 나가 지붕을 열고 바람과 햇빛 속을 천천히 달리면서 자연과 차와 내가 하나가 됨을 느끼는 삼위일체의 희열은 한 번 경험한 사람에게는 끊을 수 없는 유혹이 된다.

엘란을 모방하여 도요타 MR2를 개발한 아리마 가쯔토시 씨의 스포츠카에 대한 다음과 같은 정의는 이러한 의미를 잘 표현해주고 있다.

"스포츠카는 기분을 전환하고 운전 그 자체를 즐기는 차다. 따라서 일상생활과 일에서 자아가 해방되고, 무념의 상태에서 본질의 자신과 만나 대화할 수 있는 자리를 제공해야 한다. 즉 마음의 휴식이 가능해야 한다."

물론 스피드에 대한 부담이 없다고 해서 기본적인 운동 성능이 떨어져서는 스포츠카라고 할 수 없다. 아리마 씨는 스포츠카의 운동 성능에 대해서도 명쾌한 정의를 내렸다.

"스포츠카는 경주용차와 마찬가지로 자동차경주로(Circuit)를 달릴 수 있어야 한다. 다만, 경주용차는 운동신경이 뛰어나고 눈치 빠른 사람 중에서 철저히 훈련을 받은 전문 운전자에게 맞추어 서스펜션 튜닝이 되어 있지만, 스포츠카는 어느 정도 훈련을 받은 불특정 다수의 보통 사람이라도 경주로를 안심하고 매끄럽게 달릴 수 있어야 하며, 전문 운전자는 자유자재로 조종할 수 있어야 한다."

나도 1997년 초 독일지사에서 근무할 당시 시장조사의 목적으로 와 있던 엘란을 타고 브레멘(Bremen)에서 프랑크푸르트(Frankfurt)까지 최고 시속 240km로 호쾌하게 달려본 적이 있다. 가속페달에 여유가 남아 분명히 더 빨리 갈 수도 있었는데 가지 않은 것은 당시 기아자동차 기술연구소의 시험주행로(Proving Ground)의 최고 허용속도가 시속 240km이었기 때문이었다. 개발할 때 테스트 드라이버들이 그 이상의 속도로는 달려보지 못했을 테니까.

고속주행 내내 1.8L 최고 135마력의 엔진이라는 게 믿겨지지 않을 만큼 뛰어난 동력성능과 차체 컨트롤을 느낄 수 있었다. 엘란은 정통 스포츠카이면서도 오늘날의 통상적인 스포츠카에 못지않은 운동 성능을 지녔기에, 같은 영국산 2인승 로드스터이면서 달리는 맛보다는 외양의 멋에 치중한 쌍용자동차의 칼리스타와 확연히 구분된다. 칼리스타는 쌍용자동차가 영국 팬더사를 인수한 후 국내에서 1992년 초 생산하였으나, 당시 국내 자동차시장과 콘셉트가 맞지 않아 50여 대 정도 만들어진 후 1994년 6월에 단종되고 말았다.

기아자동차는 왜 엘란을 만들었나

불어로 '열정'이라는 의미의 엘란은 과연 어떤 차일까? 정통 스포츠카에 속하는 것은 틀림없으나 보다 정확하게 이해하기 위해서는 먼저 백야드 빌더(Backyard Builder)라는 콘셉트를 알아둘 필요가 있다. 백야드 빌더는 말 그대로 자기 집 뒤뜰에서 뚝딱거리고 차를 만드는 사람들을 말한다. 약 백 년 전 포드의 컨베이어 시스템이 생산현장에 도입되기 이전 모든 자동차 제조업체들은 조그마한 공장에서 핸드메이드(Hand-made)로 소량의 차를 만들었다. 그 후 대부분의 자동차 제조업체들이 컨베이어 시스템을 도입하여 대량생산에 나섰으나, 획일화된 자동차 양산에 반대하여 자기만의 철학이 들어간 독특한 자동차를 소량이라도 계속 만들어내고자 했던 고집스러운 엔지니어들이 있었다. 이들이 운영하는 회사를 백야드 빌더라고 부르게 되었다.

엘란을 만든 영국의 로터스가 대표적인 백야드 빌더이며, 알피나(Alpina), 브라부스(Brabus), 루프(Ruf) 같은 튜닝 업체들도 넓게 보아 이 같은 범주에 넣을 수 있다. 백야드 빌더가 만든 차의 성격은 공장에서 대량으로 만들어낸 차들과는 완전히 다르다. 소비자들이 이 차에 요구하는 내용과 기대수준도 대량 생산된 자동차와는 다를 수밖에 없다. 영국에서 태어나 한국으로 입양되어 만들어진 엘란의 불운도 결국 이 같은 인식의 차이에서 비롯되었다.

1970년대에 출시된 제1세대에 이어 1987년 경 출시된 제2세대 엘란은 역대 2인승 로드스터 중 가장 성공적인 모델로서 큰 인기를 끌었다. 이후 로버(Rover)의 MGF, 도요타의 MR2, 마쓰다의 MX-5 미아타(Miata) 같은 수많은 추종 모델들을 거느리게 되었다. 이런 측면에서 엘란은 2인승 로드스터의 명차라고 할 수 있다.

시스템이 다른 기술, 수익성의 한계를 극복하라!

그렇다면 기아자동차는 왜 정통 스포츠카의 대표주자인 엘란을 만들게 되었을까? 1990년 초 현대자동차가 엑셀을 기본으로 스포츠 쿠페인 스쿠프를 만들어 인기를 끌자, 기아자동차도 세피아를 베이스로 SLC(Sports Looking Car)의 개발을 검토했다. 그러나 개발여력과 생산능력의 부족 및 콘셉트의 문제로 포기하게 되었다. 현대자동차는 다른 양산 자동차업체들이 흔히 해왔듯이 저렴하게 스포츠카의 기분을 비슷하게나마 느껴보라

도요타 MR2

고 대량생산하는 스포츠 쿠페를 만들었다. 반면 비싸더라도 제대로 된 스포츠카를 만들어서 실력도 있고 우리나라 자동차산업을 한 단계 업그레이드시켰다는 평가를 받고 싶다는 기아자동차 최고경영진의 의지는 상당히 강력했다. 어차피 판매대수로는 스쿠프를 누를 수 없으니 질적인 면에서 현대자동차를 앞서고 싶다는 최고경영진의 경쟁의식도 상당히 작용했다고 여겨진다.

수많은 관련 산업분야의 결과물로 만들어진 자동차는 그 나라 산업 수준의 척도이고 스포츠카는 그 나라 자동차 기술의 상징이라 그동안 우리나라도 물량기준으로는 세계 7위권 이내에 들어왔으니 이제 우리나라에도 제대로 된 스포츠카 한 대쯤은 있어야 한다고, 당시 김선홍 사장은 수행 비서였던 나에게도 여러 번 얘기하였다.

물론 천신만고 끝에 겨우 독자모델 개발에 성공했던 당시 기아자동차의 기술 수준으로는 독자적인 스포츠카의 개발은 불가능했다. 결국 외국에서 좋은 모델을 들여 와 국산화하여 기술을 축적한 뒤 다음을 기약할 수밖에 없었다. 먼저 마쓰다의 미아타를 타진했으나 여지없이 거절당한 기아는 당시 세피아

● 로버 MGF

의 개발 관련 용역업무를 수행하던 로터스 엘란에 관심을 두게 되었다. 최고경영진의 지시에 의해 엘란의 국내 라이선스 생산 검토에 들어가게 되었고, 근 1년에 걸친 상세 검토의 결과는 부정적이었다. 생산 시스템이 근본적으로 달랐기 때문이다. 엘란은 백야드 빌더의 수제작 방식으로 만들어지고 있었고, 기아는 철저하게 컨베이어 시스템에 의한 대량생산 시스템에 의해 운영되고 있었다. 대량생산 시스템은 엄격한 품질과 공정 관리를 통해 하나의 차종에 대해서 원칙적으로 동일한 규격과 품질수준의 제품들을 만들어낸다. 그러나 수제작 방식은 수치화된 공정기준이나 부품의 품질수준 확보 없이 현장 작업자들의 숙련된 솜씨로 한대 한대 만들어내니 원칙적으로 제품마다 품질수준이 다 달라진다. 엄밀히 말하면 대량생산시스템에 익숙한 사람들의 눈에는 전부 품질불량인 것이다. 한마디로 전혀 해보지도 않은 방식인데다가 숙련된 장인수준의 현장 작업자들도 갖지 못한 현장의 평가는 단연 'No'였다.

수익성 측면에서 역시 그림이 그려지질 않았다. 당시 엘란의 영국 내 판매가격은 27,000파운드였고 미국 내 판매가격은 40,000달러였다. 이렇게 비싼 차를 들여와 국내에서 아무리 국산화한다고 해도 총 제조원가가 3,000만 원을 넘어간다. 그러나 엘란의 국내 판매가격 목표는 당시 국내 소비자들의 소득수준을 감안하여 2,000만 원이었으니 계산상 애당초 진행될 수가 없는 프로젝트였다.

또한 국내 최초의 2인승 승용차, 그것도 컨버터블은 당시 국내 자동차 문화의 수준에서 쉽게 받아들일 수가 없는 콘셉트여서 국내 수요전망도 매우 불투명했다. 수출도 '메이드 인 코리아(Made in Korea)'로, 그것도 세계무대에서 거의 무명업체인 기아의 브랜드로서는 무리였다. 엘란의 국내 출시 후 판매부진으로 재고가 쌓이자 1997년에 기아 비가토(Vigato)라는 이름으로 일본에 100대 가량 수출하기는 했으나 거의 원가수준으로 내보내 사업상의 의미는 없었다. 결국 시기상조라는 의견과 함께 기아자동차 내에서 엘란 프로젝트의 추진불가에는 반론의 여지가 없었다. 이처럼 기아자동차는 전문경영인 체제였기에 최고경영진의 지시라도 실무진의 검토에 의해 추진이 거부되는 사례가 많았다.

파리-다카르 랠리와 로터스의 부도가 준 기회

일난 중지된 엘란 프로젝트기 다시 추진된 것에는 스포츠카에 대한 최고경영진의 변치 않는 의지 이외에 두 가지 중요한 사건이 있었다. 바로 1993년 파리-다카르 랠리에 첫 출전한 스포티지의 전 코스 완주라는 쾌거와 영국 로터스의 도산 위기였다.

힘들고 어려운 과정을 거쳐 개발되면서도 기아자동차의 독자기술의 상징이었던 스포티지가 비록 순위 내에는 들지 못했으나 별로 개조하지도 않은 상태에서 지옥 같은 랠리 코스를 완주했다는 사실은 기아자동차 내에서 강하게 남아 있던 독자기술에 대한 의구심을 일거에 날려버렸다. 또 사내에서 모터스포츠에 대한 붐이 조성됨과 동시에 기아자동차의 엔지니어들은 '하면 된다'는 자신감에 넘치게 되었다. 게다가 때마침 후속 모델들에 대한 과도한 투자와 판매부진에 허덕이던 로터스가 엘란의 매각을 기아자동차에 제의해왔다. 과거 엘란 프로젝트의 수익성 검토에서 중요한 요소였던 플라스틱 차체의 제작을 위한 금형을 새로 만들 필요 없이 그대로 인수하게 되었으니 수익성 개선에 대한 기대도 커졌다. 개발과정에서 사출방식도 다르고 상당히 노화된 이 금형들을 가지고 품질수준을 맞추느라 담당 엔지니어들이 양산 이후까지 거의 탈진상태에 빠졌던 것은 물론이지만 말이다.

또한 스포티지와 세피아라는 독자모델을 개발하면서 그전까지 외국에서 개발 완료된 모델의 생산경험 밖에 갖지 못했던 기아자동차는 '시작(試作)'의 중요성을 뼈저리게 느끼게 되었다. 이런 상황에서 엘란 같은 수제작 자동차의 생산을 통해 시작기술을 획기적으로 향상시킬 수 있을 것으로 기대하게 되었다.

검토는 급속도로 진전되어 1993년 말 기아자동차는 로터스로부터 엘란 인수를 결정하게 되었다. 모든 관련도면과 금형, 설비 등을 100억이 약간 안 되는 금액으로 샀다. 비록 입양이기는 하나 우리나라 자동차산업에 있어 최초로 국적 있는 본격 스포츠카의 시대가 열린 것이다. 약 2년 뒤 기아는 로터스 인수도 추진하여 거의 성사단계까지 갔으나 사내의 여러 가지 이유로 포기하게 되고 로터스는 곧 말레이시아의 프로톤 사에 넘어가게 된다.

    기아자동차는 곧 LHT(Lotus High Tech)라는 프로젝트 이름 하에 본격적으로 엘란의 국내 생산을 추진하기 시작했고, 1996년 7월 첫 생산이 이루어지기까지 수많은 시행착오를 거치게 된다. 한국 실정에 맞게 부분적인 수정도 행해졌는데, 일단 엔진을 이스즈(Isuzu) 1.6 터보 엔진에서 기아차의 독자엔진인 T8 엔진으로 바꾸었다. 지상고도 10mm 올렸으며, 핸들링보다는 승차감 위주로 차량특성을 세팅해 갔다.

    차체 길이도 좀 늘리고 리어램프도 새로 디자인하였다. '스포츠카=슈퍼카'라는 사회인식에 맞추기 위해 발진가속(0→100km/h) 7.8초, 최고속도 210km/h를 목표로 동력성능을 육성하였고, 연비도 공식연비 11.8km/L로 스포츠카 치고는 꽤 높은 수준을 달성하였다. 그러나 LHT 프로젝트를 추진하면서 기아자동차가 겪은 시행착오 중에 가장 큰 것은 역시 생산 시스템의 차이에 기인한 기본인식의 차이였다.

엘란은 너무 버거운 명품?

스포츠카의 개발기술은 한마디로 '튜닝과 매칭'의 기술이다. 특히 대량생산에 의한 원가절감과 대중적 어필에 주력하는 양산형 스포츠 쿠페와는 달리, 여기저기서 끌어 모은 제 각각의 부품들을 조립하여 특색 있는 소량의 차를 만들어내는 백야드 빌더의 정통 스포츠카는 더욱 그러하다.

    당시 개발주역이었던 최윤수 과장(지금은 덴소코리아의 부장임)의 말을 들어보면, 소량 생산방식의 로터스 부품과 대량 생산방식의 국내부품의 매칭

(Matching)은 설계허용 오차의 범위부터 다르니 처음부터 난관의 연속이었다고 한다. 또 각기 분화된 전문가들의 협력으로 진행되는 기아자동차의 거대한 조직과 시스템은 전체를 아우를 수 있는 토탈 엔지니어(Total Engineer), 즉 폭넓은 지식과 경험을 가진 장인들에 의해 만들어지던 엘란을 다루기에는 오히려 장애가 되었다고 한다.

생산 시스템의 차이와 수익성의 무거운 부담

일단 생산은 금형전문 계열사였던 안산의 서해공업에서 백야드 빌더 방식으로 만들도록 했으나, 개발은 여전히 기아 연구소가 맡았고 토털 엔지니어의 부재라는 문제는 여전히 남아있었다. 생산개시 직전까지도 품질불량으로 인해 설계변경을 하면서 악전고투했던 담당 엔지니어들의 고초가 어떠했을지는 미루어 짐작하기도 어렵다.

또한 개발기간 내내 LHT 프로젝트팀을 괴롭힌 것은 수익성 문제였다. 기존 금형을 그냥 쓸 수 있게 되어 대폭 개선되었다고는 해도 여전히 총 제조원가는 2,400~2,500만 원을 오르내렸다. 연간 1,000대를 생산한다고 가정했을 때 예상되는 적자규모는 연 40~50억 원에 달했다. 차라는 건 반드시 돈만 보고 만드는 건 아니라며 사내 기획과 자금 부문의 반발을 무마해 가면서 한국 최초의 정통 스포츠카를 만들어 내고자 했던 최고경영진의 강력한 의지가 없었다면 엘란은 태어나지 못했을 것이다.

기아 엘란 실내

엘란을 만들어내면서 기술 습득이나 사내 분위기 향상, 홍보효과 같은 무형의 소득은 분명 있었으나, 이렇듯 수익성보다 정책적 의지나 사명감을 우선했던 기아자동차 최고경영진의 자세는 회사가 작았을 때면 모를까 당시 국내 7위의 거대기업군으로 성장한 이후에는 반드시 옳았다고 볼 수는 없다.

물론 당시 기아자동차의 매출규모에 비하면 엘란으로 인한 적자규모는 충분히 회사가 감내할 수 있는 수준이었기는 하지만, 제품에 집착하는 경영진의 자세가 점차 회사의 재무상태를 악화시켜 1997년 기아자동차의 부도사태를 초래한 하나의 원인이 되었음을 부인하기 어렵기 때문이다. 바꾸어 말하면 기아자동차 같은 회사가 있었기에 엘란 같은 차가 무리하게 우리나라에서 만들어질 수 있었던 것이다.

엘란 판매에서 실수한 점들

우여곡절 끝에 2,750만 원의 판매가격으로 생산 개시된 엘란은 또 다시 판매부문에서 상이한 시스템에 의해 고초를 겪게 된다. 원래 엘란 같은 소량생산

로터스 엘란

의 명품은 일반 대중을 상대로 하는 게 아니라 소수의 마니아나 고소득 전문직을 위한 기호품의 성격을 지닌다.

고급 수입차 판매처럼 잘 꾸며진 몇 개의 전문 전시장에서 소수의 잘 훈련된 영업사원들이, 역시 소수의 손님들을 맞이하여 편안하고 여유로운 분위기 속에 팔아야 제격이다. 동호회 활동도 본격적으로 활성화하여 하나의 이너 서클(Inner Circle)을 형성해야 하고, 남다르다는 독특한 엘란 만의 제품 이미지를 시장에서 형성하는 것이 성공의 요체인 것이다.

일단 정착이 되면 또래 집단 내 구전효과로 자연스레 판매가 이어지게 된다. 물론 판매 개시 전 사내에서 이러한 의견도 강하게 개진되었다. 그러나 그 때까지 그렇게 팔아본 적이 없었던 기아자동차의 인식부족과 적자 프로젝트에 대한 추가지원의 어려움, 그리고 어차피 기아라는 브랜드를 홍보하기 위해 만든 것이니 다른 차종을 팔기 위한 상승효과를 노려야 한다는 논리까지 가세되어 결국 일반 전시장에서 같이 판매하게 되었고 동호회 활동도 회사 차원에서 제대로 전개하지 못하였다.

엘란의 참담한 실패는 마케팅의 실패

결과는 어땠을까? 당연히 엘란의 판매는 참담한 실패로 끝났다. 이 차를 탈 만한 소수의 소비자층은 분위기 형성이 안 되어 엘란을 외면했다. 일반인들은 신기해 하면서도 '차가 모양이 이상하다', '작다' 등의 이유로 자기들과는 관계없는 이상한 차로 여기게 되었다.

게다가 엘란 출시 몇 개월 전 현대자동차에서 티뷰론이 출시되어 각종 언론 매체에서 서로 경쟁하는 동급의 차종인 것처럼 계속 보도하는 바람에, 2인승에 차도 작고 출력도 떨어지는 게 값만 비싸다는 인식을 심어주고 말았다.

이처럼 당시 자동차 전문기자들도 엘란을 제대로 이해하지 못했으니 일반사람들에게 생소한 콘셉트의 엘란이 먹혀 들어가지 못한 것은 어찌 보면 당연하다. 독특한 개성과 멋을 자랑하지만 품질이나 끝마무리가 매끈하지 못한 백야드 빌더 차량의 특성이 그대로 받아들여지지 못했다. 또 양산 차의 품질과 동일 수준에서 비교됨에 의해 품질까지 나쁜 차로 매도되는 지경까지 이르게 되었다. 한마디로 총체적인 마케팅의 실패였다. 중저가 대중차의 양산 업체였던 기아자동차가 다루기에 엘란은 너무 버거운 명품이었던 것이다.

이렇게 한국으로 입양되어 개발단계에서부터 생산, 판매에 이르기까지 격에 맞는 대우도 받지 못하고 험한 과정을 겪으며 살아온 엘란은 1,200대 가량 생산된 후 1999년 가을, 3년여에 걸친 고단한 삶을 마감하게 된다.

요즘 고가의 2인승 로드스터들이 많이 수입되어 거리에서 부러운 눈길을 모으는 걸 보고 있으면 많은 생각들이 떠오른다. 약간 앞선 선구자는 당대에 각광 받고 너무 앞선 선구자는 사후에 인정받는다고 했던가? 자생적 동호회인 클럽 엘란의 회원 수가 현재 3,000명을 넘고 엘란의 중고차 매물이 거의 나오지 않는다는 걸 보면, 엘란은 우리나라 최초의 클래식 카로 자리매김해 가는 것 같다.

단순한 기계가 아니라 오너가 애정을 쏟을 수 있는, 애완동물같이 살아 있는 생물처럼 깊은 감정의 교류가 이루어질 수 있는, 그래서 우리나라 자동차 문화에 새로운 이정표를 세운 엘란은 그만큼 독특하면서도 멋진 차였다. 기아자동차가 고생 끝에 우리나라 자동차 역사에 명물 하나는 남겨놓은 셈이다.

3 국내시장 최고의 히트 차, 카렌스

봉고신화를 이은 화제의 자동차

지난 1980년대 초 비록 일본 마쓰다 모델을 들여온 것이기는 하지만, 기아자동차가 우리나라 최초의 본격적 승합차인 봉고를 만들어 부도직전의 상태에서 단기간에 우량기업으로 기사회생한 이야기는 널리 알려져 있다. 흔히 '봉고신화'라고 하는 이 극적인 역전 드라마는 사실 면밀한 시장조사와 향후 가까운 시일 내에 우리나라에서 승합차가 히트를 칠 것이라는 예측 하에 시작된 것은 아니었다.

1980년대 주름잡았던 봉고신화

1970년대 중반에 마쓰다에서 브리사를 들여와 국내 승용시장을 선도하고 있던 기아자동차는 상용부문의 하나의 가지치기 모델로 1톤 트럭과 플랫폼을 공용하는 승합차를 검토했다. 1981년 5공화국의 강제적인 중화학공업 합리화조치에 의해 승용차생산을 금지당하고 1톤에서 5톤까지의 트럭만 만들게 된 기아차는 트럭만 팔아서는 살아남을 수가 없으니 선택의 여지없이 생존을 위해 승합차라는 새로운 분야에 도전하게 된 것이었다.

이것이 천만다행으로 당시 국내시장의 여건과 딱 들어맞아 선풍적인 인기를 끌게 된 것이니, 결과적으로 기아자동차는 상당히 운이 좋았던 셈이다. 그래도 미리 준비해 놓지 않았더라면 그 행운을 잡지 못했을 것이다. 하긴 자동차라는 게 출시하기 3~4년 전부터 기획해서 출시 후 또 4~5년 동안 만들어 팔아야 되는 10년 주기의 제품이니, 자동차를 만들어 판다는 자체가 원래 거대한 도박이다.

이때 승합차로 국내에서 처음 판 봉고의 인기가 얼마나 좋았던지, 봉고는 같은 플랫폼을 쓰는 1톤 트럭의 이름으로도 쓰이지만 어느새 시장에서 고유명사가 아니라 승합차를 일컫는 일반명사가 되어버렸다. 나중에 현대자동차에서 승합차 그레이스를 내놓았을 때 사람들이 "저게 현대에서 나온 봉고냐?"라고 얘기했을 정도였다. 요즘도 가끔 뉴스에서 기자들이 "범인들이 피해자들을 봉고차에 태우고…" 하는 말을 들을 수 있다. 이런 현상은 다임러크라이슬러(DaimlerChrysler)의 고유제품명이었던 지프(Jeep)가 세계적으로 유명해져 SUV를 일컫는 일반명사가 된 것과 비슷하다. 우리나라에서도 흔히들 '지프차'라고 부르지 않는가? 공사장에서 쓰이는 굴삭기를 우리나라 사람들이 흔히 '포클레인'이라고 부르는 것도 마찬가지다. 포클레인은 포클레인(Poclain)이라는 굴삭기 제조회사의 이름이다. 어쨌든 기아자동차는 마쓰다 1톤 트럭의 브랜드였던 봉고라는 이름을 버리지 못하고 20년 넘게 지금도 밴과 1톤 트럭의 이름으로 쓰고 있다. 물론 국내에서만이다. 수출 시에는 상표권 문제로 다른 이름을 쓴다.

카렌스, 42개월 동안 공급 부족사태

봉고신화의 영향 때문인지, 차종 개발에 있어 안정적인 수익지향만으로는 성에 차지 않아 뭔가 독특한 특징을 집어넣어 새로운 세그먼트를 열어 나가는데 희열을 느끼는 묘한 조직문화를 가진 기아자동차가 봉고 이후 만들어낸 대표적인 화제의 차종 세 가지가 바로 스포티지, 엘란, 카렌스다.

그렇다면 카렌스는 왜 화제의 차가 되었을까? 또 왜 우리나라 내수시장 최고의 히트 차가 되었을까? 이 차는 국내 최초의 본격적인 승용형 미니밴으로서 국내 RV 대중화의 시대를 열었다. 1999년 6월 출시 이후 2002년 말까지 국내 시장에서 공급이 수요를 따라가지 못해 근 42개월 동안 연속적으로 백오더를 가지고 있었다. 그것도 수출물량을 대느라고 내수물량을 충분히 공급 못한 것도 아닌데 말이다.

물론 그동안 국내에서 카렌스보다 대수 면에서 많이 팔린 베스트셀러 모델들은 많았지만, 42개월간의 백오더 기록은 1980년대 중반 이후 우리나라 자동차산업이 제대로 틀을 갖추어 성장한 이래 전무후무한 기록으로 남아있다.

우리나라 소비자들은 신차에 약하다. 어느 모델이든 출시 이후 신차효과로 어느 정도는 공급이 수요를 못 따라가는 기간을 갖는다. 그렇다고 모든 모델들이 다 히트 차종이 되지는 못한다. 개발된 모델이 출시 시점에서 사회 분위기나 시장수요와 맞아 떨어져 큰 화제가 되고 상당 기간 동안 목표대수보다 월등히 많이 팔려야 한다. 카렌스는 월 5,000대의 생산능력 규모로 기획되었는데, 출시 이후 42개월 동안 밤낮없이 작업해도 국내 수요를 못 따라갔기에 우리나라 내수시장 최고의 히트 차라고 임의로 붙여본 것이다.

기아자동차 법정관리 조기 졸업에도 기여

카렌스를 많이 만들어 회사 정상화를 앞당기자는 현장 작업자들의 뜨거운 열정이 어우러져 출시 초기에는 월 9,500대까지 만들었다. 당시 하루라도 빨리 인도 받기 위해 계약을 재촉하는 고객에게 영업사원이 차량인도 지연에 대해 불평하지 않겠다고 각서까지 받은 건 아마 국내에서 이 차가 유일할 것이다.

사실 나는 개인적으로 카렌스에 대해 자식과도 같은 애정을 갖고 있다. 내가 기아자동차의 상품기획팀장으로 있으면서 처음부터 기획해서 만들어낸 차이기 때문이다. 기아차는 1980년대까지는 주로 마쓰다의 차종을 들여와 생산하고, 1990년대부터는 연구소 중심으로 독자모델과 마쓰다의 개량모델을 만들어왔다. 사실상 공장의 엔지니어들이 차종개발을 주도해 왔다. 이런 상황에서 카렌스는 기아자동차 창사 이래 처음으로 선진 업체들이 늘 그러해 왔듯이 본사의 상품기획부가 시장조사부터 시작하여 처음부터 기안하고 상품 콘셉트와 목표원가, 목표수익, 일정 등의 주요 개발목표들을 초기에 맞추어 놓고 사내 관련부문을 주도하면서 만들어낸 최초의 차종이었다.

일반 소비자들이 쉽게 접근할 수 있는 저가격과 LPG엔진 승합차의 경제성

그리고 RV로서의 효용성이라는 3박자를 겸비하여 대히트를 치면서 사실상 부도를 내고 법정관리 상태였던 기아자동차의 법정관리 조기 졸업에 크게 기여하고 RV 전문 메이커로서의 확고한 기업 이미지까지 만들어냈다. 나는 지금도 길 위에서 달리고 있는 카렌스를 보면 가슴이 뭉클해지고 대견스럽다.

승용차 부문, 기아는 현대를 이길 수 없다?

그렇다면 카렌스의 개발은 어떻게 시작되었을까? 내가 일본 주재원 생활을 마치고 기아자동차 본사 상품기획부로 발령 받은 1996년 초 기아는 국내시장에서 현대자동차에 밀려 거의 모든 차종의 세그먼트에서 무너지고 있었다. 당시 기아자동차는 공장의 생산이나 연구인력 규모에서 현대자동차의 반밖에 안 되면서도 차종 수는 변변한 히트 모델도 없이 오히려 현대자동차보다도 많았다.

기아 카렌스 초기 모델

히트 모델은 없고, 신차는 계속 만들고

기존 모델들이 인기가 없으니 계속 가지치기 모델이나 신차를 만들어내는데, 돈도 모자라고 인력도 부족하니 자꾸 개발일정은 지연되고 최고경영진에서는 빨리 만들어내라고 성화를 부리니 어쩔 수 없이 디자인이나 품질 면에서 완전하지 않은 채 제품이 출시되는 게 다반사였다. 당연히 시장의 반응은 부정적일 수밖에 없었고 당황한 최고경영진의 지시에 의해 새로 출시된 모델의 스타일이 수시로 변했다. 영업사원들은 디자인이 곧 바뀐다고 하니 판매 후 고객에게 욕 들어먹기 싫어 판매에 소극적으로 나서는 등 악순환의 연속이었다. 예를 들어 크레도스의 경우 출시 후 디자인을 시도 때도 없이 조금씩 계속 바꿔나갔다.

판매가 어려울수록 똘똘한 몇 개의 차종에 가용자원을 집중하여 히트를 시켜야 한다. 그러나 기아는 당장 판매대수가 좀 줄어든다고 비인기 차종을 정리하지도 못하고 급한 마음에 이것저것 만들어내기만 해 결국 그저 그런 차종만 많아지는 길거리 좌판식 제품 라인업을 가져가고 있었다.

기아 카렌스 II

그러다 보니 시장에서 기아차의 제품 이미지도 약해지고 과다한 차종 수에 의해 영업 일선은 물론, A/S나 부품공급 같은 후방업무의 효율성이 떨어지면서 회사의 간접 비용이 자꾸 올라갔다. 또 시장에서 현대자동차에 비해 제품의 인기가 떨어지니 조금이라도 싸게 팔아야 하는데 차종 당 판매대수가 경쟁 차종에 비해 상대적으로 반도 안 되니 경쟁업체와 비슷하게 들어가는 개발비가 제대로 회수가 안 되어 수익성도 급속히 나빠져 가는 등 한마디로 방향감각을 상실한 총체적 난국상황이었다.

물론 이렇게 된 데는 현대자동차에 이은 2위 메이커라는 확실한 현실인식 하에 시장흐름에 대한 전략을 세우지 않고, 현대자동차에 뒤질 것 없다는 자존심으로 마켓 리더(Market-leader)에게 무리하게 맞짱을 뜨려 했던 기아자동차 최고경영진의 실책이 있었음을 부인할 수 없다. 르노가 인수하기 이전, 닛산도 넘버원 도요타와 비현실적인 자존심 경쟁을 벌이다가 경영위기를 자초했었다. 결국 전통적으로 강세였던 중소형 트럭 부문마저도 조직과 자금을 앞세운 현대자동차의 파상공세에 밀려 시장점유율 1위를 빼앗기는 등 사내에서는 위기감이 고조되고 있었다.

승용차 부문, 계란으로 바위치기

당시 상품기획팀장으로서 고민 끝에 내린 결론은 승용차에서는 이미 현대자동차를 이길 수 없다는 것이었다. 현실적으로 시장 점유율도 크게 뒤지고 있었다. 그러나 더 중요한 것은 일반 소비자들의 마음속에 이미 '승용차' 하면 세그먼트 별로 아반떼, 쏘나타, 그랜저 등 현대자동차 모델들이 확고하게 자리 잡아 소위 소비자의 '마인드 점유율(Mind Share)'에서 현대차를 밀어낸다는 것은 거의 불가능에 가까웠다.

없는 돈에 아무리 용을 써서 뛰어난 승용 모델을 개발한다 해도 대부분의 소비자들이 이미 넓은 실내, 부드러운 승차감, 아기자기한 디자인, 고급스러운 느낌 등 현대 승용차의 특성에 길들여져 있어 '승용차는 역시 현대가 최고'

라는 인식은 도저히 바꿀 수가 없다는 생각이 들었다.

일단 길들여지면 사람들은 현대차의 특성을 역으로 일반적인 승용차의 특성으로 생각해 좋은 승용차는 당연히 이래야 한다고 믿어버리고 만다. 그래서 현대가 차를 가장 승용차답게 만든다고 스스로 믿고 주장하게 되어버리는 것이니 이게 무서운 것이나. 더욱이 자동차 문화의 미발달로 자기 나름대로의 합리적 연구를 통해 자기에게 맞는 차를 고르는 게 아니라 막연한 느낌이나 남들이 많이 사는 차를 따라서 사는 후진적 구매경향이 강한 우리나라 내수시장의 특성상 일단 현대자동차에 빼앗긴 큰 몫(Lion's Share)을 되찾기 위해 애를 쓴다는 것은 계란으로 바위치기였다.

따라서 되지도 않는 승용부문에 자꾸 집착하는 것보다 새로운 콘셉트의 자동차로 히트를 쳐 일거에 전세를 역전시켜야 했다. 이렇게 방향은 잡았는데 상품기획부 내에서 아무리 회의를 거듭해도 도대체 구체적으로 어떤 콘셉트의 자동차를 개발해야 하는지 도무지 감이 잡히질 않았다.

그때 아이디어를 얻고자 여러 자료를 뒤지던 중 우연히 어떤 외국 저널리스트의 글이 필자의 눈에 띄었는데, 해치백 차종이 1960년대에 처음 등장했을 때 사람들이 다들 모양이 이상하다면서 차도 아니라고 했지만 점차 스타일이 눈에 익으면서 해치백 차종의 편리함과 유용성을 인정받아 이젠 그 누구도 이상하다고 생각하지 않는다는 요지의 글이었다.

그렇다면 지금 세계 소비자들이 '승용차'라고 할 때 당연하게 떠오르는 기본 스타일(자동차업계의 전문용어로는 3박스 스타일(3Box Style)이라고 하는데, 엔진룸과 승차공간, 그리고 트렁크의 세 공간으로 이루어져 있다는 의미로 쉽게 지금의 그랜저를 생각하면 된다)이 20~30년 뒤에도 기본 스타일이 될까 하는 생각이 들었다.

20~30년 전에 나온 차들이 당시에는 최신 스타일로 멋있게 느껴지겠지만 지금 와서는 구식으로 보인다. 그렇다면 지금 눈앞에서 폼 나게 굴러 가는 멋진 차들도 몇 십 년 후에는 구닥다리로 보이지 않을까? 그렇다면 미래에 자동

차라고 할 때 떠오르는 기본모양은 과연 어떤 스타일일까? 이런 의문들이 끊임없이 꼬리를 물고 머릿속을 휘저었으나 신참 상품기획담당에게 그 답이 떠오를 리가 없어 답답한 시간만 계속 흘러가고 있었다.

파리 모터쇼에서 얻은 짜릿한 아이디어

나는 1996년 가을 파리 모터쇼에서 출품작들을 바삐 둘러보다가 르노 전시장에 놓인 모델을 보고 뭔가 짜릿한 느낌에 걸음을 멈추었다. 몇 시간 동안 그 모델의 구석구석을 살펴보고 관람객들의 반응을 살피느라 그곳을 떠나질 못했다. 다음 날에도 계속 그 모델의 주위를 맴돌았고, '바로 이거다!'란 생각이 들었다.

소형 승용차+RV=르노 메간 세닉

그 모델은 바로 르노가 콘셉트 카로 출품한 메간 세닉(Megane Scenic)이었다. 준중형 승용차 플랫폼으로 만든 승용형 5인승 미니밴으로 전체적인 형태를 둥글게 가져가 앞쪽은 짧고 낮게 하고 뒤쪽의 볼륨을 키워 뒷좌석의 거주성과 화물 적재성을 키운 스타일, 그러면서도 승용차 못지않은 실내 디자인과 편의성, 다목적 용도의 활용성, 승용차보다 높은 힙 포인트(Hip Point)에 의한 뛰어난 시계성(視界性) 등 아직 양산된 모델은 아니지만, 뭐 하나 흠잡을 데 없이 일반 소비자가 원하는 모든 게 구현되어 있는 새로운 콘셉트의 승용차였다.

기존 2박스 스타일의 투

르노 메간 세닉 초기 모델

박한 밴이나 왜건이 아니라 앞쪽 엔진룸을 최소화하여 카울 포인트(Cowl Point; 앞 유리창 아래 와이퍼가 달려 있는 부분으로 차량 설계 시 전체의 비례균형을 결정하는 중요한 하드 포인트이다)를 최대한 앞쪽으로 가져가 차체를 작게 하고도 실내공간을 최대한 확보하는 1.5박스 스타일 미니밴 승용차였다. 소형 승용차에 RV가 결합된 새로운 콘셉트였던 것이다.

요즘에는 여러 차종 콘셉트가 섞인 모델을 '크로스오버 카'라고 흔히들 얘기하고 실제 그런 콘셉트의 차도 많이 나와 있지만, 당시 여러 실험적 형태를 거쳐 제대로 된 형태의 차로 만들어낸 것은 이 차가 최초였다. 바로 내가 고민하고 있던 미래의 승용차 모습이 제시된 것이다.

당시 경영위기에 빠져 있던 르노는 이 차와 RV 콘셉트를 가미한 다른 승용 모델들의 연이은 히트로 경영부진을 극복하고 여세를 몰아 닛산까지 인수하게 된다. 닛산의 부진도 결국 제품측면에서는 RV의 영향력을 무시했기 때문이니 이렇듯 상품의 콘셉트라는 것은 기술이나 품질보다도 더 중요한 것이다.

세닉이라는 혁신적인 콘셉트의 차를 보고 나니 그동안 복잡하던 머릿속이 정리되고 시원해졌다. 나는 귀국하는 비행기의 이코노미 클래스에 구겨 앉아 21세기에 국내 시장에서 현대자동차를 따돌리고 시장을 선도할 수 있는 새로운 승용차의 콘셉트를 기존 승용차와 RV의 '퓨전(Fusion)'으로 정리했고, 그 시리즈의 제1단계로 개발할 모델의 콘셉트를 정리했다.

1) 세피아 1.8L의 언더보디와 기존 부품을 최대한 활용한 1.5박스 미니밴을 개발하여 세피아와 크레도스의 사이에 배치한다.
2) 개발비를 줄여 저가를 실현하기 위해 개발범위를 최소화한다. 따라서 국내 시장 & 자동 변속기 사양만 개발한다.
3) 3열 시트로 하되 시트 레이아웃을 조정해 6인승 승용과 7인승 승합을 동시에 개발한다.
4) 승용차의 장점과 RV의 특성을 최대한 반영한다.

RV로 불황 타개한 일본차

사람이 오랫동안 고민하던 문제에 해답을 얻고나면, 의외로 주변에 해결 실마리들이 널려 있었는데 이전에는 보지 못했음을 깨닫고 깜짝 놀라게 되는 경우가 있다. 내가 일본 주재원으로 근무했던 1992~1995년은 일본이 1990년대 초반 반짝 호황을 거쳐 장기 불황의 터널에 진입하게 되는 헤이세이(平成) 불황이 시작되던 시기였다.

자동차시장에서는 RV의 붐이 조성되기 시작하던 때였다. 경기가 나빠지면서 기존 승용차시장은 급격히 얼어붙었고 수출에 주력하여 불황을 벗어나려던 일본의 자동차업체들은 1985년 G5 프라자 합의 이후 진행된 급격한 엔(円) 강세에 의해 수출의 수익성이 극도로 나빠져 진퇴양난의 위기에 몰려 있었다.

하지만 정통 SUV인 파제로(Pajero; 현대 갤로퍼의 기본 모델)와 중형 승용차 언더보디를 활용한 미니밴인 샤리오(Chariot; 현대 싼타모의 기본 모델)와 RVR을 가진 미쓰비시만 일본에서 호황을 누려 'RV의 미쓰비시'란 명성을 얻고 있

● 혼다 CR-V

었다. 원래 조그마한 계기만 주어지면 몰려들어 호들갑을 떠는 일본 언론계와 출판계에서는 새로이 부상한 RV에 대해 관련 뉴스와 책들을 봇물처럼 쏟아내고 있었다.

그러나 이러한 새로운 트렌드 앞에 일본 자동차업체들은 갈피를 잡지 못했고, 결국 RV의 붐이 계속 이어져 승용형 RV, RV형 승용차가 향후 대세를 이어갈 것으로 믿고 제품개발 방향을 과감히 수정한 혼다, 도요타, 스즈키는 살아남았고 다시 정통 승용차의 시대가 올 것으로 믿었던 닛산, 마쓰다, 미쓰비시는 1990년대 후반 심각한 경영위기에 처하게 된다.

특히 혼다는 당시 가와모토(川本) 사장의 진두지휘 하에 기존 승용차 부문에서는 시빅(Civic), 어코드(Accord) 같은 기본 모델들만 남기고 차종 수를 대폭 축소하고 승용차를 베이스로 한 승용형 RV에 집중하는 올인 전략을 펼쳤다. 다행히 오딧세이(Odyssey), 스텝 왜건(Step Wagon), CR-V 등이 일본과 북미 시장에서 히트를 치면서 1990년대의 위기상황을 돌파하는데 성공하였다. 조심성 많은 도요타는 혼다가 하는 걸 보고 따라가면서 비슷한 콘셉트의 모델을 내놓아 어느 정도 성공했지만, 10년이 지난 지금도 RV 시장에서는 혼다의 아성을 뒤따라가고 있는 형국이다.

도요타는 아저씨 차, 혼다는 젊은이의 차

그렇다면 늦게 시작하기는 했지만 조직과 자금 면에서 상대가 되지 않을 정도로 우세한 도요타가 왜 RV 시장에서는 지금도 혼다를 이기지 못하고 있을까? 혹자는 도요타가 RV 이외에는 차종이 많다 보니 RV에 주력하는 혼다를 못 이기고 있는 것이라 주장하고 있는데, 어느 정도 일리가 있는 견해이다. 그러나 보다 근본적인 이유는 기존 승용차 시장의 강자인 도요타에 대한 소비자 이미지가 대표 차종인 크라운으로 상징되는 '푹신하고 안락한 아저씨의 차'라는 것이다. 이런 이미지는 젊고, 역동적이며 스포티한 RV의 콘셉트와 맞지 않기 때문이다. RV에는 도전을 두려워하지 않으며 F1 레이싱으로 대표되는 혼다의 역동적인 기업 이미지가 오히려 잘 들어 맞는다. RV라는 것은 단순한 기능상의 만족을 떠나 삶의 여유와 자유로움을 추구하고, 비록 몸은 도시에 있어도 마음은 자연 속에 머무르고자 하는 소비자들의 형이상학적 욕구를 만족시켜야 한다. 따라서 그 어느 차종보다도 판매에 있어 이미지가 중요하고 그 이미지 형성에 있어 메이커의 브랜드 이미지의 비중은 실로 막대하다. 수많은 모델을 출시하며 북미시장에서 젊은 층을 끌어오기 위해 애쓰던 도요타가 결국 포기하고 최근 북미시장에서 새로운 브랜드로 사이언(Scion)을 출범시킨 것이 좋은 예가 되겠다. 이 브랜드가 성공하면 렉서스처럼 일본 판매도 시작할지 모르겠다.

    1등 기업은 시장을 선도하기 때문에 가질 수밖에 없는 본질적인 약점이 있다. 1등 기업을 공격하려면 이 약점을 활용해야 한다. 시장선도기업은 항상 방어하는 입장이기 때문에 급격한 흐름의 변화를 가져올 수 있는 새로운 제품의 도입에 열성적이지 않고, 오히려 2~3위 업체들이 새로운 돌파구를 위해 혁신적인 제품을 개발하는 경향이 강하다.

    도요타가 승용시장을 석권하면서 갖게 된 이미지를 RV로 공격해 들어간 혼다의 선택은 결과적으로 옳은 결정이었다. 그러나 승용차시장에서 힘들게 얻어온 혼다만의 강렬한 주행성능 이미지가 많이 희석된 것도 사실이다. 기존 혼다의 이미지를 혁신적으로 바꾸고자 했던 가와모토(川本) 사장은 F1 레이싱에서도 철수를 결정했다. 이 과정에서 혼다의 혼(魂)을 지켜야 한다며 강하게 반발하던 혼다연구소의 이리마지리(入交) 부사장이 결국 물러나 게임업체 세가(SEGA)의 부사장으로 옮긴 얘기는 유명하다. 여기서 우리는 결과론이기는 하나 기존의 것을 버리지 않으면 새로운 것을 얻을 수 없다는 평범한 진리를 확인할 수 있다.

도요타 크라운 초기 모델

우리나라의 시장에서 현대차가 갖고 있는 강한 이미지, 즉 그랜저로 대표되는 브랜드 이미지는 도요타와 비슷하다. 카렌스를 기획하면서 무릎을 친 것은 바로 그동안 현대차를 이길 수 있는 차종을 연구하면서 왜 도요타를 이기는 혼다 생각을 못했을까 하는 점이었다. 그것도 일본의 현장에서 지켜보았으면서도 말이다.

기아차는 비록 국내 기준이기는 하나 '기술의 기아'라는 별칭을 얻고 있었던 것에서 알 수 있듯 엔지니어링의 느낌이 강하고, 현대차에 비해 젊고 스포티하면서 실용적인 브랜드 이미지를 가지고 있다. 혼다처럼 RV에 적합한 이미지를 가지고 있었던 것이다. RV는 차량 특성상 오프로드에도 갈 수 있고, 가족이 함께 이동하는 경우도 많기 때문에 단단하고 안전하다는 기아차의 이미지도 충분히 소비자들에게 어필할 수 있었다. 이러한 기존 이미지에다 먼저 치고 나가기만 하면 소비자들이 기아자동차를 RV 선두기업으로 인식할 터이니 필자는 혼다를 생각하며 승용형 RV로 21세기에 현대자동차를 이겨낼 수 있을 거라고 굳게 믿게 되었다.

길고도 험했던 카렌스 개발 과정

나는 귀국 후 회사에 바로 아이디어를 제시했다. 상품기획부에서는 반신반의하는 분위기였지만, 우리나라 자동차 트렌드가 항상 어느 정도의 간격을 두고 일본의 선례를 따라갔기에 당시 폭발적인 일본의 RV 붐을 보고 한번 밀어보기로 결론을 내릴 수 있었다. 문제는 그 다음부터였다. 관련부문 직원들을 모아놓고 수차례 회의를 해도 다들 RV에 대해 낯설어하는 것이었다. 결국 회의를 중단하고, 일본의 예를 들어가며 향후 RV의 시대가 온다고 한참 사내교육을 하느라 진이 다 빠졌다.

연구소와 국내영업팀의 마음을 바꿔라

또한 가장 핵심인 연구소와 국내영업이 움직이질 않았다. 연구소에서는 세피아 1.8L의 언더보디로 7인승을 만들면 무게가 늘어나고 3열 시트로 해야 하므로 자동차다운 동력성능과 충분한 실내공간이 나올 수 없다는 것이었다. 원가 면에서도 목표로 하는 기본 판매가격 1,000만 원을 맞출 수 없다고 했다. 안 그래도 차종이 많아 바빠 죽겠는데 해보지도 않은 새로운 콘셉트의 차까지 리스크를 안고 개발할 여유가 없다는 것도 큰 이유였다.

더욱 황당한 것은 국내영업이었는데, 안 팔리면 어쩌려고 새로운 콘셉트의 차를 들이미느냐는 식이었다. 하긴 1996년 초 그 당시 현대정공에서 만들어 출시한 싼타모 7인승이 낯선 콘셉트와 고가로 인해 시장에서 인기가 없었으니 그럴 만도 했다. 당시는 경기가 호황일 때라 싼타모 가격이면 폼 나는 중형차를 선택할 수 있었기 때문이다.

차라리 개발과 생산에 그런 여유가 있으면 아반떼 왜건이 이미 나와 있으니 세피아 왜건을 만들어주던지, 정 미니밴을 하고 싶으면 아반떼 왜건 가격(당시 800만 원 정도)으로 만들어주면 팔아보겠다고 막무가내였다. 판매하려고 만드는 물건이니 결과의 최종책임을 지는 국내영업의 보수적 입장을 이해하지 못하는 바는 아니었으나, 현대의 뒤만 따라가서는 영원히 2인자의 입장을 벗어나지 못할 뿐더러 회사가 점점 어려워지니 한번 과감히 덤벼들어 해보자고 통사정을 해도 마찬가지였다.

마침내 열을 받을 대로 받았던 나는 회의에서 국내영업을 빼기로 했고 카렌스의 개발은 국내영업을 제외한 채 상당 기간 동안 진행되었다. 결국 개발 및 생산방안 확정시까지 국내영업은 끝끝내 예상 판매대수를 내놓지 않았고, 할 수 없이 카렌스의 생산규모는 내가 생산기획과 협의하여 결정하였다. 이렇게 욕을 먹고 회의실에서 쫓겨난 국내영업 RV 판매부문의 과장이 나중에 카렌스가 대히트를 치자 판매하느라 수고했다고 상을 받았다니 참 아이러니하다.

어렵게 관련부문의 의견을 모아 개발품의를 써서 결재를 올리니 연구소와 기획담당 전무까지는 그럭저럭 통과되었는데, 자기 고집 세고 다혈질인 당시 김모 사장이 "시키는 일이나 제대로 하지, 쓸데 없이 이게 뭐야!" 하면서 결재판을 집어던지는 일이 발생했다. 한 번 집어던진 건 다시 보지 않는 걸로 유명한 사장인지라 카렌스 개발은 중단된 거나 마찬가지였다. 몇 주일이나 끙끙거리다 나중에 사장한테 혼날 걸 각오하고 다른 루트로 당시 김선홍 회장에게 결재를 올렸고, 제품에 대한 이해가 빠른 김 회장은 즉시 카렌스의 잠재력을 깨닫고 "이걸 누가 막았어!" 하고 역정을 내기에 이르렀다. 즉시 시행하고 이왕 하는 거 개발기간을 당시 도요타 수준인 18개월로 해 보라고 회장에게 지시를 받게 된 김모 사장은 황급히 개발품의서를 찾아서 가져갔고, 그때부터 연구소의 고난은 시작되었다.

일본 현지연구소에서 강제 수용소 생활

개발기간을 단축하기 위해 연구소의 설계 인력들이 도쿄의 치바현에 있는 기아일본연구소에 옮겨졌다. 허허벌판에 연구소 하나 달랑 있는 시골에서 달리 할 것도, 갈 곳도 없는지라 연구원들이 교대로 몇 개월 동안 하루 16시간씩 개발업무에 투입되는 강제수용소 생활이 시작된 것이다. 개발 코드명은 'RS(Recreational Sedan)'로 지었다. 미래에 예상되는 승용차와 RV의 퓨전 카로 히트를 쳐보자는 기아자동차의 염원이 담긴 이름이었다.

개발이 본격적으로 시작되면서 세피아 1.8L 언더보디의 7인승 콘셉트는 역시 연구소의 반대에 직면했다. 당시 일본에서 막 출시된 도요타의 입섬(Ipsum) 7인승이 코로나(Corona) 2.0L 언더보디를 기본으로 했으니 아무래도 7인승은 중형차 보디로 해야 한다는 것이었다. 그렇게 되면 판매가격이 올라가 결국 싼타모 꼴이 난다고 아무리 설득해도 엔지니어들은 장인정신이 강해 최고의 제품을 만들어야 직성이 풀리는 사람들이기에 직접 차를 설계하는 사람들이 안 한다는데 어쩔 도리가 없었다.

별 수 없이 크레도스의 언더보디로 혼다 오디세이와 유사한 중형 미니밴 개발 콘셉트로 변경되어 진행되고 있었을 때였다. 도요타에서 준중형 코롤라(Corolla) 1.5L 보디로 만든 소형 6인승 미니밴 스파시오(Spacio)가 일본 시장에 튀어 나왔다. 현재의 레조보다 작은 차체에 접이식 시트를 앞뒤 시트 사이에 한 줄 희한하게 집어넣은 모델인데, 옹색하기는 하나 준중형 승용차로도 다인승 미니밴을 만들 수 있다는 게 입증된 것이다. 결국 연구소 엔지니어들의 입이 닫혔고 자존심이 상하는 계기가 됐다.

당시 연구소의 카렌스 개발책임자의 후일담에 의하면, 당시 아무리 엔지니어들을 설득해도 안 되어 할 수 없이 스파시오를 샘플로 도입해서 보여줬더니, 엔지니어들이 한참을 들여다보다가 조용히 제자리에 돌아가 맡은 업무를 하더라는 것이다. 스파시오가 입섬과 함께 카렌스의 기본설계에 많은 도움을 준 것은 물론이다.

변속기 기어 위치를 놓고 연구소와 제 2라운드

이렇게 또 한고비를 넘어간 카렌스는 자동 변속기의 시프트 기어(Shift Gear) 위치를 놓고 다시 설전이 벌어졌다. 연구소에서는 시간도 없고 세피아의 언더

● 도요타 입섬 초기 모델

보디를 그냥 쓴다고 했으니 세피아처럼 앞 좌우 시트 사이에 놓이는 플로어 시프트(Floor Shift)로 가자는 것이었고, 나는 RV의 특성상 핸들 뒤편에 놓이는 칼럼 시프트(Column Shift)가 꼭 필요하다는 주장이었다.

RV에 있어 모노 스페이스(Mono Space)의 콘셉트는 핵심으로서 차 실내가 분리되지 않은 하나의 공간으로 이루어져 차내에서 사유로이 이동할 수 있어야 하고, 가족들이 타고 다니는데 주행 중에 뒷좌석에 앉은 애가 울기라도 하면 앞 조수석에 앉은 엄마가 차 세울 필요 없이 실내에서 뒤로 재빨리 가야 하니 앞 시트의 사이가 시프트 기어로 막혀 있으면 안 된다. 전문 용어로는 워크 스루(Walk-through) 기능이라고 하는데, 나는 이 기능이 빠지면 일반 승용차나 다른 게 뭐냐고 끝까지 우겼다. 결국 기술적으로 안 된다고 하던 연구소가 질렸는지 내 말을 들어주었다.

그래서 카렌스 자동 변속기의 시프트 기어가 미국차처럼 핸들에 붙어 있게 되었고 앞 좌우 시트 사이에 180mm의 통행공간이 생긴 것이다. 사실 나는 일본의 미니밴들을 보고 그렇게 주장했던 것인데, 카렌스 출시 이후 시장에서 칼럼 시프트의 장점이 별로 주목받지 못한 걸 보면 생각만 앞서서 괜한 걸 연구소 고생만 시켰다는 생각도 든다.

● 카렌스II의 컬럼 시프트 기어

총 개발기간 16개월 만에 카렌스 탄생

이런 과정들을 거치면서 1997년 3월 RS의 디자인 확정(Model Freeze)이 있었고 실제 양산에 들어간 것은 1999년 3월이니 총 개발기간은 24개월이 걸린 셈이다. 그러나 개발기간 중 회사가 사실상 부도가 나고 법정관리에 들어가는 바람에 자금사정이 여의치 않아 중간 중간 일정이 지연되어서 그런 것이지, 실제로 개발에 소요된 시간만 따져보면 단지 16개월에 불과하였다.

카렌스가 경영위기에 빠진 회사를 구할 수 있는 유일한 모델이라는 공감대가 사내에 형성되면서 직원들의 월급도 제대로 지급되지 못하는 상황에서 지금도 최우선으로 배정되었고, 개발이 진행되면서 이게 물건이 되겠다는 확신이 서자 젊은 엔지니어들이 달라붙어 총력매진한 결과였다.

회사가 부도 위기에 빠지면서 경영진들이 바빠져 개발진행 과정에 잔소리를 거의 못했던 것도 개발기간 단축에 상당히 도움이 된 것도 사실이었다. 그리고 개발기간과 비용을 줄이기 위해 세피아와 크레도스의 기존 부품들을 최대한 그대로 갖다 썼다. 시작금형(試作金型)을 여러 번 만들어봐야 하는 계기반, 램프, 시트 등은 국내 최초로 한 번의 일발본형(一發本型)으로 양산품질을 끌어내는 성과를 거두었고 이 과정에서 부품업체들도 필사적으로 도와주었다.

이렇게 해서 초기 콘셉트와는 달리 RHD(Right Hand Drive)와 수동변속기가 추가되었음에도 불구하고, 240억 원으로 품의했던 총 개발비가 실제로는 100억 원이 채 들지 않아 통상적으로 들어가는 차종 개발비의 4분의 1 정도밖에 되지 않았다. 개발기간도 세계 최고수준을 달성할 수 있었다. 이는 언더보디를 포함한 부품공용화의 메리트를 충분히 살린 것이기도 했지만, '한번 해보자!'는 마음으로 뭉쳐진 기아자동차의 근성과 저력이 없었다면 불가능했을 기적 같은 일이었다. 덕분에 카렌스는 준중형 미니밴들이 해외 선진 메이커들에게서 막 나오기 시작하는 시점에 뒤지지 않고 출시될 수 있었다.

카렌스, 황금알을 낳는 거위가 되다

1998년 말 기아자동차가 국제 입찰을 거쳐 현대자동차에 인수되었을 때, 카렌스를 본 현대자동차 엔지니어들이 온갖 흠을 잡아 카렌스를 죽이려 했던 것은 잘 알려져 있지 않다. 카렌스를 보고 놀란 현대자동차 최고경영진에게 "너희는 그동안 뭘 했냐?"고 혼이 나 기분이 나쁘기도 했고, 한 수 아래로 생각했던 기아자동차에서 생각하지도 않았던 앞선 콘셉트의 자동차가 1,000만 원이라는 저가목표에 맞추어, 그것도 그 짧은 기간에 나온 것에 자존심이 상했던 탓이다. 게다가 현대자동차가 개발하고 있던 비슷한 콘셉트의 라비타가 곧 출시될 예정이라 미리 경쟁모델을 없애고자 하는 의도도 있었다.

말도 많고 탈도 많았던 카렌스 출시

그런데 정몽구 회장이 현대자동차를 인수하면서 상황이 반전되었다. 현대정공과 현대서비스의 인원들이 미처 현대자동차에 들어가지 못하고 대거 기아자동차로 몰려와 인수 후 미리 와 있던 현대자동차 인원들을 다시 현대자동차로 몰아낸 것이다. 그동안 많은 설움을 주었던 현대자동차에 대해 대결구도로 회사운영의 가닥을 잡으니 공장 구석에서 죽어가던 카렌스가 다시 살아난 것이다. 게다가 시판을 앞두고 당시 기아자동차의 최고경영진이 "이렇게 좋은 차를 왜 그렇게 싸게 팔아?" 하면서 기본 판매가격을 1,170만 원으로 170만 원이나 그냥 올린 덕분에 그렇지 않아도 초기 수익목표를 초과 달성해 놓고 있던 카렌스는 그야말로 황금알을 낳는 거위가 된 것이다.

이렇게 대단한 성공을 거둔 카렌스였으나 디자인이 신차답게 쌈빡한 어드밴스드 퓨전 스타일(Advanced Fusion Style)로 나오지 못하고 좀 평범하고 지루하게 된 것은 분명히 문제점으로 지적될 수 있다. 디자인이 그렇게 된 것은 기본적으로 충분한 시간도 없었고 돈도 모자라 해외에서 해오지도 못한 탓도 있다. 그러나 당시 카렌스의 실패를 두려워했던 기아차 최고경영진의 염려가 가장 큰 원인이었다.

없는 돈 짜내서 만든 모델이 만에 하나 안 팔리게 되면 회사로서는 회복불능의 상황에 빠지게 되므로 스타일에 대한 최고경영진의 최대 주안점은 실패하지 않는 것이었다. 이렇게 되면 디자이너들의 손길은 자연스럽게 보수적인 선을 그리게 되고 마침 약간 앞서 나온 도요타 입섬이 히트를 치자 안전하게 그 모델을 벤치마킹하게 됐다.

결국 카렌스는 스타일 면에서는 그저 그런 기능위주의 모델이 되어버렸고 기존의 미니밴의 모습에서 그리 벗어나질 못했다. 사실 대우의 레죠가 내가 처음에 생각했던 메간 세닉 콘셉트와 더 유사한 모델로서 카렌스보다 먼저 개발에 착수되었으나, 당시로서는 상상할 수도 없는 짧은 개발기간으로 카렌스가 먼저 출시되어 시장을 선점 당하고 말았다.

카렌스, 빅 히트 친 이유는?

카렌스는 승용형 미니밴의 기본인 3:3:3의 특성과 저가격의 메리트를 갖추었기에 다른 7인승 LPG 경쟁모델들보다 월등한 판매실적을 거둘 수 있었다고

GM대우 레죠

▶ 기아 엑스트렉

생각한다. 3:3:3은 3세대, 3커플 & 3가지 기능(3 Generations, 3 Couples & 3 Functions)이다. 7인승으로 할머니부터 손자까지 3세대나 신혼가족 3커플이 함께 이동할 수 있으면서 승용차의 주행성, 안락함과 연비, 밴의 다인승, 왜건의 화물 적재성이라는 3가지 기능의 만족을 뜻한다.

즉 스타일보다는 실용과 기능에 의지한 모델이었고, 그것이 IMF 금융위기에 의한 경기불황 속에서 빛을 발하게 된 것이다. 이렇게 국내에서는 공전의 히트를 쳤다 해도 카렌스를 세계 주요시장의 기준으로 보면 많은 면에서 아쉬움이 남는 것도 사실이다. 조금만 더 시간과 자금의 여유가 있었더라면, 좀 더 강한 엔진, 좀 더 다양한 기능과 아기자기한 디자인 요소들을 집어넣어 감성 품질의 장인정신(Craftmanship)이 느껴지는 모델로 만들어 스포티지처럼 세계 선진시장에서도 통하게 할 수 있었지 않았을까 하는 아쉬움도 남는다.

요즘 LPG차의 인기가 떨어지면서 카렌스의 수요가 많이 줄어들었고, 디젤엔진을 얹은 가지치기 모델 엑스트렉(Xtrek)으로 어느 정도의 수요만 유지하고 있지만, 카렌스는 분명 IMF 금융위기가 만들어놓은 우리나라 자동차산업의 스타였다. IMF 금융위기가 오지 않았다고 할지라도 지금 세계적으로 하이브리드 차종들이 붐을 이루고 있는 걸 보면, 당시 카렌스를 개발하고자 했던 기본방향은 옳았음을 알 수 있다.

물론 나도 카렌스 개발의 아이디어를 내긴 했으나 1997년 말 IMF 금융위기가 올 줄은, 그래서 7인승 LPG엔진 모델이 불황 중에 그렇게 히트를 칠 줄은 생각지도 못했다. 단지 다음 세기를 준비한다는 마음으로 밀어붙였던 것인데, 운 좋게 기가 막힌 타이밍이 맞아 걸린 것이다. 그래도 카렌스는 지난 '봉고신화'와 마찬가지로 미리 준비한 자만이 찾아온 복을 누릴 수 있다는 평범한 진리를 다시 한 번 확인시켜준 멋진 차이다.

PART 6

꼭 알아둬야 할

자동차 기술과 트렌드

1 오른쪽 핸들(RHD), 왼쪽 핸들(LHD)의 비밀

도둑고양이가 보닛 위에 앉는 위치가 달라지는 이유

내가 살고 있는 아파트 앞에는 도둑고양이들이 몇 마리 살고 있다. 겨울철이 되면 고양이들은 방금 주차한 자동차의 보닛 위에 올라가 해바라기를 한다. 재미있는 것은 차종에 따라 도둑고양이들이 올라가 눕는 위치가 꼭 정해져 있다는 것이다. EF 쏘나타는 꼭 앞에서 보아 왼쪽에 눕는다. 쏘나타 III의 경우에는 꼭 오른쪽에 앉는데 말이다.

이유는 따스함을 느끼게 해주는 엔진의 위치 때문이다. 즉 엔진이 있는 곳의 보닛 부분이 다른 곳보다 따뜻하기 때문이다. EF 쏘나타의 엔진은 앞에서 보면 옆으로 길게 놓여 있다. 이는 전륜구동(FF; Front engine & Front wheel drive) 차량의 전형적인 엔진 배치로 자동차업계에서는 보통 횡치(橫置) 혹은 EW(East West)라고 한다. 반대로 후륜구동(FR; Front engine & Rear wheel drive)의 경우 엔진이 체어맨처럼 가운데에 앞뒤로 길게 놓여 있다. 이를 보통 종치(縱置) 혹은 NS(North South)라고 한다.

엔진 위치가 왜 중요할까?

같은 FF 차량인데 왜 EF 쏘나타의 엔진은 앞에서 보아 왼쪽으로 치우쳐 있고, 쏘나타 III의 엔진은 오른쪽으로 치우쳐 있을까? 또 엔진 위치에 따라 어떤 차이가 있을까?

차량설계 시 FF 차량의 엔진 위치는 설계자 마음대로 하는 게 아니다. 핸들의 위치와 관련이 있다. 우리나라처럼 왼쪽 핸들(LHD; Left Hand Drive)은 전

● 체어맨 투시도 — 후륜구동

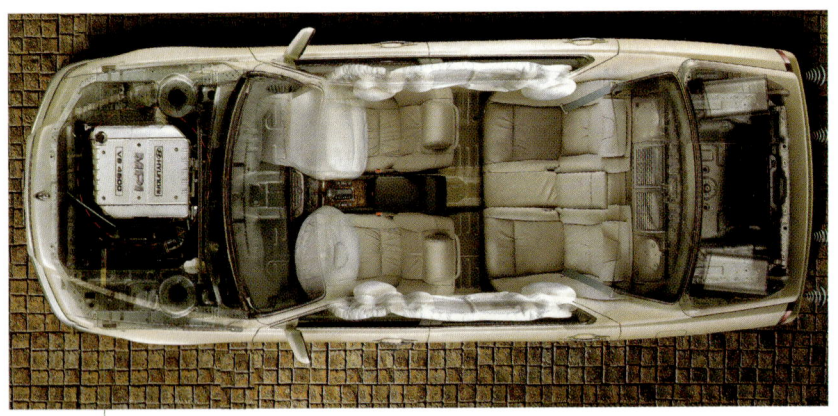

● 에쿠스 투시도 — 전륜구동

륜구동 차량의 엔진 위치가 ㉮처럼 앞에서 볼 때 왼쪽으로 오는 게 원칙이다. 차량의 운동성능 때문이다. 만일 운전자가 혼자서 왼쪽 핸들 차량에 앉아 운전할 때, 엔진도 ㉯처럼 오른쪽, 즉 운전자 쪽으로 치우쳐 있다면 차량 좌우의 무게균형이 맞지 않게 된다. 일반 직선주행 시에는 잘 드러나지 않지만 고속으로 선회할 때는 쏠림현상이 일어나게 된다. 특히 부드러운 서스펜션을 특징으로 하는 우리나라 차량들의 경우에는 고속회전 시 차량의 순간적인 휘청거림이 더 심하게 발생한다. 물론 엔진과 운전자의 무게가 일치하지는 않지만,

보통 6:4의 비율로 차량 앞쪽에 무게가 더 배분되어 무게 변화에 민감한 전륜구동 차량의 특성상 엔진과 운전자가 서로 반대편에 놓이면 쏠림의 정도는 상당 부분 완화된다.

전륜구동 차량의 엔진 위치는 차량의 주행성능과도 관계가 있다. ㉮처럼 엔진이 왼쪽에 있으면 엔진의 동력을 차체에 전달해 주는 변속기(Transmission)는 엔진 오른쪽으로 설계된다. 왼쪽 핸들은 운전자의 발로 조작되는 가속페달이 운전자의 왼쪽에 놓이며 자연스럽게 변속기와의 거리가 짧아진다. 그리고 변속기도 구조가 간단한 2축식 변속기가 쓰여 페달 조작에 대한 연결반응이 빨라진다. 즉 차량의 반응성(Responsiveness)이 향상되는 것이다. 만일 왼쪽 핸들 차량의 엔진이 ㉯처럼 앞에서 보아 오른쪽에 놓이면 변속기는 엔진 왼쪽으로 붙게 된다. 이때 자연스레 페달과의 거리가 멀어지면서 변속기도 구조가 복잡한 3축식을 쓰게 되어 페달의 조작 지시가 여러 단계를 거쳐 변속기에 미치게 되므로 짧은 순간이나마 시간지체(Time Lag)가 나타난다. 쉽게 말해서 빨리 가려고 가속페달을 꾹 눌렀는데 약간 머뭇거린 후에 차가 튀어나가게 되는 것이다.

안전에 관한 것도 이유가 된다. 드물기는 하나 실제로 발생하고 있고 운전자의 생명과 직결되는 것이기에 중요하다. 왼쪽 핸들 차량의 경우 ㉯처럼 엔진이 오른쪽에 있으면 운전자는 바로 엔진의 뒤쪽에 앉게 된다. 고속으로 주행하다 사고 시 정면으로 충돌하게 되면 운전자 앞에 엔진이 있어 막아주니

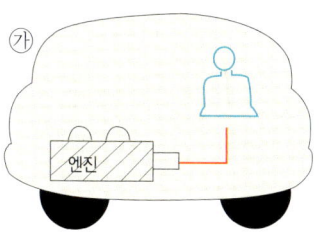
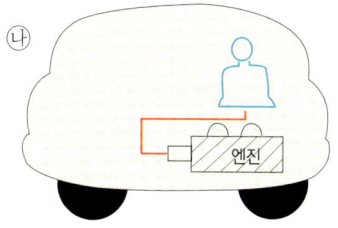

더 안전할 것 같지만 현실은 정반대다. 엄청난 힘으로 충돌하게 되면 차량의 엔진룸이 찌그러지면서 엔진이 뒤로 밀리게 되고, 운전석 밑에 있는 페달들이 엔진에 의해 밀려 올라와 운전자의 하체나 복부를 찌르게 될 가능성이 높아진다. 생각하기도 끔찍하지만 엔진의 위치에 따라 운전자의 생명이 좌우될 수도 있음을 알 수 있다.

쏘나타 III 엔진은 왜 오른쪽에 있을까?

이런 심각한 문제가 있음에도 왜 쏘나타 III 엔진은 오른쪽에 있을까? 차를 개발할 때 언더보디를 일본 미쓰비시에서 가져와 그대로 썼기 때문이다. 일본은 오른쪽 핸들(RHD; Right Hand Drive) 문화권이니 전륜구동 차량의 경우 우리나라와 반대로 ㈏처럼 앞에서 차량의 오른쪽에 엔진이 있는 게 정상인 것이다. 이렇게 겉에서는 보이지 않지만 볼 때 차량의 기본설계에서부터 자국의 자동차 문화에 따라 커다란 차이가 생긴다.

물론 자동차업체별 주력시장이 다르므로 개발 초기단계부터 특정 시장을 염두에 두고 설계에 들어가면, 해당시장에 맞게 개발되기도 한다. 같은 일본 자동차업체라도 북미와 유럽지역에 주력해 왔던 닛산이나 마쓰다는 엔진의 위치를 ㈎처럼 앞에서 보아 왼쪽으로 했다. 반면 일본과 동남아시아 같은 오른쪽 핸들 지역에 주력해온 미쓰비시는 엔진을 오른쪽에만 장착했고, 이것을 그대로 수입해 사용한 현대자동차의 엘란트라나 뉴 그랜저, 쏘나타 III는 모두 엔진이 오른쪽에 있게 된 것이다.

하지만 독자개발에 착수해 성공한 아반떼와 EF 쏘나타의 엔진 위치는 ㈎처럼 왼쪽이다. 미국을 비롯한 선진국 시장에서 품질과 성능에서 좋은 평가를 못 받던 현대차가 아반떼와 EF 쏘나타가 나오면서 제대로 평가를 받게 된 것은 결코 운이나 단순히 마케팅의 결과만은 아니었다. 그 이후 현대자동차의 FF 차량들은 전부 EF 쏘나타처럼 엔진이 앞에서 보아 왼쪽에 오도록 설계되고 있다.

재미있는 것은 엘란트라, 쏘나타와 같은 시기에 경쟁했던 기아의 세피아, 콩코드의 경우 엔진이 왼쪽에 있었다는 점이다. 기본이 되었던 마쓰다의 323, 626 모델의 엔진이 모두 왼쪽에 있었기 때문이다. 세피아나 콩코드가 국내 경쟁차종 대비 생산규모가 작아 좀 비싸긴 했지만, 가속페달을 밟으면 팍팍 튀어 나가고 고속도로에서 민첩하게 움직이며 잘 달린다는 평을 들은 데에는 이런 이유가 있었다. 이후에 개발된 기아의 모든 전륜구동 차의 엔진도 왼쪽에 오도록 만들어진 것은 물론이다. 대우의 경우 르망, 에스페로부터 라노스, 누비라, 레간자의 3총사를 거쳐 지금에 이르기까지 전륜구동 전 차종의 엔진이 ㉮처럼 왼쪽에 있다. 기본이 된 독일 오펠 차량들이 왼쪽 핸들 문화권인 유럽 대륙에서 개발되었기 때문이다.

이렇듯 세계 자동차시장은 왼쪽 핸늘 문화권과 오른쪽 헨들 문화권으로 양분되어 있다. 어떤 업체라도 차를 개발할 때 어느 한쪽을 중심으로 개발할 수밖에 없다. 결국 자동차 문화의 차이로 인한 불편이나 위험은 늘 있게 마련이다.

내 차의 연료주입구 위치는 어느 쪽

우리 일상생활 속에서 문화권의 차이로 인한 불편이나 위험을 가장 쉽게 느낄 수 있는 것은 자동차의 연료주입구 위치다. 운전자들이라면 주유소에 기름을 넣기 위해 들어가면서 순간적으로 자기 차의 연료주입구가 왼쪽에 있는지, 오른쪽에 있는지 순간적으로 착각을 일으킨 경험이 한 번쯤 있을 것이다. 차량 개발 시 연료주입구는 연료탱크에 가깝도록 설계되기 마련이다. 만일 차체 레이아웃 상 연료탱크가 차량 왼쪽에 오게 되면 연료주입구도 왼쪽에 있다.

자동차 문화권에 따라 연료주입구 위치가 달라진다
연료주입구가 어느 쪽에 있든 실제 기름을 넣는데 불편한 점은 거의 없다. 그러나 도로에서 운행할 때라면 얘기가 달라진다. 우리나라 같은 왼쪽 핸들 문화권에서는 자동차가 우측통행을 하고 일본이나 영국 같은 오른쪽 핸들 문화권에서는 좌측통행을 한다. 왼쪽 핸들 문화권에서는 도로 옆에 차량을 정지시킨 후 모든 활동들이 차량의 오른쪽을 중심으로 이루어지는 게 당연하다. 인도와 모든 시설물들이 오른쪽에 있을 뿐더러 차량의 왼쪽에는 다른 차들이 지나가기 때문이다.

고속도로에서 밤에 기름이 떨어져 좁은 갓길에 비상주차 했을 경우, 페트병에 사온 휘발유를 차 옆에 서서 연료주입구에 넣는다고 상상해 보자. 연료주입구가 왼쪽에, 즉 길 쪽에 있으면 얼마나 위험하겠는가? 차량이 전륜구동이든, 후륜구동이든 관계없이 왼쪽 핸들 문화권에서는 연료주입구가 차량의 오른쪽에 있는 게 정상이고, 반대로 오른쪽 핸들 문화권에서는 차량의 왼쪽에 있는 게 정상이다.

그런데 거리에서 보이는 현대차, 기아차, 르노삼성차 등 거의 모든 차종들의 연료주입구가 왼쪽에 있는 것은 어떤 이유에서일까? 그건 결국 이 자동차 업체들이 만들어내는 차종들의 기원이 오른쪽 핸들 문화권인 일본이기 때문이다. 기아차가 만든 차 가운데 유일하게 연료주입구가 오른쪽에 있는 모델이 하나 있다. 바로 쏘렌토다. 쏘렌토의 기본이 된 과거 스포티지는 기본설계가 포드에 의해 북미시장 중심으로 만들어졌기에 연료주입구가 오른쪽에 있도록 설계되었기 때문이다. 대우차의 경우 기본 차종들의 기원이 왼쪽 핸들 문화권인 독일이므로 일본에서 그대로 도입된 티코를 제외하고는 모두 연료주입구가 오른쪽에 있다.

GM대우 매크너스 / 르노삼성 SM7

초기 일본 모델들의 도입시기를 지나 독자모델들이 개발되면서 현대차와 기아차의 전륜구동 차량들의 엔진 위치는 앞에서 설명했듯이 앞에서 보아 왼쪽으로 바뀌어 왼쪽 핸들 문화권의 정상적 형태를 갖추었다. 그러나 연료탱크를 포함한 차량 전체의 레이아웃을 바꾸는 데까지는 손을 쓰지 않은 것이다.

물론 엔진룸 이외의 차량 레이아웃은 바꾸지 않아도 성능이나 안전상의 차이는 별로 없다. 또한 실제로 발생할 확률이 높지 않은 위험을 제거하기 위해 엄청난 규모의 추가 개발비용을 들이는 것은 결국 차량가격을 올리는 결과가 되므로 실용적인 측면에서 볼 때 반드시 바람직하다고 볼 수는 없다.

연료탱크와 머플러의 위치

이렇듯 그냥 무심히 만들었을 것 같은 자동차 각 부분들 하나하나에는 문화의 차이에 의한 수많은 생각들이 숨어 있다. 흔히 배기가스가 나오는 머플러(일명 마후라)의 위치 역시 그렇다. 차체 레이아웃 설계조건에 의해 약간의 예외는 있지만, 배기가스 장치는 뜨거운 열로 인한 화재의 위험이 있으므로 연료탱크와 먼 쪽으로 지나가도록 설계되기 마련이다. 그러다 보니 연료주입구의 위치와 반대쪽에 놓이게 된다.

현대차의 모든 차종의 연료주입구가 차량의 왼쪽에 있으니, 머플러는 거의 예외 없이 뒤에서 볼 때 오른쪽에 있다. 기아차들도 마찬가지이나 쏘렌토의 경우 틀림없이 머플러는 왼쪽에 있다. 대우차의 경우도 당연히 머플러는 모두 왼쪽에 있다.

사실 머플러의 위치에 따른 기능상의 차이는 그리 대단한 것은 없다. 단지 왼쪽 핸들 문화권에서는 차량의 오른쪽에 사람들의 활동이 집중되어 있어 머플러가 오른쪽에 있을 경우 배기가스에 의해 옷이 더럽혀질 가능성이 높아진다는 정도다. 밝은 색의 고급 옷을 입은 경우라면 상당한 차이가 날 수도 있지 않을까? 어쨌거나 머플러같이 사람들이 꺼려하는 부분은 사람들로부터 멀리 떨어진 쪽으로 설계되는 게 정상이다.

갤로퍼와 코란도, 뒷문 열리는 방향은

요즘 유행하는 RV에도 자동차 디자인 문화권의 차이에 따른 불편이나 위험한 요소를 발견할 수 있다.

SUV의 경우 최신 모델의 뒷문은 거의 다 아래에서 위로 열리는 해치 스타일(Hatch Style)이지만, 구형 갤로퍼나 코란도의 뒷문은 옆으로 열리는 스윙 스타일(Swing Style)이다. 그런데 갤로퍼의 뒷문은 왼쪽에서 오른쪽으로 열리는 반면, 코란도의 뒷문은 오른쪽에서 왼쪽으로 열게 되어 있다.

문화권에 따라 뒷문 여는 방향이 다르다

그게 뭐 중요하냐고 대수롭지 않게 생각할 수도 있다. 하지만 도로변에 정차한 후 짐칸에서 짐을 한가득 들어 내리는 경우 그 차이의 영향은 의외로 심각하다. 우리나라 도로에서 뒷문이 오른쪽으로 열리면, 사람이 짐을 들고 일단 길 쪽으로 움직인 후에 오른쪽으로 와야 한다. 이동거리도 멀 뿐더러 옆으로 주행하는 차량들에 노출되어 상당히 위험하다. 그러니 뒷문이 왼쪽으로 열려

쌍용 코란도

야 더 편리하고 안전해진다.

 이런 차이는 코란도가 국내시장 중심으로 설계된 데 반해 갤로퍼는 일본에서 개발된 모델을 그냥 들여왔기 때문이다. 사실 뒷문의 열림방향을 바꾸는 것은 기술적으로 어려운 것도 아니고 비용도 그리 더 많이 드는 것도 아니다. 그럼에도 불구하고 갤로퍼 뒷문이 열리는 방향 바꾸지 않은 것은 차를 만들면서 세세하게 신경을 쓰지 못했거나 아니면 철저하게 수익성 위주로 개발했기 때문이다. 현재 국내에 수입 판매되는 혼다 CR-V의 경우 일본시장을 중심으로 개발된 모델이라 뒷문 열리는 방향이 갤로퍼와 같다.

 차량 뒤에 붙어 있는 철제사다리 역시 비슷한 차이가 있다. 갤로퍼와 스타렉스의 사다리는 정품이든 모조품이든 뒤에서 볼 때 다 왼쪽으로 붙어 있다. 설계상 왼쪽으로 올 수 밖에 없게 되어 있다. 사람이 차도에서 왼쪽으로 오르내리면 뒷문의 경우처럼 이동거리와 안전에 문제가 생긴다. 사다리가 왼쪽에 있는 이유는 뒷문의 경우와 동일하며, 역시 같은 이유로 코란도의 사다리는 오른쪽에 있다. 사다리도 우리나라의 경우에는 오른쪽에 있는 게 좋다.

왼쪽 핸들, 오른쪽 핸들 생겨난 이유는?

그렇다면 세계의 자동차들이 하나의 표준으로 만들지 못하고 왜 왼쪽 핸들 문화권과 오른쪽 핸들 문화권으로 나뉘었을까? 자동차가 원래 왼쪽 핸들로 개발되었고 여러 가지 기능상의 이유로 볼 때 왼쪽 핸들이 유리한데도 불구하고 일부 국가들이 생고집을 부려 오른쪽 핸들를 고집하는 것은 아닐까? 사람들은 누구나 자기에게 익숙한 것을 옳다고 여기는 습성이 있기 때문에 우리나라 사람들 중에는 오른쪽 핸들 시스템을 이상하다고 생각하는 경향이 있다.

 이렇게 이상한(?) 오른쪽 핸들 차량이 생겨난 이유에 대해서는 여러 가지 설이 있다. 가장 유력한 것은 백여 년 전 유럽대륙에서 승용마차의 뒤를 이어 내연기관 자동차가 왼쪽 핸들로 먼저 개발되어 나가자 뒤늦게 시작한 영국이 자존심 문제로 좌우를 틀어 오른쪽 핸들로 갔다는 것인데 아직 역사적으로 확실하게 검증되지는 않았다.

그러면 유럽대륙에서는 왜 왼쪽으로 핸들이 가게 되었을까? 이유는 아무래도 승용마차 시절부터 마부가 왼쪽에 앉았기 때문일 것이다. 말고삐를 쥔 사람이 왼쪽에 앉았던 이유는 대부분의 마부가 오른손잡이여서 운행 중 발생하는 여러 행위를 보다 효율적으로 하기 위한 자연스러운 요구였다. 왼손으로 고삐를 쥐고 가면 오른손이 자유로워지니까 말이다. 마차라도 마부가 왼쪽에 앉으면 옆자리 승객은 오른쪽으로 타고 내렸을 것이니 자연스레 우측통행을 했을 것이고, 마부의 좌우로 공간이 충분해지니 길 옆 어느 방향에서 깅도가 달려들어도 대응할 여유가 좀 더 생겼을 테니까 말이다.

사실 왼쪽 핸들와 오른쪽 핸들 중에 어느 것이 더 우월한 시스템인지는 판단하기가 어렵다. 내가 1990년대 초 일본에서 주재원으로 있으면서 오른쪽 핸들 차량을 몰고 다녔을 때, 초기에는 좀 어색했으나 조금 지나자 금세 익숙해지고 오히려 왼쪽 핸들 차량보다 더 운전하기가 편하게 느껴졌다. 왜냐하면 운전자가 차를 운전하면서 한 손으로 핸들을 잡은 채 다른 손으로 라디오나 에어컨 같은 각종 기기들의 조작, 담배 피우고 끄기, 앞 보관함에서 물건을 꺼내기 등을 해야 하기 때문이다.

오른손잡이가 오른손으로 핸들을 잡으면 자신감을 가지고 핸들도 더 힘 있게 쥐게 되고 핸들의 미묘한 컨트롤도 가능해진다. 차 안에서 핸들 조작 이외의 행위는 승용마차 시절과는 달리 간단한 것들이라 왼손으로 해도 별 문제는 없다. 그렇다고 왼쪽 핸들 차량이 운전하기가 더 불편한 것은 아니다. 습관의 힘으로 얼마든지 커버할 수 있기 때문이다. 법규상 하면 안 되겠으나, 우리나라에서 운전 중에 핸드폰 조작이라도 하게 되면 오른손잡이들은 왼손으로 핸들을 잡고 하는 것이 훨씬 편리하기는 하다.

문화권을 잡으면 수출에도 도움 된다
시스템의 우열이 가려진다면 진화의 방향에 맞추어 우월한 쪽이 궁극적으로 열등한 쪽을 대체하게 되겠으나 그런 것 없이 양쪽 다 발전하고 있는 걸 보면 과거부터 내려온 습관의 차이인 듯하다. 단지 습관의 차이일 뿐이라면 우리나라와 일본의 문화가 다름을 인정해야 하듯이 왼쪽 핸들 문화권과 오른쪽 핸들 문화권의 공존을 받아들일 수밖에 없다.

세계지도를 펼쳐 놓고 보면 오른쪽 핸들 문화권은 의외로 상당히 넓고 인구 수도 만만치 않다. 유럽지역은 영국밖에 없으나 과거 영국 식민지는 거의 다 오른쪽 핸들 문화권이다. 우선 아시아에서는 일본과 인도를 포함하여 동남아시아에서 서남아시아에 이르는 지역이 거의 다 오른쪽 핸들 문화권이다. 쉽게 말해서 우리나라와 중국, 대만, 필리핀 그리고 내륙 쪽의 과거 소련의 위성국들을 빼놓으면 중동 바로 전까지 전부라는 얘기다. 호주와 뉴질랜드는 말할 것도 없고, 아프리카도 거의 반 정도가 오른쪽 핸들 문화권이다.

최근 기아자동차의 수출실적을 보면 오른쪽 핸들 문화권으로의 수출이 전체 수출 중에서 물량으로는 12%, 국가 수로는 24% 정도에 그치고 있다. 그러나 이런 수치는 현재 우리나라의 주요 수출지역이 왼쪽 핸들 문화권(북미, 유럽, 중국 등)에 편중되어 있고 오른쪽 핸들 문화권의 수입통제가 심하기 때문이지, 오른쪽 핸들 문화권의 국가 수나 인구가 적어서 그런 것은 결코 아니다. 오히려 오른쪽 핸들 문화권은 우리나라 자동차산업의 지속적인 발전을 위해 개척해야 할 새로운 기회의 지역인 것이다.

최근 들어 이라크의 수입규제로 주춤하기는 했으나 2004년 총 수출대수가 30만 대에 육박할 정도로 활기를 띠고 있는 우리나라 중고차 수출의 경우 주요시장은 이라크를 중심으로 한 중동지역과 남미지역인데, 한국차가 거의 싹쓸이 하다시피 인기를 모으고 있는 것은 품질이 좋고 값도 저렴하지만 동일한 왼쪽 핸들 문화권에 속해 있다는 것이 커다란 장점이다. 이전까지는 핸들의 위치가 달라도 일본차가 미국차나 유럽차 대비 품질과 가격 면에서 우월하여 휩쓸었던 지역이다. 하지만 이제는 우리나라가 동일 문화권의 힘으로 압도하고 있으니 문화가 다르다는 것이 정말 재미있지 않은가?

2 원가절감의 빛과 그늘, 플랫폼 공용화

세계 자동차업체들이 뭉치는 이유

19세기 말에 시작되어 첫 자동차역사 100년을 마감하던 지난 1990년대에 마치 다음 세기를 준비하기 위한 판짜기처럼 세계 자동차업계에 거대한 M&A 열풍이 몰아닥쳤다. '규모의 경제'에 의해 21세기에는 5~6개의 거대 자동차 그룹만이 살아남을 것이라는 말을 누구나 주문처럼 외우고 다녔고, 강자는 경쟁우위 확보를 위해, 약자는 생존을 위해 정신없이 서로 짝짓기에 몰두했었다. 그 결과 지금 세계 자동차업계는 북미의 GM과 포드, 유럽의 폭스바겐, 다임러크라이슬러와 르노, 일본의 도요타로 구성되는 글로벌 6와 이들에 비해 생산규모나 제품 라인업, 세계 주요 지역별 진출 정도(Coverage)는 떨어지나 독자노선을 택하고 있는 BMW, 푸조, 현대, 혼다의 10개 주요 그룹으로 재편되어 있다. 일반인들에게 알려져 있는 주요 브랜드는 거의 다 이 10개 그룹에 속해 있다. 이 밖에 선진국의 니치(Niche) 브랜드나 신흥공업국들의 소규모 브랜드들이 있지만 규모나 영향력에서 주목 받기에는 아직 미약하다.

뭉치면 살고 흩어지면 죽는다

주요 자동차업체들이 M&A를 통해 덩치 키우기에 나선 것은 그룹 내 소형에서 대형까지, 대중 브랜드에서 명품 브랜드까지 다양한 차종의 구색을 맞추거나 지역별 판매와 생산의 진출 정도(Coverage)를 넓히기 위해서다. 또한 점차 격화되는 시장경쟁에 의해 대폭적으로 판매대수를 늘리거나 가격을 올리기가 어려워지는 상황에서 신규차종의 개발과 신흥시장(Emerging Market)에의 투자를 위한 재원확보를 위해 내부 원가절감의 필요성을 절감했기 때문이다.

자동차업체의 생존을 좌우하는 원가절감에 있어 핵심은 우리가 흔히 '차대(車臺)'라고 번역하는 플랫폼(Platform)이다. 플랫폼은 언더바디, 섀시(Chassis), 아키텍처(Architecture)라는 말과 명확히 구분되지 않고 자동차업계에서 혼용되어 쓰이고 있다. 그러나 보통 플랫폼은 엔진과 변속기를 포함한 차량의 하부구조 전체를 의미한다.

차종에 따라 조금씩 다르지만, 플랫폼은 차량의 총 제조원가의 60~70%를 차지한다. 그리고 이 가운데 절반 정도를 엔진과 변속기를 포함한 동력전달장치(Powertrain) 관련 부품들이 차지한다. 따라서 모든 자동차업체들은 플랫폼 관련 비용을 최소화하기 위해 머리를 싸매게 되고 여기서 화두로 떠오른 것이 플랫폼 공용화인 것이다.

우리나라의 경우 현대 쏘나타 I, II, III의 플랫폼은 미쓰비시의 갈랑(Galant) 플랫폼을 들여와 부분 수정한 후 차량상체(Upperbody) 디자인만 독자적으로 만든 것이다. 그 후 역시 갈랑 플랫폼을 기본으로 했지만, 엔진 배치 등 많은 부분에서 개량이 이루어진 EF 쏘나타가 나오면서 그랜저XG, 오피러스, 옵티마, 싼타페, 트라제 등이 EF 소나타와 플랫폼을 공용화하였다. 공용화라고 해도 통상적으로 차종에 따라 플랫폼 전체나 엔진룸만, 또는 서스펜션과 브레이크 부분만 하는 등 정도의 차이가 있다. 물론 공용화 정도에 따라 원가절감의 효과는 차이가 크다.

플랫폼 공용화로 원가 절감

플랫폼을 공용화해도 한 모델의 플랫폼이 다른 차에 사용되면 원가는 동일한 게 아닌가 하고 생각할 수도 있다. 플랫폼 제조에 들어가는 직접비용만 따지면 그럴 수도 있지만, 실제로 비용이 많이 들어가는 것은 플랫폼 초기 개발비용이다. 한 플랫폼을 여러 차종에 같이 쓰면, 초기 개발비용이 분산되어 한 차종 당 원가가 대폭 내려간다. 또한 기존에 개발이 완료된 플랫폼을 이용해 새로운 차종을 개발하면, 각종 초기 실험을 대폭 생략할 수 있고 품질이 안정된 기존 부품들을 계속 씀에 따라 추가적으로 개발기간과 개발비용이 대폭 절감하는 효과가 생긴다. 도요타가 16~18개월 만에 신차를 개발해 내는 것도 플랫폼 공용화를 철저히 추구하고 있기에 가능한 것이다. 또한 플랫폼 공용화는 생산공정의 유연성을 높이며, 부품구매 측면에서도 구매수량의 확대와 기존 부품들의 지속적인 원가절감으로 원가 경쟁력을 획기적으로 높일 수 있다.

플랫폼은 또한 자동차의 품질이나 성격에도 결정적인 역할을 한다. 주행, 선회, 제동, 소음, 진동 등 각 브랜드나 차종별 특성을 결정해 주기 때문이다. 당연히 플랫폼에는 각 업체들의 개발철학이니 기술수준, 자동차 문화의 모든 것이 녹아 있다고 해도 과언이 아니다. 그렇기 때문에 미국이나 유럽에 자동차 스타일링이나 동력전달장치를 외주 받아 개발해 주는 용역업체들은 많아도 플랫폼을 개발할 수 있는 용역업체는 없다. 플랫폼 개발은 철저하게 각 자동차업체의 내부 개발을 통해서만 이루어진다.

따라서 신흥공업국에서 차를 만들려면, 선진국의 자동차업체와 기술협력 계약을 맺고 막대한 기술 지도료를 지불하면서 차종을 그대로 들여와 관련설비와 주요부품들을 대거 수입하고 일정 부품을 국산화하여 만들 수밖에 없다. 한창 양적성장을 거듭하고 있는 중국의 자동차산업이 여기에 해당된다.

여기서 어느 정도 기술축적이 되고 부품산업이 육성되면 해당업체의 기술자립 의지가 더해져 선진국 자동차의 플랫폼에 차량상체를 현지화하는 독자 모델의 초기단계에 들어선다.

1970년대, 독자 플랫폼 없는 한국 업체의 설움

우리나라도 1970년대까지 현대 코티나, 기아 브리사 같은 외국 모델의 현지조립 단계를 거쳐, 1970년대 후반 현대에서 미쓰비시 미라지(Mirage)의 플랫폼에 독자 상체를 씌운 포니를 만들면서 독자모델 개발의 초기단계에 진입했다. 당시 국내에서 현대와 경쟁관계를 유지했던 기아는 미쓰비시보다 기술이전에 소극적인 마쓰다를 기술제휴선으로 갖고 있었고, 1980년대 초 군사정권에 의해 5년간 승용차 생산을 금지당하는 불운까지 겪었다. 결국 1980년대 말까지 프라이드, 콩코드 같은 마쓰다의 차종을 그대로 들여와 생산하는 단계에 머무를 수밖에 없었다. 이로 인해 1990년대 초까지 기아는 마쓰다의 홍보책자에 한국측 협력업체가 아닌 '조립 공장(Assembler in Korea)'으로 소개되는 치욕을 겪어야 했다.

수출확대와 원가절감, 자존심 때문에 독자모델을 열망하고 있던 기아는 마쓰다에 수차례 언더보디 제공을 요청했으나, 마쓰다가 수출시장의 위축을 염려하여 매몰차게 거절하자, 독기를 품고 1980년대 후반 스포티지를 계기로 초기단계를 건너 뛰어 아예 독자 플랫폼의 개발에 사운을 걸고 매진한다. 수많은 노력과 시행착오를 거쳐 1992년 국내 최초의 독자 플랫폼 차종인 스포티지와 세피아가 탄생하게 되었으나, 그 당시 기아가 독자기술 엔진을 갖고 있지 못하여 기존 국산화된 마쓰다 엔진을 쓸 수밖에 없어 아쉬움을 남겼다.

기아의 움직임에 자극받은 현대도 기술개발에 박차를 가하여 1990년대 초 국내 최초의 독자 엔진인 알파엔진을 개발했다. 1994년에는 알파엔진을 장착한 국내 최초의 완전한 독자 언더보디 차종으로 아반떼를 만들었다. 국내 최초의 언더보디 개발은 기아가, 국내 최초의 플랫폼 개발은 현대가 한 셈이다.

대우도 1996년에 라노스, 누비라, 레간자의 독자모델 3총사를 내놓았다. 이전 모델인 르망의 플랫폼을 활용하되 많이 개조해서 사용했으므로 독자모델 개발의 초기단계와 독자 플랫폼 개발의 중간 정도 형태로 볼 수 있다.

이렇듯 1990년대 초, 중반은 우리나라 자동차산업에 있어 기술자립으로 본격적인 독자모델들이 성공적으로 출시되면서 향후 폭발적인 성장을 가능케 한 매우 중요한 전환점이 되었다.

자동차업체들의 M&A, 그 성적표는?

'뭉치면 살고 흩어지면 죽는다'는 신조 하에 정신없이 뛰어다닌 주요 자동차 업체들의 M&A 결과는 어땠을까? 결론부터 말하면 플랫폼 공용화의 원칙에 충실했던 업체들의 성적은 좋았거나 아직 진행형인 반면, 그룹 내 브랜드 구색 맞추기나 주요 지역별 진출 정도를 넓히기 위해 M&A를 시도한 업체들의 시도는 대부분 참담한 실패로 끝났다.

천국과 지옥을 오가는 M&A의 성공과 실패

폭스바겐 그룹은 체코의 스코다(Skoda), 스페인의 세아트(SEAT)를 인수하여 기존의 아우디와 함께 1개의 플랫폼으로 100만 대의 차를 생산하는 '원 밀리언 플랫폼(1 Million Platform)'의 이상향에 접근했다. 현대자동차는 기아자동차를 인수하여 플랫폼 공용화와 함께 국내시장에 있어 독과점을 이뤘으며, GM은 스즈키와 스바루, 대우자동차까지 인수해 단숨에 신흥시장의 리더로 부상했다.

반면 BMW는 대중 브랜드로 영역을 넓히려고 영국의 로버(Rover)를 인수했다가 단돈 1파운드에 되팔았으며, 벤츠는 크라이슬러를 인수한 뒤 미쓰비시까지 맡았다가 경영악화로 슈렘프 회장이 퇴진 위기까지 몰렸다.

BMW는 전통의 라이벌인 벤츠가 A클래스, 스마트 등 저가의 소형차 세그먼트로 영역을 확대하자, 이에 대항하기 위해 롤스로이스와 7시리즈 등 대형 고급차로 치고 올라가면서 저가 세그먼트와 신흥시장으로 진출하기 위해 로버를 인수했던 것이다. 당시 BMW는 마땅한 SUV가 없었기 때문에 랜드로버(Land Rover)라는 브랜드가 필요했다. 또한 명품 브랜드 이미지의 희석화를 막기 위해 자체 브랜드의 소형차를 개발하지 않고, 로버라는 별도의 대중 브랜드가 필요했던 것도 사실이다.

그러나 BMW는 후륜구동의 고급차이지만, 로버는 전륜구동의 대중차라 플랫폼 공용화는 고사하고, 생산, 판매, 구매 등 경영전반에 걸쳐 두 브랜드를 합쳐서 시너지 효과를 낼 수 있는 부분이 없었다. 믿었던 랜드로버까지 잦은 품질문제로 경영에 별 도움이 되지 못했다. 결국 원가절감 효과도 없이 로버의 정상화를 위해 수십억 달러를 퍼부은 노력은 물거품이 됐다. BMW는 미니 브랜드만 남기고 다른 브랜드를 모두 매각했으며, 로버 인수의 주역이었던 피셰츠 리더 CEO는 BMW에서 쫓겨났다. 이후 BMW는 상품전략을 대폭 수정하여 벤츠를 따라 자체 브랜드의 소형차 1시리즈와 SUV 개발에 매진하게 된다.

벤츠-크라이슬러의 미쓰비시 인수

자동차업체들의 M&A에 있어 플랫폼 공용화를 통한 원가절감이 얼마나 중요한지는 벤츠가 크라이슬러를 합병하여 다임러크라이슬러(DCX)를 만들어 운영함에 있어 더욱 극명하게 드러난다. 1998년 세계 자동차업계는 벤츠와 크라이슬러, 두 거인의 전격적인 합병 발표에 경악을 금치 못하면서 이 합병이 가져올 영향을 분석해 내느라 바삐 움직였다. 벤츠는 고급 승용차의 강자이면서도 미국 시장에서는 상대적으로 약세였고, 크라이슬러는 대중 승용차와 지프차로 대표되는 RV의 강자였지만 유럽시장에서는 존재가 미미했다. 두 메이저 업체의 합병은 제품 측면에서는 중복 없는 풀 라인업의 완성, 판매 측면에서는 상호 취약한 시장에서의 기반 강화라는 완벽한 결합으로 분석됐다.

1998년 11월에 상장된 합병법인 DCX의 주가는 연일 강세를 이어갔다. DCX는 연이어 2000년에 경영부진에 허덕이던 미쓰비시를 인수하여 다시 한 번 세계 자동차업계를 놀라게 했다. 연간 500만 대에 가까운 전체 그룹의 생산규모는 물론, 미쓰비시를 손에 넣어 아시아시장까지 굳건한 발판을 마련한 것이었다. 기술은 있지만 사실상 유럽의 지역기업에 불과했던 벤츠가 M&A를 통해 세계 자동차업계의 핵심으로 떠오른 순간이었다.

그러나 초기 흥분 상태가 지나자 벤츠의 글로벌 메이저그룹 구상은 환상에 불과했음이 드러나기 시작했다. 우선 BMW-로버처럼 벤츠는 후륜구동의 고급차, 크라이슬러는 전륜구동의 대중차였기 때문에 플랫폼 공용화를 할 수 없었다. 제품 라인업에서도 중복된 세그먼트가 없어 공동개발을 추진하지도 못했다. 기초 연구 개발 결과물을 공유해도 효과가 나타나기에는 상당한 시간이 걸리기에 결국 합병에 따른 원가절감에 실패했다.

게다가 벤츠는 합병 이후 크라이슬러의 기존 경영진을 대부분 내보내고 자사의 경영진을 대거 파견하여 경영하다가 오히려 크라이슬러의 경영을 악화시키는 실책을 저질렀다. 원래 크라이슬러는 뛰어난 기술이나 완벽한 품질, 강한 판매기반으로 승부하는 업체가 아니었다. 1980년대 들어 미국 최초로 미니밴과 전륜구동 소형 승용차를 출시한 것처럼 앞선 상품 콘셉트와 캡 포워드 스타일링(Cab-forward Styling) 같은 과감한 디자인, 철저한 원가절감에 의한 저가격을 주요 세일즈 포인트로 하는 큰 규모의 니치 플레이어(Niche Player) 성격을 띤 업체였다.

소형차, 전륜구동 차에 대한 이해 부족

빅3라 해도 GM이나 포드와는 규모나 경영자원 측면에서 경쟁상대가 될 수 없었다. 크라이슬러는 아이아코카 회장 취임 이후 시장의 트렌드를 신속히 파악하고 기민하게 대응하기 위해 자유분방하고 의사소통이 잘 되는 독특한 기업문화를 가져왔다. 그런데 상명하복의 엄격한 관료주의 조직문화를 가진 독일의, 그것도 세계 최고라는 오만함으로 가득 찬 벤츠 경영진이 들어서면서 양측 기업문화의 충돌로 인해 조직운영이 헝클어지기 시작했다.

독일 경영진은 미국 직원들의 군기 빠진 행동이나 복장이 이해가 되지 않았고, 크라이슬러 자동차와 각 부품들의 품질도 자신들의 기준에 따라 평가절하했다. 결국 많은 사람들이 조직을 떠났고 점차 크라이슬러는 특유의 순발력과 창의성을 잃어갔다. 게다가 품질수준을 올린다면서 벤츠의 부품을 대거 갖다 쓰거나 기존 부품들을 고기능, 고급화시켜 나가면서 저원가-저가격의 장점까지 사라져 소비자들은 크라이슬러 차를 외면하기 시작했다.

DCX는 미쓰비시가 크라이슬러와 같은 전륜구동 대중차이며 RV까지 제품 라인업에 포함돼 있어 플랫폼 공용화에 큰 기대를 걸고 있었다. 여기에 현대차를 포함시켜 대연합(Grand Alliance)을 만들어 난관을 돌파하려고 했다. 하지만 이런 꿈은 미쓰비시의 경영악화, 현대의 철저한 독립경영 의지에 의해 무산되고 말았다.

벤츠 브랜드의 지속적인 성장에도 불구하고 무리한 글로벌화 전략에 의해 DCX 그룹 전체의 경영악화를 초래한 슈렘프 회장은 결국 그룹 내외의 압력에 굴복하여 2003년 봄 미쓰비시와 현대차에서 손을 떼었다. 한때 크라이슬러도 매각한다는 소문이 있었지만, 거기까지는 자존심이 허락하지 않았는지 아니면 여파를 감당하기가 어려웠는지 크라이슬러는 계속 갖고 있으면서 주력 차종들을 후륜구동으로 교체해 벤츠와 부품공용화 및 고급화를 추진하고 있다. 당연히 크라이슬러차의 가격은 올랐으나 일단 새로운 300시리즈에 대한 미국 시장의 반응이 좋은 상황이기 때문에 앞으로의 결과는 두고 봐야 할 것 같다.

사실 플랫폼 공용화의 콘셉트는 자동차에만 국한된 것이 아니다. 21세기 들어 이동통신기기 제조업체들의 부침이 심해지면서 휴대전화 제조업체의 거인이었던 모토롤라와 에릭슨이 침체에 빠지고 노키아와 삼성전자가 새로운 선도 업체로 급부상한 것은 잘 알려진 사실이다. 이는 모토롤라와 에릭슨이 전통적인 방식에 의해 각기 다른 설계를 요하는 불과 몇 종류의 기본 설계를 바탕으로 외부 디자인(자동차로 치면 Upperbody가 되겠다)만 변형시키는 플랫폼 콘셉트를 새로이 도입하여 급변하는 시장 트렌드에 맞춘 휴대전화 모델들을 적기에 출시하면서 원가도 대폭 줄일 수 있었기 때문이다. 플랫폼 콘셉트는 부품 수도 줄이면서 부품재고 관리, 협력업체 관리, 생산 관리 등의 측면에서 엄청난 효율을 가져다주었고, 결국 모토롤라와 에릭슨은 누적 적자를 견디지 못하고 대대적인 구조조정에 들어가고 말았다. 여기서 우리는 플랫폼 공용화가 일반적인 제조업체의 경쟁력 강화에 있어 얼마나 중요한지 다시 한 번 확인할 수 있다.

기아 1톤 트럭 봉고

현대 1톤 트럭 포터

기아 스포티지

현대 투싼

플랫폼 공용화의 문제점—브랜드 정체성 위기

플랫폼 공용화로 인한 문제점도 많다. 가장 큰 것이 브랜드 정체성(Brand Identity)의 위기이다. 플랫폼을 공유한 모델들의 모습이 비슷해지는 것이다. 승용차와 SUV처럼 완전히 세그먼트가 틀릴 경우에는 문제가 되지 않지만, 동일 세그먼트일 경우 플랫폼이 같으면 차량설계의 주요 부분이 비슷해져 디자인의 자유도가 대폭 제한된다. 이런 제약을 잘 극복해 그룹 내 각 브랜드의 정체성을 충실히 지켜나갈 수 있는가가 해당업체의 실력이 된다.

 같은 그룹 내 차들이 브랜드에 관계없이 서로 비슷하게 보인다면 당연히 시장에서 소비자들이 실망할 것이고, 전체 판매대수가 줄어 플랫폼 공용화에 의한 원가절감 효과가 아무 소용없게 될 수도 있다. 플랫폼 공용화 초기에 이러한 문제점에 직면했던 자동차업체들은 그룹 내 브랜드별 디자인 연구소를 별도로 운영하고, 그룹 내 각 브랜드 경영진에게 디자인 결정권을 위임하면서 겉으로 드러나지 않는 부품들을 주로 공용화하는 등의 노력을 하고 있다. 하지만 그것이 그렇게 쉬운 일은 아니다. 크라이슬러의 크로스파이어(Crossfire)는 벤츠의 구형 SLK와 파워트레인, 스티어링, 에어 컨디셔닝, 서스펜션, 전자 제어시스템 등 겉으로 드러나지 않는 부분들을 공용화했지만, 어쩐지 실내 디자인은 비슷하게 보인다.

우리나라의 경우 1998년 말 기아자동차를 인수한 현대자동차는 플랫폼을 통합하여 원가를 대폭 절감하겠다는 청사진을 발표했다. 현재 승용차는 기존 현대자동차의 플랫폼, 상용차는 기존 기아자동차의 플랫폼을 중심으로 공용화에 매진하고 있다. 그러나 브랜드 정체성의 문제를 얼마나 진지하게 고려하고 있는지는 의문이다.

현대자동차에 인수된 이후 간단한 스타일 변경(Face Lift)이나 모델 변경을 통해 변화된 기아차의 모습을 보면 왠지 기존의 현대차 이미지를 자꾸 닮아가는 것 같다. 현대-기아 통합 이후 플랫폼을 공용화한 이후 완전 모델 변경(Full Model Change)된 준중형 승용차와 1톤 트럭은 통합 이전에 비해 양사의 디자인 콘셉트가 상당히 비슷해 보인다.

최근 이 같은 문제점을 인식하게 된 현대자동차 그룹의 최고경영진은 통합되어 있던 연구소 디자인부문을 2004년 초 분리하면서 현대는 부드럽고 세련된 이미지로, 기아는 스포티하고 역동적인 이미지로 디자인을 차별화하겠다고 발표했다. 하지만 아직 두 회사 마케팅이 그룹 총괄본부 안에 통합되어 있고, 분리된 디자인 연구소도 그룹 연구개발본부에 계속 속해 있어 향후 실제 모습에서 얼마나 차별화된 각자의 정체성을 드러낼 수 있을지 지켜볼 일이다 가장 최근에 발표된 현대의 투싼과 기아의 스포티지는 동일한 아반떼 플랫폼을 사용한 제품이지만, 디자인 측면에서 상당히 다른 스타일의 느낌을 주고 있어 일단 양사 디자인 차별화의 초석은 잘 이룬 듯하다.

플랫폼 공용화의 문제점— 브랜드 간의 이미지 충돌

플랫폼 공용화가 초래한 또 하나의 문제는 그룹 내 브랜드 간의 이미지 충돌이다. 그룹 내 명품 브랜드와 대중 브랜드가 플랫폼을 공용화하거나 같은 대중 브랜드라도 고가 브랜드와 저가 브랜드가 플랫폼을 공용화하면, 시장에서 가치(Value)를 중시하는 소비자들은 보다 저가의 브랜드를 선호하게 된다.

폭스바겐이 스코다를 인수한 후 아우디 A6, 폭스바겐 파사트와 플랫폼을 공용화한 옥타비아를 출시했다. 옥타비아는 디자인이나 지명도(Name Value)는 떨어져도 상대적인 저가격에다가 폭스바겐이 품질관리를 지도하고 A6와 플랫폼을 공용화했다는 것 때문에 유럽 전역에서 상당한 인기를 끌었다. 하지만 A6는 가난한 사람들이나 후진국에서 주로 타는 제품과 플랫폼을 공용화했다는 것 때문에 명품 브랜드의 이미지에 손상을 입어 판매가 대폭 줄어드는 사태가 발생했다. 이에 크게 당황한 폭스바겐은 진지한 내부 검토 끝에 전면적인 플랫폼 공용화를 지양하고 브랜드 간 차량의 주요부품만 공용화하는 모듈러 콘셉트(Modular Concept)를 도입하기로 결정했다. 현재 그룹의 해외 생산거점들을 중심으로 테스트가 진행 중이다.

폭스바겐뿐만 아니라 다른 자동차 그룹들도 정도의 차이만 있을 뿐 비슷한 문제점을 안고 있다. 아직 브랜드별 이미지 PR을 강화하는 것 이외에 뚜렷한 해결책은 없는 듯하다. 도요타의 경우 캠리 플랫폼으로 만든 렉서스의 ES330이 이미지 마케팅에 성공해 북미와 한국에서 고급차로 대량판매되고 있다.

아우디 A6

이런 현상들은 GM이나 포드 같은 대중 브랜드 회사가 1980~1990년대에 경영위기에 처한 명품 브랜드들을 사들이면서 두드러졌다. 포드 그룹의 명품 브랜드인 재규어의 X-타입은 포드의 몬데오와 플랫폼을 공용화하여 원가절감에는 성공했으나 브랜드 이미지의 저하로 판매실적은 오히려 저조했다. 결국 플랫폼 공용화는 동일 수준의 브랜드에서는 상관없지만, 명품 브랜드와 대중 브랜드 사이에서는 과연 옳은 방식인지 제대로 한다면 어떻게 해야 하는지 등을 보다 진지하게 검토할 필요가 있다.

플랫폼 공용화의 문제점― 명품과 대중 브랜드 간 제품 차별화

명품과 대중 브랜드 사이의 플랫폼 공용화는 브랜드별 특성에 맞는 제품 차별화(Product Differentiation)에도 문제가 있다. 플랫폼을 함께 쓴 경우 아무리 차량상체를 다르게 디자인하고 전자장치 같은 옵션 아이템들을 차별화해도 일단 운전해 보면 느낌이 비슷해진다.

1980년대 후반에 기아가 콩코드의 플랫폼을 줄여서 캐피탈을 만들었을 때, 나는 당시 김선홍 사장으로부터 어느 유명한 장님 한 분을 오전에는 콩코드로 오후에 가실 때는 캐피탈로 모셨는데, 그분은 "아까 오전에 탄 차하고 느낌이 같네요"라고 해서 대단히 놀랐다는 얘기를 들은 적이 있다.

어차피 적당한 품질과 가격, 당시 유행하는 디자인으로 승부하는 대중 브랜드끼리야 플랫폼 공용화로 인해 주행 느낌이 비슷해지더라도 스타일만 차별화되면 별 문제가 되지는 않지만, 명품 브랜드라면 좀 다르다. 명품-대중 브랜드 간 플랫폼을 공용화할 때 어느 자동차업체라도 원가상의 이유로 대중 브랜드의 플랫폼을 쓰게 된다. 이런 상황에서 기존 명품 브랜드의 기계적 성능과 감성품질에 대한 소비자계층의 높은 기대수준을 맞추어 나가는 것은 매우 힘들다.

최근에 출시된 볼보의 S40의 경우 포드 그룹의 C1 플랫폼을 마쓰다 3과 공용했다. 플랫폼 공용화에 의해 독자 개발할 때보다 약 20% 정도 원가절감을

재규어 X - 타입

할 수 있었지만, 마쓰다 3보다 높은 수준의 성능 특성과 느낌을 갖게 하기 위해 여러 부분을 보강하다 보니 원가절감분이 그대로 다 들어갔다고 한다. 실제로 S40의 동력전달장치(Powertrain)는 직렬 5기통 엔진에 5단 자동변속기로 4기통에 4단 자동변속기인 마쓰다 3과 다르며, 서스펜션도 별도로 튜닝하여 주행성능과 느낌이 완전히 다르다.

딱히 명품도 아닌 볼보가 그렇다면 재규어, 아우디, 사브 등 대중 브랜드 그룹에 속해 있는 명품 브랜드들의 경우 제대로 만들었다면 플랫폼 공용화에 의한 원가절감 효과는 거의 없다고 해도 과언이 아니다. 애써 명품 브랜드의 질을 유지해도 브랜드 간 이미지 충돌로 인해 판매에 지장을 받게 되니, 플랫폼 공용화라는 것이 이론적으로는 매우 훌륭한 원가절감 방안임에는 틀림없으나 현실적으로 많은 문제점들을 초래할 수 있다.

더욱이 플랫폼 공용화라는 것도 이제는 그렇게 하고 있지 않은 업체가 없을 정도로 이미 보편화되어 있어, 단순한 플랫폼 통폐합에 따른 원가절감은 더 이상 글로벌 경쟁에서 효과적인 무기가 되지 못한다. 남들 다 하는데 안 할 수는 없으니 하기는 하되 앞에서 지적한 문제들을 충분히 고려해 솜씨 좋게 감쪽같이(?) 잘해야 하는데, 서투르게 해놓으면 판매가 시들해지고 오히려 재고처리를 위해 원가절감분보다 판매 인센티브를 더 써야 하는 사태가 발생하게 된다. 이처럼 플랫폼 공용화는 양날을 가진 칼과 같아 어떻게 쓰느냐에 따라서는 오히려 해가 될 수 있다. 그런 면에서 우리나라의 자동차업체들도 플랫폼을 공용화할 때 다방면에 걸쳐 보다 많은 검토와 연구를 해야 한다.

3 전륜구동(FF) or 후륜구동(FR)

세계 자동차업계는 지금 후륜구동 붐

1980년대 후반 그랜저를 타고 식구들과 지방으로 장거리 여행을 자주 다녀오곤 했는데, 뒤에 앉아 주무시던 어머니는 늘 어지럽다면서 자주 멀미를 하셨다. 몸이 좀 약하신 편이라 그때는 장거리 여행에 많이 피곤해서 그러신가 보다 하고 무심히 지나갔다. 이후 기아차에 들어간 1990년대 초 차를 포텐샤로 바꾸었고, 신기하게도 그때부터 어머니는 어지럽다는 얘기를 하지 않으셨다.

자동차에 대한 지식이 늘어나면서 생각해 보았더니, 그랜저는 전륜구동(FF)이고 포텐샤는 후륜구동(FR)이기 때문인 것을 알게 되었다. 물론 그랜저는 승차감을 부드럽게 하느라 서스펜션을 부드럽게 세팅해 차체가 계속 출렁거린다. 상대적으로 서스펜션이 딱딱한 포텐샤보다 장거리 여행 시 신체에 느껴지는 피로감이 더 강한 건 사실이다. 그러나 어머니가 멀미를 하신 것은 전륜구동 대형차에서 흔히 일어나는 피시 테일(Fish Tail) 현상 때문이었다. 즉 물고기 꼬리처럼 뒷부분이 흔들렸던 것이다. 나중에 그랜저보다 더 부드럽게 서스펜션을 세팅한 엔터프라이즈로 차를 바꾼 후에도 어머니가 어지럽다는 말씀을 안 하셨으니 말이다.

GM, 크라이슬러, 일본업체, 폭스바겐까지 모두 후륜구동

최근 세계 자동차업계의 트렌드를 살펴보면 다시 후륜구동의 붐이 시작되고 있다. 2004년 초 디트로이트 모터쇼에서는 전통적으로 승용차 부문에서 전륜구동을 고집해 온 GM과 크라이슬러가 폰티액 솔스티스, 캐딜락 STS, 크라이슬러 300C, 닷지 매그넘 등 신형 후륜구동 차량들을 대거 선보였다. 대형차는

밴틀리

물론 중형차까지 대대적인 후륜구동으로의 방향 선회를 선언하고 있었다.

특히 그동안 미국 내 고급차(American Luxury Brand)로 머물러 있던 캐딜락을 글로벌 명품 브랜드로 키우기로 결정한 GM이 현재 모델들의 변경 시점에 맞춰 모든 차들을 후륜구동화 하기로 한 것은 상당히 의미가 있다. 위험부담은 있지만 그만큼 자신이 있다는 얘기다.

그동안 실용성과 거주성에 치중하여 전륜구동을 고집해 왔던 일본업체들도 대형차와 고급차 세그먼트에서는 후륜구동으로의 전환을 보여주고 있다. 폭스바겐도 현재 중형차 파사트와 대형차 페이튼 사이에 신규 모델로 스페로라는 후륜구동 차량을 개발하고 있고, 현대도 전륜구동인 에쿠스의 차기 모델을 2007년 초 시판을 목표로 후륜구동으로 개발하고 있으니 어림잡아 중형차 이상의 고급차들에 있어 후륜구동의 세계적인 추세는 한동안 이어질 것 같다.

사실 지난 20세기 초기부터 자동차산업에 있어 주류는 후륜구동이었다. 자동차의 기원이 된 승용마차는 말이 앞에서 끄니 자동차로 말하면 전륜구동이

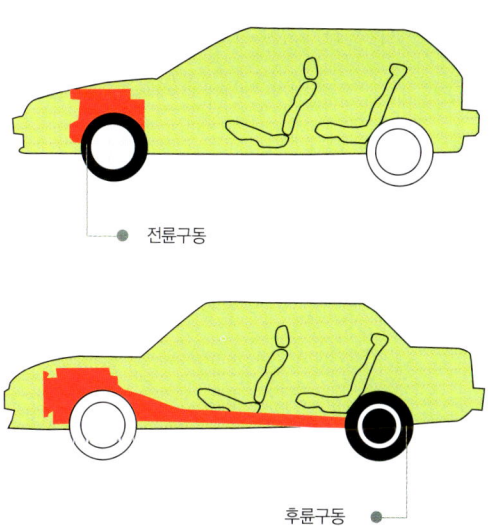

● 전륜구동

● 후륜구동

었던 셈인데, 내연기관이 말을 대신하여 자동차의 동력원이 되면서 무거운 내연기관 엔진과 변속기 등이 앞에 놓이는 것보다 뒤에 놓이는 것이 그 당시 기술수준으로서는 모든 면에서 유리했기 때문이었다.

그 후 기술수준이 올라가면서 엔진이 앞으로 오기는 했으나, 앞바퀴에 동력과 조향이 다 걸리는 전륜구동의 기술적 난제를 극복하기가 쉽지 않았고, 디자인 자유도가 높은 후륜구동이 일세를 풍미해 왔던 것이다. 물론 본격적인 자동차 대중화 이전의 자동차는 일부 부유층의 전유물이었으므로 긴 보닛 등 품격 있는 스타일과 오르막 등판능력, 주행성능 및 승차감에서 우월한 후륜구동이 선호되었던 탓도 있다.

전륜구동 붐을 일으킨 주인공은 오일쇼크

후륜구동의 전성시대에 일대 타격을 가하면서 세계 자동차산업의 흐름을 일거에 전륜구동으로 바꾸어 놓은 것이 바로 1970년대 두 번에 걸쳐 발생한 오일쇼크였다. 천정부지로 치솟는 휘발유 가격에 의해 연비가 자동차라는 물건이 생긴 이래 최초로 세계 자동차업계의 최대 화두로 떠올랐다. 그동안 성능과 승차감 향상을 위해 경쟁적으로 계속 차체와 엔진 배기량을 키워왔던 후륜구동 차들은 급격히 시장에서 퇴출되어 사라지게 된 것이다. 옛날 거대한 몸집의 공룡들이 급격한 기후변화로 인해 지구상에서 갑자기 절멸하게 된 상황과 비슷하다.

1980년대 미국 유학 당시, 주위의 한국 유학생들은 돈이 없으니 중고차 시장에서 굴러다니던 1970년대식 6L, 7L 정도 엔진의 후륜구동 대형차들을 400~500달러 정도 주고 사서 타고 다녔다. 일단 싸고 안전하면서 동양 사람들의 사이즈 콤플렉스를 어느 정도 해소시켜 주니 안성맞춤이었다. 그런데 '휘발유 퍼마시는 놈(Gasoline Guzzler)'이란 별명에 걸맞게 이 차들의 연비가 얼마나 나쁜지, 거짓말 조금 보태면 시내 주행 시 연료 게이지의 바늘이 조금씩 밑으로 내려가는 게 보일 정도였다. 게다가 웬 고장은 그리도 많은지. 유학생들은 얼마 지나지 않아 연비 좋고 품질 좋은 중고 일본차로 전부 바꾸는 것이었다. 작아서 불편하고 사고 시 위험하기도 하지만 그 당시 여유 없는 유학생 살림에 금전적으로 버틸 재간이 없었던 것이다.

빙하시대에 공룡들이 떠나간 자리를 조그마한 포유류 동물들이 차지했듯이 후륜구동 자동차들이 1970년대 연이은 오일쇼크의 직격탄을 맞고 사라진 시장을 메운 것은 상대적으로 작고 실용적인 전륜구동 자동차들이었다.

일단 연비가 좋아야 하므로 작은 엔진 배기량으로도 충분한 성능을 낼 수 있도록 무게를 가볍게 하기 위해 차체를 가능한 작게 만들 필요가 있었다. 하지만 작은 사이즈라도 충분한 내부 공간을 확보해야 하니 엔진과 변속기가 밀접하게 붙어 있어 엔진룸을 콤팩트하게 할 수 있고, 후륜구동처럼 차체를 가로질러 뒷바퀴에 동력을 전달해주는 프로펠러 샤프트(Propeller Shaft)가 없어 상대적으로 내부 공간이 넓고 무게가 가벼운 전륜구동 차량이 인기를 끈 것은 당연했다.

이전까지는 '돈 없는 사람들의 차(PoorMen's Car)'로 세계 주요 자동차시장의 끝자락 정도를 차지하고 있던 일본차들이 일약 스타로 떠올라 1980년대 후반까지 세계 자동차시장에서 엄청난 양적성장을 이룩할 수 있었던 것도 결국 자동차산업의 전륜구동으로의 전환이라는 큰 흐름을 탔기 때문이다.

세계 최초 전륜구동 — 시트로엥 트락숑 아방

최초의 전륜구동 모델은 1934년 프랑스의 시트로엥이 만든 트락숑 아방(Traction Avant)이다. 작은 차체에도 실내가 넓어 작은 차를 선호하는 유럽에서 큰 인기를 끌었다. 그 후 일부 고급차 제조업체들을 제외하고 유럽의 소형 대중차 제조업체들은 대거 전륜구동 차량을 출시했다

이처럼 전통적으로 전륜구동 차량을 만들어 왔던 유럽의 폭스바겐, 푸조, 르노, 피아트 같은 대중차 제조업체들이 1970~1980년대 일본차들이 성장하는 동안 고질적인 품질불량과 마케팅 및 서비스 마인드의 부족으로 유럽 이외의 시장에서 성장하지 못하고 반복적인 경영위기를 겪은 걸 보면 상대적으로 일본업체들의 품질 및 생산관리 능력이 돋보였다.

일본차보다 먼저 북미시장에 대거 진출했던 푸조와 르노, 피아트는 80년대 판매부진을 견디지 못해 북미시장에서 철수한 뒤 아직까지도 다시 들어가지

시트로엥 트락숑 아방

못하고 있다. 이들 메이커의 품질 문제가 얼마나 심각했던지 내가 미국에 있을 때 미국인들이 피아트(FIAT)를 'Fix It Already, Tony'의 준말이라고 놀릴 정도였다. 나도 미국 친구한테서 르노 프레고(Frego)라는 멋진 해치백 소형차를 빌려 타고 공항에 나가다가 고속도로에서 수동변속기의 꼭지(Knob)가 쑥 빠지는 통에 아주 애를 먹은 적이 있었다.

크라이슬러를 구한 전륜구동

1차 오일쇼크 이후 전륜구동 차량에 대한 수요가 급증하자 미국 빅3 내부에서도 전륜구동 소형차를 만들어야 한다는 의견이 강력하게 대두되었다. 당시 포드 사장이었던 아이아코카는 소형 엔진이 없으니 급한 대로 혼다 엔진을 가져와 전륜구동 소형차를 만들자고 강력하게 주장했다. 그러나 헨리 포드 2세 회장이 "자랑스러운 포드 배지를 단 차의 심장에 쪽발이들(Jap)의 엔진을 넣을 수 없다"고 고집을 피우는 통에 뜻을 이루지 못했다. 결국 아이아코카는 파산 직전의 크라이슬러로 옮겨 가 1980년대 초 전륜구동의 소형차(K Car)와 미니밴을 만들어 대히트를 기록했다. 크라이슬러의 기적적인 회생에도 전륜구동이라는 흐름이 큰 역할을 한 것이다.

그러나 과거의 영광에 사로잡혀 있던 GM과 포드는 전륜구동에 대한 기술과 개념이 충분치 않았을 뿐더러 대응에도 시간이 걸려 사실상 정신적인 공황 상태에 빠지게 되었고 결국 심각한 경영위기에 처하게 된다. GM은 싸이테이션(Citation)이라는 전륜구동 소형차를 의욕적으로 만들었으나, 품질불량에다가 설익은 월드 카 콘셉트로 만들어 시장수요에 정확히 대응하지 못해 실패로 끝나고 말았다. 포드도 여러 전륜구동 소형차를 만들어 보았으나 기술과 개념 부족에 의한 품질 불량을 극복하기에는 역부족이었다. 포드(FORD)는 심지어 'Fix or Repair Daily'라는 놀림을 받을 정도였다. 결국 오너였던 헨리 포드 2세 회장이 책임을 지고 물러나게 되는 지경에까지 이르게 되었다.

소형화, 경량화 가능한 전륜구동

전륜구동은 동일한 실내 공간이라도 후륜구동에 비해 차체의 소형화가 가능하므로 그만큼 경량화가 가능하다. 엔지니어들이 자동차를 설계하면서 단 1kg을 더 줄이기 위해 얼마나 피나는 노력을 하는지를 알게 되면 전륜구동의 경량화 장점이 얼마나 큰지 짐작할 수 있을 것이다. 차가 작아지므로 운행이나 주차 시 편리해진다. 무게가 가벼워지면 주행 시 차의 몸놀림도 그만큼 경쾌해진다. 또한 앞바퀴에 동력과 조향이 다 걸리니 차체와 바퀴의 움직임이 일치되어 자동차가 핸들 움직이는 대로 정확하게 움직이며 직진 주행성이 좋아지고, 눈길이나 빙판길 같은 미끄러운 길에서도 후륜구동보다 덜 미끄러진다.

주행 시 소음과 진동의 주원인이 되는 동력전달장치 부문이 앞쪽 엔진룸에 거의 다 있으니 소음과 진동을 차단하기도 쉬워져 그만큼 더 정숙한 운행을 할 수 있다는 메리트도 작지 않다. 후륜구동에 비해 부품 수도 적으니 개발비도 그만큼 덜 들어 메이커 입장에서도 수익성을 더 높일 수 있는 장점이 있다. GM의 경우 평균적으로 후륜구동 대비 전륜구동의 개발비가 대당 300달러 정도 덜 들어간다.

전륜구동의 문제점은 언더스티어와 무게 배분

전륜구동의 가장 큰 문제점은 역설적으로 바로 앞바퀴에 동력이 걸려 있다는 점이다. 주행 시 가속을 하기 위해 가속페달을 밟으면 순간적으로 차의 하중이 뒤로 이동하면서 앞바퀴의 접지력이 떨어진다. 급가속 시 앞바퀴가 살짝 들리는 것이다. 게다가 앞바퀴가 더 고속으로 돌아감에 의해 앞바퀴의 미끄럼 마찰력도 약해진다. 따라서 고속으로 회전할 때 가속페달을 밟게 되면 앞바퀴가 밀리면서 차가 원래 가려 했던 곡선 방향보다 더 큰 회전반경의 곡선을 따라 차가 회전하게 되는 소위 언더스티어 현상이 발생한다. 물론 가속페달에서 발을 떼면 즉시 앞바퀴의 접지력은 회복되어 언더스티어 현상은 없어지나, 운전이 미숙한 대부분의 운전자들은 순간적으로 당황하게 된다.

또한 전륜구동은 엔진이나 변속기 같은 무거운 동력전달장치의 주요 부분이 앞에 몰려 있다. 무게도 앞쪽으로 쏠려 있어 더욱 위험하다. 자동차의 이상적인 앞뒤 무게배분은 52:48 정도이다. 그러나 전륜구동 차량들은 심한 경우 60:40까지 가는 경우도 있다. 이렇게 되면 고속으로 회전하거나 내리막길에서 회전하는 경우, 가속페달을 밟게 되면 언더스티어 현상에다가 무거운 앞쪽의 직진 관성에 의해 자동차에 과도한 스핀이 걸리면서 통제불능의 상황에 처하게 될 수도 있다.

언더스티어 현상이야 전륜구동 차량에 있어 본질적인 것이니 할 수 없다고 치더라도, 무게배분 문제는 엔진의 힘이 크고 차 길이가 긴 대형차로 갈수록 고속으로 회전 시 위험하기도 하고 주행성능과 승차감을 떨어뜨리는 중요한 원인이 된다. 피시 테일 현상도 이런 무게배분의 문제에서 발생한 것이다.

따라서 엔지니어들은 전륜구동 차량 설계 시 적절한 해결방안을 찾기 위해 머리를 싸맨다. 그 중의 하나가 전륜구동이면서 엔진 배치를 후륜구동처럼 세로로 놓는 것이다. 혼다의 레전드나 아우디 A6가 대표적이다. 전륜구동인데도 엔진을 세로로 놓게 되면 엔진의 힘이 차 뒤쪽으로 나왔다가 다시 앞바퀴 쪽으로 가야 하므로 변속기 등 구동부문이 상당히 복잡해지고 무게도 그만큼 더 나가게 되어 전륜구동의 장점이 상당 부문 감소한다. 그러나 무게배분 문제가 완화되므로 일부 소량의 스포츠카를 제외하고는 전륜구동기술 위주인 혼다로서는 레전드가 경쟁하는 대형 고급차 시장의 소비자들이 경제성보다는 주행품질을 더 중시해 후륜구동을 선호하는지라 달리 방법이 없었던 것이다.

이 밖에 전륜구동의 단점은 앞바퀴에 동력과 조향이 다 걸리다 보니 유턴(U-turn) 할 때 앞바퀴가 꺾이는 각도에 한계가 있어 비슷한 길이의 후륜구동 차량보다 상대적으로 회전반경이 더 커진다는 것이다. 차가 막히는 도로에서 유턴을 한다고 생각해 보자. 일단 조금 돈 뒤에 다시 뒤로 후진하여 각도를 잡고 다시 앞으로 나가는 진땀나는 경우보다 한 번에 쭉 돌아나가는 게 얼마나 더 편리하겠는가. 전륜구동의 경우 엔진과 관련 부품들이 앞쪽으로 몰려 배치

되어 앞 오버행이 길어져 회전반경이 더 커지기도 한다. 또한 핸들의 움직임에 따라 차가 정확하게 움직이다 보니, 핸들의 유격이 작아 핸들의 작은 움직임에도 차가 예민하게 반응해 장시간 운전 시에 상대적으로 더 피곤해지기도 한다.

2000년대 부활한 후륜구동

1970년대 오일쇼크 이후 BMW, 벤츠 같은 일부 고급차들을 제외하고 세계 승용차시장에서 거의 사라졌던 후륜구동이 최근 들어 다시 각광을 받게 되었다는 것은 지난 20여 년 간 눈부신 기술의 진보로 인해 후륜구동의 단점으로 지적되었던 것들이 상당 부분 극복되었다는 것을 의미한다.

새로운 기술로 후륜구동의 단점 극복

후륜구동 퇴조의 결정적 원인이 되었던 연비에 있어 엔진기술의 발달, 신소재 등에 의한 경량화 등에 의해 많은 개선이 이루어졌다. 예를 들어 캐딜락 CTS는 3.2L, 220마력의 후륜구동이면서도 12.5km/L의 놀라운 공인 연비를 자랑한다. 부품기술과 모듈화의 진전에 의한 단위 부품들의 소형화 등에 힘입어 차체 크기도 상당히 줄어들어 그만큼 무게도 가벼워지고 주행 시 운동성능도 좋아진 것이다.

또한 후륜구동은 말 그대로 차 뒤에서 미는지라 눈길이나 빙판길 같은 미끄러운 길에서 앞바퀴의 조향과 맞지 않아 길 위에서 트위스트를 추거나 급브레이크를 밟으면 전륜구동보다 상대적으로 더 팽이처럼 돌기도 한다. 그러나 이러한 단점도 최근 들어 ESP(Electronic Stability Program), TCS(Traction Control System) 같은 첨단 전자장비의 보급으로 상당 부분 개선되고 있다. 아직까지는 이런 장비들이 고가라서 가격에 크게 영향 받지 않는 고급 대형차에 주로 장착되고 있지만, 대량보급에 의한 가격인하 효과로 인해 머지않아 중형차급의 후륜구동 차량에도 큰 부담 없이 장착될 수 있을 것으로 보여 후륜구동의 부활에 큰 기여를 할 것으로 보인다.

소비자들은 지금 후륜구동을 원한다

전륜구동의 전성기에도 일부 고급차들이 후륜구동을 고집했고, 최근 대부분의 고급차들은 물론 일반 중대형급 승용차에서도 후륜구동이 유행하게 된 이유는 어디에 있을까? 각 업체에서 후륜구동을 경쟁적으로 쏟아 내게 된 것은 결국 시장에서 소비자들이 후륜구동을 선호하게 되었다는 것이다.

연비와 미끄러짐 문제가 어느 정도 해결되자 소비자들이 후륜구동의 뛰어난 주행성능과 안락한 승차감을 찾기 시작한 것이다. 현재 세계 명품 브랜드의 고급차들이 거의 예외 없이 후륜구동 시스템을 채택하고 있는 데에는 다 그만한 이유가 있는 것이다. 고급차의 여유 있고 부드러운 주행을 위해서는 고배기량의 엔진에서 뿜어져 나오는 강력한 힘과 토크가 필수적이다. 최근 엔진 대형화 및 고배기량화 경쟁에 엔진을 횡치해야 하는 전륜구동은 엔진룸 폭의 제약으로 인해 한계가 있지만, 엔진을 종치(North-South)하는 후륜구동은 설계 자유도가 상대적으로 더 높아 유리한 입장에 있다.

혼다의 경우 전륜구동만 고집하다 보니 대형차 레전드도 아무리 엔진을 종치로 한다 해도 변속기를 포함한 동력전달장치의 길이와 부피의 제약으로 인해 현재 3.5 L V6 225이 한계로 되어 있고, V8엔진 장착도 하지 못하고 있다. 실제 주행에 V8 이상은 필요치 않다는 게 혼다의 주장이나, 후륜구동으로 가지 않는 이상 엔진룸 크기의 한계로 인해 V8 이상을 만들 수가 없어 현재 세계 자동차업계의 엔진 고마력화 추세에 대응하지 못하는 것이 혼다의 가장 큰 고민이다. 그렇다고 실용적인 중저가 시장에만 머무를 수도 없어 궁여지책으로 레전드의 하이브리드 엔진 개발로 돌파구를 찾고 있으나 아직 시장에서의 성공 여부는 미지수다.

운전자 유혹하는 후륜구동의 비밀

후륜구동은 엔진도 세로로 놓여 있고 프로펠러 샤프트 같은 무거운 부품이 뒷바퀴까지 이어져 있는 구조로 차량무게의 앞뒤 배분이 대략 50:50 정도로 구성되어 무게 쏠림이 없다. 전륜구동보다 주행 시 차량자세가 안정되고 특히 뒤에 앉아 가도 어지러움이 적다. 앞바퀴에 조향기능만 걸리니 전륜구동보다 덜 민감하여 보다 더 편안하게 핸들을 움직일 수 있고, 앞에서 지적했듯 유턴 시 상대적으로 회전반경이 작아져 편리하다. 물론 앞 오버행을 짧게 하고 휠베이스(Wheelbase)를 길게 가져갈 수 있는 것도 후륜구동의 큰 장점이다.

최근 후륜구동이 유행함에 따라 후륜구동 특유의 디자인 특성들도 주목을 받고 있다. 예를 들어 차량 바닥이 높다 보니 시트의 힙 포인트가 올라가고 자연스럽게 도어의 벨트라인도 올라가게 된다. 이에 따라 차량의 높이도 높아지고 차량 앞의 프론트 그릴(Front Grill) 부분도 커지면서 직각 형태로 세워지게 된다. 엔진의 대형화에 따라 보닛의 길이도 길어지게 되니 한마디로 롤스로이스처럼 위엄 있는 자세가 나온다.

이런 디자인 특성은 소형차보다 고급 중대형차에 더 어울리고 크라이슬러 300C를 보면 잘 표현되어 있다. 미국 신형 후륜구동 차량들은 디자인상의 하드 포인트들이 비슷하다 보니 자연스레 미국의 1950~1960년대 전성기의 후륜구동 차량들과 디자인이 닮아가는 복고풍이 주종을 이룬다.

후륜구동의 문제는 오버스티어

후륜구동의 본질적인 문제는 오버스티어이다. 후륜구동의 경우, 고속으로 회전 시 가속을 위해 가속페달을 밟으면 순간적으로 차량의 하중이 뒤로 쏠려도 뒷바퀴의 미끄럼 마찰력이 감소되어 뒷바퀴가 앞바퀴의 꺾인 방향대로 돌지 않고 바깥쪽을 향하게 되어 차량 후미가 비틀어지는 현상이 발생한다.

전륜구동은 언더스티어가 일어날 때 가속페달에서 발을 떼면 즉시 앞바퀴가 접지력을 되찾지만, 후륜구동의 경우 오버스티어가 일어날 때 가속페달에서 발을 떼면 뒷바퀴의 회전 속도가 느려지면서 미끄럼 마찰력이 회복되어 차 회전에 도움을 주나 차량의 하중이 상대적으로 앞으로 쏠려 뒷바퀴의 접지력을 상당 부분 떨어뜨린다. 또한 접지력을 되찾은 뒷바퀴가 직진 관성에 의해 회전하는 앞바퀴와는 다른 방향으로 밀고 나가려 하므로 갑자기 차가 스핀을 일으킬 수도 있다.

전문 레이서들이야 오히려 이런 특성을 이용해 코너에서 멋진 드리프트 묘기를 보여주기도 하나, 일반 운전자들에게 있어 오버스티어는 상당히 위험할 수 있다. 따라서 코너링 때는 가속페달을 밟지 않는 습관을 갖는 것이 좋다.

한국에도 후륜구동 대형차 시대 도래

전륜구동과 후륜구동은 사실 각각의 장단점이 있어 어느 쪽이 더 좋은 구동시스템이라고 단정적으로 얘기할 수는 없다. 결국 전륜구동은 경제성과 실용성을 중시하는 소형차에 맞고, 후륜구동은 성능과 안락함이나 품위를 중시하는

롤스로이스

대형차에게 더 어울린다. 단지 그 사이의 중형차급이 시대 흐름에 따라 양쪽을 왔다 갔다 한다고 하는 게 적절한 표현이 되겠다.

국내외 대형차급에도 전륜구동 모델들이 있으나 주로 오너드라이버 콘셉트로 만들어진 것들이다. 사실 일반 운전자 중에 자기가 타는 차가 전륜구동인지 후륜구동인지 알고 있는 사람들이 얼마나 될까? 다임러크라이슬러의 최근 내부 자료에 의하면 놀랍게도 미국 운전자 중 30~40%가 전륜구동, 후륜구동이 뭔지 모른다고 한다. 자동차에 대한 지식이나 경험이 앞선 미국에서 이런 상황이라면, 우리나라 운전자들은 과연 어느 정도나 알고 있을까? 전륜구동, 후륜구동이 뭔지는 알아도 그 특성까지도 알고 있을까?

우리나라는 1980년대 중반 이후 일본과 독일의 기술을 도입하여 중소형차 위주로 자동차산업이 성장하다 보니 거리에서 볼 수 있는 승용차들은 대부분 전륜구동이다. 일반 트럭들은 작든 크든 모두 후륜구동이다. 지금까지 국내에서 판매된 승용차 중에 대표적인 후륜구동은 현대 스텔라, 기아 포텐샤와 엔터프라이즈, 대우 프린스 정도다. 현재 생산되고 있는 모델로는 쌍용의 체어맨이 유일한데, 2005년 초 등장할 GM대우의 대형차 스테이츠맨과 2007년 초에 시판될 에쿠스 후속 모델이 후륜구동이다. 이제 우리나라에서도 머지않아 대형차 시장을 중심으로 본격적인 후륜구동의 시대가 열릴 것 같다.

에필로그

자동차산업, 그 미래의 미래를 내다보면서,

"The 2nd Automotive Century"

몇 년 전 새로운 밀레니엄이 시작되면서 모든 미디어와 정부, 각 업계에서는 나름대로 전(前) 세기에 대한 회고와 새로운 세기에 대한 전망을 쏟아 내었다. 그 때, 선진국의 권위 있는 자동차 관련 미디어들에 심심치 않게 등장하여 필자의 마음을 빼앗아간 멋진 말이다. 필자는 아직까지 과문한 탓인지 자동차와 관련하여 21세기를 이 이상으로 멋있고 함축적으로 표현한 말을 보지 못했다. "The 2nd Automotive Century"가 있으려면 당연히 "The 1st Automotive Century"가 있어야 하고 이는 20세기를 의미한다.

인류 역사상 가장 획기적인 발명이 바퀴의 발명이라고 한다. 바퀴는 단지 갖고 놀기 위해 만든 게 아닐 터이니 물건을 옮기기 위해 자루를 붙이거나 바퀴 여러 개를 모아 판때기를 얹어 사용했을 것이다. 이렇게 물리적으로 떨어진 공간 사이에 물자나 사람을 옮기는 즉 운반기구(Vehicle)는 인류 문명의 발달과 더불어 그 형태와 동력 수단이 바뀌어 왔으나, 스스로의 힘이 아닌 다른 외부의 힘(사람, 말 등)으로 움직인다는 원칙은 수천 년 간 변함없이 지켜져 왔다. 산업혁명기에 발달한 증기기관을 얹은 자동차가 실험적으로 만들어지긴 했으나 너무 무겁고 느려서 실용화될 수가 없었고, 결국 초보적인 휘발유엔진을 단 원시적인 자동차가 등장한 것은 19세기 말이 되어서였다. 그 후 여러 형태의 자동차가 만들어지면서 자동차가 미흡하나마 상업적으로 대량생산되고 소비되기 시작한 것은 20세기에 들어서부터였다. 말 그대로 '스스로 움직이는 차(自動車)'가 등장한 것이다. 같은 식으로 표현하면 과거의 운반기구들은 '타동차(他動車)'가 되겠다.

자동차는 생소하고 비싼 물건이기는 했으나 그 편리함과 유용성으로 인해 마차를 대체하며 급속하게 사람들의 생활 중심으로 파고 들어갔다. 이후 백여 년 동안 자동차는 동시대와 지역의 문화를 충실히 반영한 시대의 산물임과 동시에, 세계 역사와 시대의 변화를 촉진하며 인간의 생활패턴과 사고를 변혁시켜 새로운 문화를 창도해 가는 주역이 되어왔다. 자동차업계 관계자들이 20세기를 자동차가 중심이 된 "The 1st Automotive Century"라 부르고, 다시 자신만만하게 21세기를 또 자동차를 중심으로 움직여 갈 "The 2nd Automotive Century"라 부르는 데에는 그만한 근거와 자부심이 있기 때문이다.

종이 없는 사무실(Paperless Office)을 구현하겠다고 시작된 PC 혁명이 오히려 더 많은 종이의 수요를 야기하고 있는 것은 주지의 사실이다. 21세기는 인터넷과 통신의 시대라 하여 사람들이 공간의 제약을 뛰어넘어 커뮤니케이션을 할 수 있으니 사람과 물자의 물리적 이동 수요가 줄 것이라고 하였으나, 이러한 통신의 발달은 인간의 이동성향과 업무처리 속도에 대한 기대수준을 증가시켜 오히려 항공과 육상운송에 대한 수요도 폭증하고 있다. 따라서 인류사회가 존재하는 한 그 형태는 계속 바뀌어 갈 지라도 사람과 물자를 물리적으로 공간이동 시켜주는 운반기구(Vehicle)에 대한 수요는 끊이지 않을 것이다. 지금은 이 운반기구를 운전자가 시키는 대로 스스로 움직인다고 해서 자동차

(自動車, Automobile)라고 표현하지만, 21세기에는 각종 첨단기술의 발달과 인간의 극단적인 편리추구 성향으로 인해 스스로 생각하고 판단해서 움직이는 차가 주류가 되면서 자사차(自思車, Intelligentmobile)라고 불리지 않을까?

기술 측면에서 본다면 20세기는 휘발유, 디젤 같은 화석연료를 엔진 내부에서 태워 동력을 얻는 내연기관의 시대였다. 그동안 명멸했던 수많은 자동차 메이커들은 보다 싸고 효율적인 내연기관을 만들기 위해 피나는 경쟁을 벌여 왔으며, 덕분에 이제 내연기관의 개발기술은 절정에 달해 이론적으로 엔지니어들이 해 볼 수 있는 방법들은 거의 다 알려졌고 활용된 상태이다. 메이커 간 기술수준도 비슷해졌고 소비자들도 엔진이 좋다고 해서 특정 모델을 구입하지는 않는다. 그러나 21세기 자동차업계의 최대 화두는 환경과 안전이고, 이 두 가지 목표를 누가 먼저 더 효율적으로 실현시키는가가 자동차업체들의 생존을 결정할 것이다. 환경에 있어 제일 중요한 것이 배기가스인데, 아무리 연비를 개선하고 배기가스를 줄여도 화석연료를 태운다는 근본적인 이유로 인해 내연기관 엔진은 일정 부분 유해한 배기가스를 배출할 수밖에 없어 점차 엄격해지는 정부의 가이드라인과 환경단체들의 아우성 속에 자동차 메이커 연구소의 엔지니어들은 거의 탈진 및 정신분열 직전의 상태에 있다고 봐도 과언이 아니다.

화석연료의 매장량 및 채굴기술에도 한계가 있는지라 당연히 내연기관을 대체하는 미래형 자동차 동력원에 대한 논의는 수십 년 전부터 활발히 진행되어 왔다. 초기 각광을 받았던 전기차는 전기의 생산 자체에 공해가 유발된다는 점과 배터리의 폐기 문제로 주요 흐름에서 탈락했으며, 태양전지차도 실험 상태에서 가능성이 없는 것으로 판명되었다. 결국 모든 업체와 정부, 공공단체들의 공통된 결론은 수소를 활용한 연료전지차(Fuel Cell Car)로 모아지고 있다. 연료전지차는 수소를 싣고 다니면서 공기 중의 산소와 결합해 스스로 전기를 만들고 그 힘으로 모터를 돌려 동력을 얻는 것인데, 이론적으로 배기가

스는 제로이고 순수한 물만 나오게 된다. 물론 내연기관처럼 폭발하는 것도 없으니 소음과 진동도 없다. 엔진과 구동부품들이 대폭 생략되어 무게도 엄청나게 가벼워진다.

그리고 자동차 디자인의 콘셉트도 획기적으로 바뀐다. 지금은 엔진이 앞에 있고 엔진을 중심으로 자동차의 기본 골격이 주어진다. 그리고 무거운 엔진이 앞쪽에 있으니 충돌 안전성이나 주행성능 등에서 많은 제약이 주어지게 된다. 그런데 그 거추장스러운 '쇠' 엔진이 없어지고 연료전지는 이론적으로는 여러 형태로 만들어 자동차의 여러 부분에 펼쳐 넣을 수가 있으므로 자동차 디자인의 자유도가 비약적으로 증가하게 된다. 현재의 콘셉트로는 상상할 수도 없는 형태의 자동차들이 태어나게 되는 것이다. 한마디로 말해 내연기관을 중심으로 한 20세기의 자동차 패러다임이 완전히 바뀌는 것이다.

21세기는 연료전지차를 중심으로 전혀 새로운 양상의 경쟁이 메이커 간에 치열하게 전개될 것이며 누가 승리하게 될지는 아직 알 수 없다. 그러나 최종 승리를 향한 메이커들의 경쟁은 이미 치열하게 전개되고 있다. 연료전지차가 상용화되는 초기 시점에는 시판 시기와 기술적 우수성이 우열을 가를 것이나, 얼마 지나지 않아 또 다시 기술은 평준화되면서 원가(Cost)가 승패를 결정할 것이다. 즉 내가 연료전지차를 100원에 만들어내는데 경쟁업체가 비슷한 제품을 90원에 만들어낸다면 내가 지는 것이고, 105원에 만들어낸다면 내가 이기는 것이다. 그래서 과다한 초기 개발비를 분담하여 원가를 낮추기 위해 각 선진 메이커들끼리 컨소시엄을 형성하여 연구에 몰두하고 있다. 우리나라의 현대자동차도 기존 차에 연료전지를 집어넣은 초기 실험모델 개발에는 성공하여 기반기술을 갖춘 것으로 홍보하고 있다. 물론 대단한 일이지만, 지금처럼 전지업체 하나 끼고 혼자 개발해서 과연 해외 경쟁업체들에게 뒤지지 않은 시점에 제대로 된 연료전지차를 만들 수 있을지, 나아가 원가경쟁력이 있게 만들어낼 수 있을지 염려된다.

이러한 연료전지차의 상용화는 현재 추산으로는 빨라야 2020년경으로 예상되고 있다. 따라서 연료전지차의 개발과는 별도로 그때까지 버티기 위한 중간단계의 대안들이 검토되고 있는데, 가장 유력한 것이 도요타 프리우스로 인해 유명해진 하이브리드 엔진이다. 그리고 이에 대항해 유럽 메이커들을 중심으로 디젤엔진이 새로운 기술의 지원을 받아 떠오르고 있다. 하이브리드 엔진은 휘발유엔진과 전기모터를 합친 것으로 저속에서는 전기모터를 쓰고 추월시나 고속에서는 휘발유엔진을 쓰도록 한 것인데, 기존 내연기관 엔진보다 배기가스가 훨씬 덜 나오고 연비와 마력도 좋을 뿐더러 기존의 주유소 인프라를 그대로 쓸 수 있다는 엄청난 이점이 있다. 이 기술을 처음으로 상용화한 것은 혼다이지만, 제대로 만들어 대규모 보급에 성공한 것은 도요타이다.

물론 도요타는 하이브리드 엔진 개발을 위해 엄청난 투자를 했고, 상용화에 성공해 현재 프리우스의 생산 증대에 골몰하고 있지만 아직 이익을 내지는 못하고 있다. 그러나 도요타는 기술을 선점했을 뿐만 아니라 다른 자동차업체(포드, 닛산 등)에의 기술 이전에도 열심이라 장기적으로는 엄청난 경쟁력을 가지게 되었다. 도요타에 위협을 느낀 GM이 벤츠와 연계하여 독자적인 하이브리드 시스템을 개발하겠다고 선언했으나 앞서 말한 이유들로 인해 얼마나 경쟁력을 가질지 의문이다. 그리고 디젤엔진은 아무리 연비를 개선하고 배기가스를 걸러낸다 해도 기존의 공해 이미지도 있고 해서 하이브리드 엔진에 비해 힘이 부쳐 보인다. 결국은 유럽 메이커들도 조심스럽게 하이브리드 엔진 개발에 나서고 있는데, 시트로엥을 중심으로 디젤엔진과 전기모터를 결합한 새로운 하이브리드 시스템을 개발하고 있어 주목된다. 이렇게 미래의 엔진기술 측면에서 보면 당장은 도요타가 승기를 잡은 듯하나 하이브리드 시스템은 어디까지나 중간 대안일 뿐, 21세기의 진검승부는 그 이후에 벌어질 연료전지차다. 과연 누가 21세기 연료전지차의 진전한 승자가 될지는 지금부터 각 메이커들의 움직임에 달려 있다.

또한 21세기 들어 자동차의 주력기술은 기존의 기계, 금속, 화학 중심에서 급격하게 전자, 전기, 신소재 쪽으로 이동하고 있다. 기존 기술이 자동차의 기본적인 성능과 품질을 확보하기 위해 쓰였다면, 새로운 기술은 자동차의 편리함과 조종 편의성을 확대하는데 꼭 필요하다. 그동안의 치열한 경쟁으로 인해 자동차의 전반적인 품질은 과거에 비해 월등히 좋아졌으며 소비자들도 이제 기본적인 성능과 품질은 별 차이가 없다고 생각한다. 이제 시장에서의 경쟁은 일부 고가 모델이나 특수 차량들을 제외하면 스타일, 브랜드 이미지, 편리함, 가격, 고객 서비스 등과 같은 소프트한 요소들에 의해 좌우되고 있다. 이런 측면에서 전기, 전자기술이 앞서 있고 고객 서비스 정신이 투철한 일본의 메이커들이 경쟁우위에 서 있는 것은 틀림없다. 최근 들어 BMW나 벤츠 같은 유럽의 고급차들이 신기술 선도의 이미지와 편의성 증대를 위해 급속하게 고가의 전자장비들의 장착을 늘려가고 있으나 기술 부족으로 인해 수많은 문제를 일으키고 있는 것을 보면, 기술이라는 게 돈이 있다고 해서 단기간에 축적되는 게 아니라는 철칙이 새삼스레 느껴진다. 우리나라는 현재 반도체와 통신 강국으로 부상하고 있어 앞으로 이런 기술을 자동차와 융합한 분야에서 우리나라 자동차의 경쟁우위가 생겨나지 않을까 조심스레 예상해본다.

자동차의 개발방향도 지난 세기에는 산업사회의 발달과 함께 힘과 크기, 스피드를 강조하는 남성적 이미지를 중시해온 반면, 고도화된 정보화 사회로 발전하고 있는 21세기에는 근육으로 상징되는 남성의 지위 하락과 여성의 부상이라는 트렌드에 크게 영향을 받을 것 같다. 일반적으로 여성들은 거친 느낌이나 기계 소음, 복잡한 기계 장비 등을 싫어하기 때문에 디자인은 보다 작고 예쁘면서 세련된 스타일을 선호한다. 실내 측면에서는 키를 돌려 시동을 걸거나 주차 브레이크를 당기고 놓는 행위 자체를 거칠다고 꺼려하기에 버튼식 시동 및 주차 브레이크 시스템을 쓴다든지, 뭐든지 자동으로 작동하고 음성 안내를 한다든지, 계기반 스타일 자체를 간단하면서 식별이 용이하고 재미있게 만든다든지, 실내 색감이나 질감을 화사하고 부드럽게 한다든지 하는 방향으로 진전되어 갈 듯싶다. 물론 21세기에는 평균수명의 연장으로 어느 나라든 전반적으로 고령화 사회가 도래할 것이기 때문에 노인들을 위한 자동차의 개발도 필수인데, 계기반 숫자를 크게 만들고 승하차를 용이하게 하는 장치를 제외하고는 여성용 차량 개발과 비슷한 콘셉트일 것이다.

이제 눈을 돌려 시장과 판매부문에서 21세기 전반기의 자동차산업을 조망해 보자. 세계 자동차업계는 1990년대 치열한 M&A 전쟁을 거쳐 현재 미국에 기반을 가진 GM과 포드, 유럽의 강자인 폭스바겐(VW), 르노-닛산(Renault-Nissan), 벤츠, 그리고 일본을 대표하는 도요타의 글로벌 6강이 생산규모와 시장점유율에서 선두그룹을 형성하고 있다. 그 밑으로 BMW-미니, 푸조-시트로엥(Peugeot-Citroen), 현대-기아, 혼다가 있어 전체적으로 10개 업체가 21세기 초입에 협력과 경쟁의 물고 물리는 혈전을 벌이고 있다. 이 같은 경쟁구도는 이제 어떻게 바뀌어갈 것인가? 어느 누구라도 자동차업계에 있는 사람이라면 한 목소리로 향후 메이커 간의 승패를 좌우하는 전쟁터는 신흥시장(Emerging Market), 그중에서도 아시아-태평양 지역이 될 것이라고 얘기하고 있다. 이 지역의 거대한 인구와 폭발적인 경제성장을 감안할 때, 향후 10년 내에 전 세계 자동차시장의 40%~50%를 차지할 것으로 예상되므로 그 중요성은 아무리 강조해도 지나치지 않는다.

이 지역은 아직까지 전체적인 소득수준이 낮고 자동차 대중화에 막 진입하려는 단계에 있으므로 가장 중요한 경쟁요소는 값싸고 품질 괜찮은 소형차의 존재 여부이다. 우리나라의 1980년대 말 엑셀과 프라이드가 경쟁하던 때를 생각하면 쉽게 이해가 될 것이다. 그런데 재미있는 것은 그런 조건에 딱 들어맞는 소형차의 개발 및 공급기지로 우리나라가 떠오르고 있다는 것이다. 그동안 원가가 많이 올랐다고 하나 아직 우리나라의 소형차 개발비용은 선진국에 비해 1/3~1/4 수준에 불과하다. 게다가 개발경험이 풍부하고 우수한 엔지니어들이 많고, 품질과 가격 경쟁력을 갖춘 부품업체들이 많아 소형차의 개발기지로서 최적의 조건을 갖추고 있다. 그래서 과거 기아자동차나 대우자동차, 삼성자동차, 쌍용자동차의 국제입찰에 잘 알려진 해외 업체들 외에도 한 가닥 한다는 자동차업체들이 다 덤벼들었던 것이다.

결국 21세기 세계 자동차업체의 판도를 좌우하는 전초전으로 벌어진 한국 자동차업체 쟁탈전에서 승리를 거둔 GM과 현대자동차가 신흥시장은 물론 선진국 시장의 소형차 시장에서 엄청난 성장을 구가할 수 있게 되었다. 대우자동차를 인수하여 재빨리 경영을 안정시킨 GM은 곧 내내적인 수출확대에 나서 현재 완성차와 KD 수출(현지 조립을 위한 반제품 수출)을 합쳐 연 100만 대의 물량을 세계 각지의 GM 계열사 네트워크에 공급하고 있다. 대우의 마티즈와 라세티가 없었다면 GM이 어떻게 단기간에 중국 시장의 넘버2 위치까지 올라갈 수 있었겠는가? 현대자동차도 기아자동차를 인수한 이후 내수 독과점의 메리트와 개발, 생산에 있어 시너지 효과를 충분히 누리고 있다. 전세계 주요 시장에서 최고경영진의 확고한 의지에 의한 품질개선과 함께 원가경쟁력을 한껏 살린 현대-기아의 최근 약진은 눈부실 정도다.

반면, 한국 자동차업체 쟁탈전에서 탈락한 포드는 적절한 제품을 갖지 못해 중국이나 인도 같은 중요한 시장에서 힘을 쓰지 못하고 있고 본거지인 미국시장에서조차 경쟁력 있는 소형차를 확보하지 못하고 있어 21세기 거인들의 경쟁에서 이미 탈락한 듯한 느낌이다. 유럽의 거인인 폭스바겐도 전임 피에히 회장 재임 시 주위의 반대를 무릅쓰고 강력하게 추진했던 기존 제품들의 고가화 및 고급차 시장의 진입이 시장에서 실패로 판명되고 있어 한동안 수익악화와 성장정체가 예상된다. 게다가 폭스바겐의 주력 소형차는 주로 신흥시장에는 맞지 않는 해치백 스타일이라 향후 전망도 그리 밝지 못하다. 르노 닛산이나 벤츠도 신흥시장에 맞는 제품을 갖고 있지 못하고 기존 선진국 시장에서의 판매회복에 주력하고 있어 아직 신흥시장에 대해 적극적으로 나서고 있지 못한 실정이다. 르노-닛산의 경우, 우리나라에 르노 삼성을 가지고 있으나 아직 생산기지로만 활용하고 있고 향후 개발기지로 활용하려 해도 회사규모가 작아서 제한된 범위에서의 개발 밖에는 맡지 못할 것으로 보인다. 현재 2007년 출시를 목표로 전 세계 르노-닛산 판매망에 공급하기 위해 르노 삼성이 소형 SUV를 개발하고 있다고 하니 그 성공여부가 주목된다.

결국 21세기 전반기의 세계 자동차업계는 GM과 도요타의 새로운 2강 체제 하에 기존 강자였던 포드, 폭스바겐, 르노-닛산, 벤츠가 중간 그룹을 형성하고, 그 아래 푸조-시트로엥, 현대-기아, 혼다가 생산규모 면에서 중간 그룹에 끼기 위해 혼전을 벌이는 양상을 보일 것 같다. 지난 세기에는 벤츠, BMW, 재규어 같은 고급차와 일반 대중차 브랜드는 시장에서 구분되어 각기 자기들만의 시장에서 경쟁하였다. 그러나 많은 고급차 브랜드들이 대중차 브랜드 그룹에 인수 합병되었고, 최근 들어 기존의 대중차들도 모델 고급화를 통해 고급차 시장에 진입하기 시작하였다. 이에 벤츠와 BMW는 대중차 브랜드를 인수하거나 자사 브랜드의 소형차들을 대거 출시하여 맞받아치고 있어 점차 경쟁시장이 통합되어 가고 있다. 중국이나 인도 같은 후진국의 자동차업체들이 세계 자동차시장에서 의미 있는 존재로 떠오르기에는 아직도 상당한 시간이 걸릴 것이다. 이러한 글로벌 경쟁의 핵심이 신흥시장에서의 성과에 달려 있음은 이미 강조하였고, 이런 측면에서 최근 현대-기아가 중국, 인도, 터키, 슬로바키아 등에서 대규모 현지공장들을 짓고 있는 것은 이해가 된다. 다만 단기간의 급속한 대규모 투자로 인해 현금흐름(Cash Flow)에 문제가 생기지 않을지 우려가 된다. 물론 현대-기아라는 기업 차원에서 스스로 잘 알아서 처리할 문제이긴 하나, 현대-기아가 우리나라 경제에서 차지하는 위상을 감안할 때 만에 하나 계획에 차질이 생길 경우 우리나라 경제에 미칠 충격은 과거 기아자동차나 대우자동차와는 비교도 안 될 정도로 거대할 것이기 때문이다.

이렇게 말을 대체하여 인간에게 타고 달리는 즐거움을 주는 자동차는 오랫동안 인간과 함께 해온 모든 것들을 물리치고 백여 년 밖에 안 되는 짧은 기간에 인간의 가장 가까운 친구가 되었다. 지금으로서는 상상하기 어려운 먼 미래에는 모든 운반기구(Vehicle)가 하나로 통합되어 주차장에서 차를 꺼내 물 위를 달리거나 잠수도 하고 하늘도 날아다닐 수 있지 않을까? 자동차와 관련한 즐거운 상상에는 끝이 없다.

자동차 문화에 시동 걸기

초판 1쇄 발행일 | 2005년 4월 20일
초판 3쇄 발행일 | 2007년 4월 1일

지은이 | 황순하
펴낸이 | 이숙경

펴낸곳	이가서
주소	서울시 마포구 서교동 469-5 2F
전화·팩스	02-336-3502~3 02-336-3009
홈페이지	www.leegaseo.com
등록번호	제10-2539호
ISBN	89-5864-104-5 03600

가격은 뒤표지에 있습니다.
잘못된 책은 바꾸어 드립니다.